微电网
分层分布式运行控制

吴翔宇 著

内 容 提 要

具有“自平衡、自调节、自控制”能力的微电网是新型电力系统的重要组成部分。本书共8章，建立了一套微电网的分层分布式运行控制体系和方法，能够以分布式的方式将微电网的一次、二次和三次控制有机结合在一起，并同时满足系统对稳态性能和动态性能的要求。

本书旨在为微电网技术的实际应用提供理论指导和技术支持，可供从事微电网控制与稳定领域研究和工作的科技工作者阅读，也可作为高等院校电气工程专业的研究生教学参考书。

图书在版编目（CIP）数据

微电网分层分布式运行控制/吴翔宇著. —北京：中国电力出版社，2023.11
ISBN 978-7-5198-7945-7

Ⅰ. ①微… Ⅱ. ①吴… Ⅲ. ①电网－电力系统运行 Ⅳ. ①TM727

中国国家版本馆 CIP 数据核字（2023）第 118501 号

出版发行：中国电力出版社
地　　址：北京市东城区北京站西街 19 号（邮政编码 100005）
网　　址：http://www.cepp.sgcc.com.cn
责任编辑：王春娟　周秋慧（010-63412627）
责任校对：黄　蓓　常燕昆
装帧设计：赵丽媛
责任印制：石　雷

印　　刷：三河市万龙印装有限公司
版　　次：2023 年 11 月第一版
印　　次：2023 年 11 月北京第一次印刷
开　　本：787 毫米×1092 毫米　16 开本
印　　张：14.25
字　　数：233 千字
印　　数：0001—1000 册
定　　价：86.00 元

前　言

随着能源危机与环境问题的不断加剧，大力开发利用可再生能源、建设以新能源为主体的新型电力系统已成为我国实现 2030 年碳达峰、2060 年碳中和目标的重要途径。与集中式接入相比，新能源的分布式接入与利用方式具有就地消纳、使用灵活、安装成本低等特点，未来分布式新能源将逐渐大规模接入配电网。然而，分布式新能源的强间歇性和随机性制约了其在配电侧的规模化利用和消纳。微电网是分布式新能源的有效组织利用形式，也是“双碳”目标下新型电力系统的重要组成部分，具有广阔的发展前景。

良好的运行控制系统是实现微电网高效可靠运行的关键。然而，微电网具有控制对象丰富、控制目标灵活、运行模式多样以及控制策略复杂等特点，因此，微电网的运行控制系统一般采用“分层”的架构以简化其设计与实施。分布式控制方法依托稀疏的通信网络，所有设备仅需要自身信息以及邻近设备的信息即可完成控制，能够有效避免集中式方法存在的单点故障等问题，是实现微电网分层控制的有效途径。如何通过分布式的方法实现微电网的分层控制，并保证系统具有良好的稳态和动态性能，是能否充分发挥微电网作用和优势的关键问题。

微电网的分层控制方法是学术界和工业界的研究热点，早期的研究以集中式的控制方法为主，后来通过分布式的方法实现微电网的分层控制逐渐得到关注与研究。然而，这些研究一是缺乏一个系统性的分层分布式运行控制体系；二是在具体的一次、二次和三次控制方法上存在不足；三是缺乏对分层分布式控制下系统的小干扰稳定分析；四是缺乏能够将微电网一次、二次、三次控制融合在一起联合运行的方法。

为此，本书建立了一套微电网的分层分布式运行控制体系和方法，围绕微电网的分散一次控制、分布式二次控制和分布式三次控制，展开了系统深入的研究。本书是作者在微电网控制与稳定领域近十年来科研成果的总结，全书共 8 章。第 1 章介绍微电网的概念及其运行控制问题与稳定问题；第 2 章介绍微电网的基础控制方法与分层控制结构，作为全书的基础；第 3 章针对微电网的一次控制，介绍下垂控制中虚拟阻抗的多目标分析与设计方法；第 4～7 章针对微电网的二次控制，依次介绍基本的分布式二次频率电压控制方法（第 4 章）、改善系统动态性能的最优附加控制方法（第 5 章）、时滞稳定分析与补偿控制方法（第 6 章）以及抵御网络攻击的分布式韧性控制方法（第 7 章）；最后，第 8 章针对微电网的三次控制，介绍了微电网的最优潮流模型及其分布式求解方法以及微电网一次、二次、三次控制分布式联合运行方法。

本书的研究工作得到了国家重点研发计划青年科学家项目（2022YFB2405500）、国家自然科学基金项目（52177066，51807005）和北京交通大学人才基金项目（2023XKRC042）的资助，在此表示感谢！本书的成稿还要感谢研究生尚子轩、韦楚钒等人的辛勤工作。

限于时间仓促及作者水平，书中难免存在不妥之处，敬请广大读者批评指正。

吴翔宇

2023 年 9 月于北京交通大学

目 录

前言

第1章 概述 / 01

1.1 微电网概述 / 01

1.1.1 微电网概念 / 01

1.1.2 微电网的运行控制问题和稳定问题 / 02

1.2 微电网的分层控制 / 05

1.2.1 一次控制 / 05

1.2.2 二次控制 / 08

1.2.3 三次控制 / 10

1.3 微电网的小扰动稳定性 / 12

1.3.1 微电网小信号建模 / 13

1.3.2 微电网小扰动稳定分析 / 13

1.3.3 增强微电网小扰动稳定性的方法 / 13

1.4 本书的主要内容 / 14

第2章 微电网的基础控制方法与分层控制结构 / 16

2.1 逆变器的基础控制方法 / 16

2.1.1 有功/无功功率控制 / 16

2.1.2 直流电压/无功功率控制 / 20

2.1.3 恒压/恒频控制 / 21

2.2 微电网的主从控制方法 / 24

2.2.1 主从控制方法介绍 / 24

2.2.2 算例仿真 / 25

2.3 微电网的对等控制方法 / 30
2.3.1 对等控制方法介绍 / 30
2.3.2 并联逆变器的电路特性 / 31
2.3.3 下垂控制方法 / 32
2.3.4 算例系统介绍 / 35
2.3.5 仿真分析 / 36
2.4 微电网的分层控制结构 / 38
2.5 小结 / 39
第3章 微电网下垂控制中虚拟阻抗的分析与设计方法 / 40
3.1 概述 / 40
3.2 含虚拟阻抗的微电网下垂控制方法 / 41
3.2.1 微电网有功/频率和无功/电压下垂控制 / 41
3.2.2 虚拟阻抗的概念与作用 / 43
3.3 含虚拟阻抗的下垂控制微电网潮流计算和小信号动态建模 / 44
3.3.1 潮流计算 / 44
3.3.2 小信号动态建模 / 46
3.4 虚拟阻抗的可行域构造 / 47
3.4.1 节点电压约束 / 47
3.4.2 功率解耦约束 / 47
3.4.3 系统阻尼约束 / 48
3.4.4 无功功率分配约束 / 49
3.5 最优虚拟阻抗设计方法 / 50
3.5.1 系统综合性能评估 / 50
3.5.2 最优虚拟阻抗设计问题 / 52
3.6 算例分析 / 53
3.6.1 算例系统 / 53
3.6.2 可行域结果 / 55
3.6.3 最优虚拟阻抗结果 / 57
3.6.4 时域仿真验证 / 60
3.7 小结 / 63

第 4 章 微电网分布式频率电压控制 / 64
4.1 概述 / 64
4.2 微电网分布式频率电压控制目标 / 65
4.2.1 通用下垂控制 / 65
4.2.2 分布式控制目标 / 66
4.2.3 控制目标实现可行性分析 / 66
4.3 微电网分布式频率电压控制方法 / 69
4.3.1 图论概述 / 69
4.3.2 分布式合作控制基本原理 / 69
4.3.3 分布式二次频率控制器设计 / 70
4.3.4 分布式二次电压控制器设计 / 71
4.4 DG 输出电压限幅下的影响分析与控制策略 / 73
4.4.1 DG 输出电压限幅对控制性能的影响 / 73
4.4.2 控制器限幅方法 / 74
4.5 小信号动态建模 / 76
4.5.1 分布式二次无功功率控制器模型降阶 / 76
4.5.2 单台 DG 模型 / 77
4.5.3 PCC 电压控制器模型 / 80
4.5.4 网络与负荷模型 / 81
4.5.5 所有 DG 模型 / 81
4.5.6 完整的微电网模型 / 82
4.6 算例分析 / 82
4.6.1 算例系统 / 82
4.6.2 小干扰稳定分析结果 / 84
4.6.3 时域仿真结果 / 87
4.7 小结 / 91
第 5 章 改善微电网动态性能的分布式最优附加控制方法 / 92
5.1 概述 / 92
5.2 算例系统构建 / 94
5.3 微电网的简化小信号动态模型 / 96

5.3.1 单台 DG 模型 / 96
5.3.2 所有 DG 模型 / 96
5.3.3 DG 输出电压接口模型 / 97
5.3.4 网络与负荷模型 / 97
5.3.5 完整的微电网模型 / 97
5.3.6 简化模型的精度检验 / 98
5.4 考虑多种影响因素时微电网的动态性能分析 / 99
5.4.1 参与因子分析 / 99
5.4.2 控制参数选取对动态性能的影响 / 100
5.4.3 运行平衡点对动态性能的影响 / 103
5.4.4 通信网络拓扑对动态性能的影响 / 105
5.4.5 分析结果小结 / 106
5.5 分布式最优附加控制器设计方法 / 107
5.5.1 附加控制变量的引入 / 107
5.5.2 分布式最优附加控制器设计 / 108
5.6 算例分析 / 110
5.6.1 补偿系统的动态性能分析 / 110
5.6.2 PSCAD/EMTDC 时域仿真结果 / 113
5.7 讨论与小结 / 120
5.7.1 讨论 / 120
5.7.2 小结 / 121
第 6 章 微电网时滞稳定分析与延时补偿控制方法 / 123
6.1 概述 / 123
6.2 微电网的时滞小信号动态建模 / 123
6.2.1 考虑延时的 DG 建模 / 124
6.2.2 网络与负荷建模 / 128
6.2.3 完整的小信号模型 / 128
6.3 时滞稳定分析 / 128
6.3.1 微电网分布式时滞控制系统特征根计算方法 / 128
6.3.2 通信延时对主导振荡模式的影响 / 129
6.3.3 通信网络拓扑对延时裕度的影响 / 130

6.3.4 控制参数对延时裕度的影响 / 131
6.4 延时补偿控制方法 / 132
6.5 时域仿真结果 / 134
6.5.1 算例系统 / 134
6.5.2 时滞稳定分析结果的仿真验证 / 135
6.5.3 延时补偿控制方法的仿真验证 / 135
6.6 实验结果 / 139
6.6.1 实验平台 / 139
6.6.2 实验验证 / 140
6.7 小结 / 142
第7章 抵御网络攻击的微电网分布式韧性控制 / 143
7.1 概述 / 143
7.2 基础控制 / 144
7.2.1 一次下垂控制 / 145
7.2.2 分布式二次控制 / 145
7.3 微电网网络攻击模型及脆弱性分析 / 146
7.3.1 网络攻击模型 / 146
7.3.2 微电网控制受 FDI 攻击的脆弱性分析 / 148
7.4 微电网分布式韧性控制 / 150
7.4.1 分布式韧性频率控制器 / 150
7.4.2 分布式韧性电压控制器 / 154
7.5 算例分析 / 155
7.5.1 算例系统 / 155
7.5.2 算例分析 / 157
7.6 小结 / 166
第8章 微电网分布式优化运行 / 168
8.1 概述 / 168
8.2 微电网最优潮流模型及其分布式求解 / 169
8.2.1 微电网最优潮流模型 / 169
8.2.2 微电网最优潮流的分布式求解算法 / 172
8.2.3 算例分析 / 176

8.3 微电网一次、二次、三次控制分布式联合运行方法 / 178
8.3.1 联合运行方法 / 178
8.3.2 联合运行稳定性分析 / 179
8.3.3 控制参数在线自适应分布式调节 / 183
8.4 时域仿真分析 / 186
8.4.1 联合运行仿真 / 186
8.4.2 自适应调节方法检验 / 188
8.4.3 长时间优化运行仿真 / 191
8.5 小结 / 192

附录 A 命题 4-1 的证明 / 194
附录 B 命题 4-2 的证明 / 199
附录 C 命题 4-3 的证明 / 200
附录 D 4.5 节中小信号模型的参数 / 201
附录 E 5.3 节中小信号模型的参数 / 203
附录 F 第 6 章小信号建模详细过程 / 205
附录 G 分布式控制脆弱性分析推导过程 / 211
附录 H 分布式二次电压控制器的收敛性证明 / 212

参考文献 / 215

第1章

概　　述

1.1　微电网概述

1.1.1　微电网概念

随着能源危机与环境问题的不断加剧，大力开发利用可再生能源、建设新型电力系统已成为我国实现2030年碳达峰、2060年碳中和目标的重要途径。

一直以来，我国可再生能源发展走的是集中开发和分散利用相结合的路线。在发电侧，可再生能源接入以大规模集中式并网为主，通过以特高压为核心的智能输电网实现清洁能源跨地区输送；在配电侧，可再生能源接入以小容量的分布式电源（distributed generator，DG）为主，并通过智能配电网实现就地消纳。分布式电源具有能源就地消纳、使用灵活、安装成本低、能够满足用户特定需求等诸多优点，能够有效避免传统大规模集中式并网发电所带来的远距离功率传输、运行难度大、安全可靠性差等难题，未来有望成为新型电力系统中的重要能量来源。截至2021年底，我国分布式光伏总装机容量1.075亿kW，其中2021年新增装机容量约2900万kW，同比增长87%。2021年9月，国家能源局印发《关于公布整县（市、区）屋顶分布式光伏开发试点名单的通知》，预计在2023年前全国共计676个县试点地区将新增分布式光伏1.7亿kW。因此可以预见，未来分布式电源将呈现逐渐大规模接入配电网的趋势。

然而，分布式电源具有数量众多、形式各异、可调度性差、利益主体多样的特点，未来高比例分布式电源的大规模接入将对电网的运行、管理、调度、控制等带来诸多挑战。首先，风力发电机、光伏等分布式电源的输出功率具有间歇性和波动性，其对电网而言是一个不可控源，传统基于可调度电源的电网调度运行方式难以适用。其次，大规模分布式电源接入后，电网的运行工况更加复杂多变，由于 DG 的频繁接入与退出、风速光照等变化造成的 DG 出力变化以及负荷功率的频繁波动，电网中的潮流分布将具有强随机性和不确定性，容易引发节点电压越限与线路过载等多种问题。再者，分布式电源大多使用电力电子接口变换器接入电网，同传统同步发电机相比，电力电子变换器所固有的弱惯性特点将恶化电网的阻尼特性，给电网的安全稳定运行带来严重威胁。

为了有效避免分布式电源大规模接入引发的诸多问题，促进可再生能源的就地消纳，微电网的概念应运而生。微电网是指由分布式电源、用电负荷、配电设施、监控和保护装置等组成的小型发配用电系统（必要时含储能装置）。微电网分为并网型微电网和独立型微电网。并网型微电网可与外部电网并网运行或离网独立运行；独立型微电网不与外部电网连接，自我维持功率平衡。当微电网并网运行时，其对外呈现为一个单一可控单元，而对内可实现自我控制和自治管理。作为分布式电源的有效组织利用形式以及与大电网友好互动的技术手段，微电网能够提高用户侧的安全性和可靠性，促进清洁能源的接入和就地消纳，在节能减排中发挥重要作用。随着分布式电源的大规模接入，具有“自平衡、自调节、自控制”能力的微电网的重要性也愈发显著，微电网是新型电力系统的重要组成部分[1]。

1.1.2 微电网的运行控制问题和稳定问题

1.1.2.1 运行控制问题

1. 微电网运行控制的特点

良好的运行控制系统对于实现微电网的高效可靠运行至关重要。同传统大电网相比，微电网的运行控制主要有以下特点。

（1）控制对象丰富：微电网需要控制的分布式电源种类丰富且特性各异。

（2）运行模式多样：微电网存在并网运行模式和离网运行模式，两种模式之间还可能需要进行切换。

（3）控制目标灵活：微电网需要实现多种多样的设备级控制目标和系统级控制目标，例如控制 DG 输出的电压、控制 DG 输出的有功/无功功率、控制微电网频率、维持微电网内功率平衡、在 DG 之间合理分配负荷、实现网损最小、实现总发电成本最小、控制微电网同步于主网、控制微电网与主网的功率交换等。

（4）控制策略复杂：不同类型的分布式电源其控制策略不同，不同的运行模式以及模式之间的转换有不同的控制策略，对应于上述每一个控制目标都需要有相应的控制策略予以实现。

2. 微电网的分层控制

微电网的运行控制系统一般较为复杂并且需要实现多种功能，借鉴传统大电网的运行控制经验，通过对微电网的运行控制系统进行“分层”，每层实现各自的功能，能够有效简化运行控制系统的设计与实施，增强运行控制系统的通用性、灵活性、可扩展性、可移植性，并促进运行控制系统的标准化。典型的微电网分层控制结构可分为一次控制、二次控制和三次控制。每层控制需要实现的功能如下。

（1）一次控制：实现底层 DG 的本地控制，具体地，控制 DG 的输出电压、输出电流、输出功率等，实现 DG 之间的负荷分配。

（2）二次控制：修正一次控制下微电网的频率、电压偏差，按照设定的功率分配需求实现系统负荷在 DG 之间的精确分配。

（3）三次控制：在更慢一级的时间尺度上，根据不同的优化目标安排各 DG 的最优调度策略，实现系统的优化运行。

3. 控制方法

“集中式”的控制方法和“分布式”的控制方法均能够实现微电网的上述分层控制功能。

（1）集中式控制方法在传统大电网的运行控制中取得了广泛的应用，其特点是存在一个中央控制单元，该中央控制单元在通过通信网络采集所有设备的信息后，进行数字仿真、稳定分析或优化控制，然后再将控制指令通过通信网络下发至所有设备。集中式控制方法具有较好的全局协调能力，然而也存在如下弊端：

1）在高比例分布式电源大规模接入的背景下，微电网中 DG 数量众多，导致控制问题的复杂度急剧增加，集中式控制方法面临求解困难、实施成本高等难题。

2）集中式控制方法过度依赖中央控制单元，一旦其发生故障则整个系统崩溃。因此，集中式控制方法存在“单点故障”，可靠性低。

3）集中式控制方法需要建立中央控制器和所有 DG 之间的双向通信线路。微电网中 DG 数量众多并且地理位置分散，集中式控制方法下的通信网络较为复杂并且建设维护成本较高。

4）集中式控制方法中，只要有一条通信线路发生故障，对应的 DG 就无法参与控制。

5）用户逐步重视对个体信息的保护，微电网中各 DG 的投资主体可能不同，中央控制单元收集所有被控对象的信息不利于保护用户隐私。

（2）由于集中式控制方法存在的弊端，分布式控制方法在近年来逐渐得到了科研工作者和工程技术人员的高度重视。分布式控制方法的实现无须中央控制单元，所有设备在一个稀疏的通信网络中，仅需要自身信息以及邻近设备的信息即可完成控制。同集中式控制方法相比，分布式控制方法具有如下优势：

1）分布式控制方法能够将一个大问题“分布”到各个设备中单独求解，因此即便微电网中 DG 数量众多，但每台 DG 所需要求解的问题仍较为简单。

2）分布式控制不需要中央控制器，所有 DG 之间地位平等，因而不存在“单点故障”，系统可靠性大大增加。

3）分布式控制仅需要一个稀疏的通信网络，通信也可以是单向的，因此系统的通信网络大为简化，降低了建设成本。

4）分布式控制对于通信线路故障的鲁棒性更强。即使通信线路发生故障，只要通信拓扑依然存在最小生成树，所有 DG 就仍可以共同完成控制目标。

5）在分布式控制中，每台 DG 仅向邻近 DG 发送信息，能够最大限度地保护用户隐私。

分布式控制方法能够有效避免集中式控制方法存在的若干弊端。因此，研究如何通过分布式控制方法实现微电网的分层控制，即微电网的分层分布式运行控制，具有重要的意义。

1.1.2.2 稳定问题

稳定是任何控制系统能够有效运行的前提条件，失去稳定的运行控制系统是无法工作的。微电网中的 DG 单元大量采用控制灵活、响应迅速的电力电子变换器作为接口，同传统大电网相比，微电网稳定问题的特点如下：

（1）大电网中由同步发电机导致的稳定问题，由于惯性大，振荡模式的频率较低，一般为低频振荡；而微电网中电力电子变换器的调节速度较快，导致微电网中振荡模式的频率更高，可能达到上百赫兹甚至几百赫兹。

（2）微电网中 DG 的控制策略多种多样，不同控制策略对稳定性的影响不同。

（3）微电网在离网运行时缺乏大电网支撑，自身容量又较小，而且与同步发电机相比，电力电子变换器缺乏惯性，因此，微电网容易受到各种扰动的影响，发生功率振荡甚至失稳。

因此，微电网的稳定问题较为突出，有必要进行详细的稳定分析。对于以分布式方式实现的微电网分层控制系统而言，除了上述特点之外，其稳定问题还具有以下特点：①一次、二次和三次控制之间存在配合问题，如果无法有效协调一次、二次和三次控制，可能造成系统失稳；②分布式控制的邻近通信特性使得 DG 之间的交互/耦合更加强烈，所有 DG 可能同时参与系统振荡。

因此，针对微电网的分层分布式运行控制系统，研究如何对其稳定性问题进行建模、如何分析其稳定性、采取何种措施能够增强其稳定性等问题，对于实现微电网的安全稳定运行具有重要的意义。

1.2 微电网的分层控制

1.2.1 一次控制

微电网的一次控制用于实现对分布式电源的本地控制，主要有两类方法：主从控制和对等控制。

1.2.1.1 主从控制

在主从控制模式下，微电网中存在一个 DG 作为主电源，其采用恒压恒频控制（VF 控制）以维持输出端口的电压和频率恒定，微电网内的功率波动也由该主电源平衡。其余 DG 采用功率控制（PQ 控制或 VdcQ 控制），仅需要发出指定的有功和无功功率，不参与系统的功率调节。主从控制方法原理简单并且实施方便，在实际微电网示范工程中取得了广泛的应用。然而，一旦主电源出现故障则整个微电网系统面临崩溃的风险。因此，主电源必须具有较大的容量以及较高的可靠性。

1.2.1.2 对等控制

为了避免主从控制过度依赖主电源的弊端，学者们提出了对等控制思想。在对等控制模式下，所有 DG 的地位平等，没有主电源与从电源之分，共同维持系统内的功率平衡。

有功/频率（P/f）和无功/电压（Q/V）下垂控制是一种典型的对等控制方法，它通过模拟传统同步发电机的一次调频特性以实现微电网内各台 DG 之间的协调控制。当 DG 使用下垂控制时，每台 DG 首先检测输出的有功功率和无功功率，之后根据预先设计的有功/频率（P/f）和无功/电压（Q/V）下垂曲线计算得到 DG 的频率参考值和电压参考值，最后通过电压电流双闭环控制使 DG 的输出电压跟踪参考值。下垂控制以系统的频率和电压作为各台 DG 之间联系的纽带，因而无须 DG 之间进行通信即可使所有 DG 共同维持系统频率和电压稳定，便于实现 DG 的“即插即用”特性。下垂控制方法最早源于逆变器的无互联线并联控制，并在不间断电源（uninterruptible power supply，UPS）中得到了广泛应用。在 UPS 中，通常两台逆变器的容量相同，在稳态下系统频率是唯一的，因此通过将逆变器的下垂系数选为相等，能够实现系统有功负荷在逆变器之间的等额均分。当将下垂控制应用到微电网时，由于各台 DG 的容量可能并不相同，为了能够让 DG 之间按照其容量比例分配负荷功率，需要相应地设置合理的下垂系数。

综上所述，下垂控制不需要依赖通信即可实现所有 DG 共同参与系统的电压和频率调节，并能使得系统负荷在 DG 之间按照容量比例进行分配。但是，下垂控制也存在一些不足之处：①下垂控制基于感性线路推导得到，在感性线路下，有功和频率强相关，无功和电压强相关，有功控制和无功控制基本解耦（下文简称“有功无功解耦”或“功率解耦”）；然而，在实际的低压微电网中，线路以阻性为主，线路的 X/R 值较小，此时有功控制和无功控制之间存在强烈的耦合（下文简称“有功无功耦合”或“功率耦合”）。②由于线路阻抗的存在，各台 DG 的输出电压在线路阻抗上的压降很难保持一致，系统的无功负荷在各DG之间难以达到精确分配，即各DG输出的无功功率难以精确分配。③下垂控制属于有差调节，在稳态下存在电压和频率的偏差。④下垂控制的稳定性受下垂系数影响，过大的下垂系数容易导致系统失稳；此外，DG采用电压型控制，而电压源不能直接并联，因此当DG之间电气距离较短时，系统阻尼变弱甚至可能失稳。

针对上述问题，已有文献进行了大量研究并提出了许多解决办法。下面首先介绍已有文献在DG输出无功功率精确分配（下文简称“无功功率精确分配”）和功率解耦两方面的研究成果，关于电压频率偏差问题将在1.2.2节进行介绍，关于稳定性问题将在1.3节中详细介绍。

1. 无功功率精确分配

当各DG输出的无功功率无法精确分配时，有可能出现某些DG发出无功功率而某些DG吸收无功功率，极易导致DG过载。根据是否需要通信环节，可将无功功率精确分配方法分为两类。

在不需要通信的无功功率精确分配方法中，可使用电压降补偿、改变下垂系数、使用Q/V下垂控制等方法，然而这些方法一般只能做到改善无功功率分配精度，无法精确分配无功功率。

通过引入通信环节，能够实现各DG输出无功功率的精确分配。这一类方法通常首先采集系统中各DG和负荷的功率信息以计算出总负荷功率，之后根据预先设定的比例计算得到每台DG的无功功率参考值，再将该参考值下发给相应DG，DG将该参考值与自身实际发出的无功作差后经过比例积分（proportional integral，PI）环节得到调整量。由于无功参考值经过集中式的统一分配并且PI控制器能够保证无差跟踪，各DG输出的无功功率能够精确分配。

2. 有功无功解耦

实现有功无功解耦的方法主要可以分为四种，具体分述如下。

（1）直接加大网侧滤波电感。DG逆变器的出口一般都配有无源（LCL）滤波器，增加网侧的滤波电感相当于增大了线路电抗，从而等效地增大了线路的X/R值。然而，实际的物理电感体积、质量大，成本高，并且电感参数难以调节，在实际使用中会带来诸多不便。此外，微电网线路的电阻可能较大，单纯增加滤波电感可能使得系统总的阻抗过大，导致网损和电压降较大。

（2）使用有功/电压（P/V）和无功/频率（Q/f）下垂控制。在线路参数以阻性为主的情况下，有功和电压强相关，无功和频率强相关，此时顺应实际的物理量关系，使用有功/电压（P/V）和无功/频率（Q/f）下垂控制也能达到良好的控制效果。然而，这种方法的弊端：①由于各 DG 输出电压难以保持一致，各 DG 输出的有功功率无法精确分配；②当线路的电阻和电抗大小相当时，有功无功依然存在耦合；③与传统同步发电机的一次调频特性不兼容。

（3）使用虚拟变换。虚拟变换方法分为虚拟功率变换[2]和虚拟电压频率变换[3]。虚拟功率变换方法首先基于线路参数信息形成变换矩阵，之后通过变换矩阵将逆变器实际输出的耦合的有功和无功变换为虚拟的有功和无功。经过变换后，虚拟有功和频率强相关，虚拟无功和电压强相关，虚拟有功和虚拟无功之间解耦。该方法在任意线路电阻电抗参数下均能实现功率解耦，然而其弊端在于经过变换后各 DG 输出有功和无功功率均无法精确分配并且功率上下限、下垂系数等参数不易确定。虚拟电压频率变换方法和虚拟功率变换方法类似，区别在于其通过变换矩阵将逆变器实际的电压和频率变换为虚拟电压和虚拟频率。经过变换后，有功和虚拟频率强相关，无功和虚拟电压强相关，有功和无功之间实现解耦。类似地，该方法的弊端在于电压频率上下限和下垂系数等参数不易确定。

（4）使用虚拟阻抗。虚拟阻抗方法的基本原理是通过将 DG 输出电流和虚拟阻抗相乘得到虚拟电压降，再将该虚拟电压降反映到下垂控制器的输出上，以达到在控制系统中使虚拟阻抗模拟实际物理阻抗的效果[4]。和物理阻抗相比，虚拟阻抗的优势在于：参数选取更为灵活；无须成本；有效避免了物理阻抗体积、质量大的缺点；没有功率损耗。

在四种方法中，使用虚拟阻抗是一种较好的实现功率解耦的方法。然而，系统化、通用化和定量化地分析与设计虚拟阻抗取值的方法仍有待研究。实际上，使用虚拟阻抗不仅能够实现功率解耦，还能通过改变电压降以提高 DG 输出无功功率的分配精度，通过增加 DG 之间电气距离以提高系统稳定性。因此，合理地分析与设计虚拟阻抗对系统综合性能的提升大有裨益，本书将在第 3 章详细讨论虚拟阻抗的分析与设计方法。

1.2.2 二次控制

二次控制用于恢复微电网中的频率电压偏差以及按照设定的功率分配

需求实现各 DG 出力的精确分配。在实现微电网二次控制上主要有集中式控制和分布式控制两种思路。

1.2.2.1 集中式二次控制

集中式控制方法[5]通过中央控制单元检测系统频率和实际频率的偏差以及系统电压和实际电压的偏差，利用 PI 控制器分别得到有功/频率下垂曲线和无功/电压下垂曲线的调节量，再通过通信系统将调节量发送至各台 DG 执行，由于 PI 控制的存在，能够保证频率和电压的无差调节。然而，集中式控制方法依赖中央控制单元，其弊端已经在 1.1.2.1 节中予以详细分析。

1.2.2.2 分布式二次控制

为了避免集中式方法存在的弊端，让所有 DG 在一个稀疏的通信网络中仅利用自身信息以及邻近 DG 的信息即可完成控制，已有文献基于分布式合作控制理论中的一致性算法[6, 7]提出了若干种微电网分布式二次控制方法。其中，根据是否使用下垂控制作为一次控制方法，可将文献中的方法分为两类。

1. 一次控制使用下垂控制

在这类方法中，一次控制使用下垂控制，由分布式二次控制得到下垂曲线的调整量。根据一致性算法的不同，可细分为三类控制算法，即跟踪同步控制、分布式平均比例积分（DAPI）控制以及有限时间控制，具体分述如下。

（1）跟踪同步控制：文献［8］将微电网分布式二次控制问题建模为一阶跟踪同步问题，通过跟踪同步一致性算法能够使系统频率恢复到额定值并使得所有 DG 输出电压恢复到额定值。然而，该文献的不足之处在于没有考虑 DG 输出无功功率的精确分配。针对这一问题，文献［9］将电压控制目标更改为所有 DG 输出电压的平均值控制在额定值，并针对无功功率分配误差采用一致性控制得到了虚拟阻抗的调节量，最终通过调节虚拟阻抗实现无功功率精确分配。

（2）DAPI 控制：文献［10］将 DAPI 控制方法应用到分布式二次电压控制中，并能将所有 DG 电压恢复到额定值或者实现无功功率精确分配。

（3）有限时间控制：分布式有限时间控制方法的特点在于能够保证被控量在给定的有限时间内收敛至稳态值，从而加快了被控量的收敛速度。文献[11]应用该方法实现了系统频率恢复至额定值以及所有DG输出电压恢复至额定值。

2. 一次控制没有使用下垂控制

这一类方法的特点在于一次控制中不含下垂控制，分布式二次控制得到的电压参考值直接由一次控制中的电压电流双闭环控制器进行跟踪，系统的控制结构可在一定程度上得到简化。文献［12］基于该思想通过有功、无功和电压的分布式控制器实现了DG有功无功出力的精确分配以及所有DG输出电压的平均值恢复到额定值。

其实，也可从稳态控制目标出发对已有研究成果进行归纳总结。微电网的分布式二次控制目标包括：①系统频率恢复到额定值；②所有DG输出电压控制在额定值，或所有DG输出电压的平均值控制在额定值；③DG输出无功功率的精确分配。然而，从稳态控制目标角度进行分析，需要对以下内容进行深入探究：

（1）在电压控制上，大多关注对DG输出电压的控制。然而，实际上为保证敏感负荷的正常运行，有必要恢复系统关键母线的电压。虽然文献［13］实现了关键母线电压恢复至额定值，但是其无法同时保证DG输出无功功率的精确分配。

（2）对于分布式二次频率控制，需要能够在通用下垂控制（4.2.1节中介绍）下实现频率无差调节的控制方法。

（3）在某些运行工况下，DG的输出电压可能达到限幅值，需要探究此时分布式二次控制的运行特性与设计方法。

1.2.3 三次控制

微电网的三次控制主要根据不同的优化目标安排各DG的最优调度策略，实现系统的优化运行。集中式优化方法和分布式优化方法均能实现三次控制，具体分述如下。

1.2.3.1 集中式优化

集中式优化方法在实际实施过程中，首先由中央控制单元采集系统中所有设备的信息，然后基于集中式优化模型采用集中式优化算法求解得到各台DG的最优出力参考值，最后通过通信网络将参考值下发给各DG执行。针对含多种分布式电源的微电网，集中式优化模型的优化目标可以是运行成本最小、网损最小、总电压偏差最小、环保费用最少以及停电损失费用最少等，在问题时间尺度上可以是单时段问题或包含一天24h的多时段问题，在优化算法上一般使用智能优化算法求解。

1.2.3.2 分布式优化

同集中式优化相比，分布式优化方法无须中央控制单元，能够将一个集中式大问题“分布”到各个设备中单独求解，每台设备仅需和邻近设备进行通信，因而具有求解简单、灵活性好、可靠性高、实施成本低、便于保护用户隐私等诸多优点。近年来，学者们针对分布式优化方法在电力系统中的应用开展了大量研究，下文将从研究对象、研究问题以及求解算法等三个维度进行分类与总结[14]。

1. 按研究对象分类

研究对象具体指所研究的电网与电源的类型。

（1）智能电网：该类型偏向于传统的大电网，电源类型主要是常规的同步发电机。

（2）并网运行的微电网或主动配电网：电源类型主要有分布式风电、分布式光伏、储能等。

（3）离网运行的微电网：电源类型主要有分布式风电、分布式光伏、储能、柴油发电机等。

2. 按研究问题分类

研究问题具体指优化所要解决的工程问题以及采用的优化模型。

（1）有功经济调度问题：该类型问题的优化目标为系统总的发电成本最小，优化变量为各台机组的有功出力，约束条件为总发电功率等于总负荷功率。在不考虑有功出力限制时，该类型问题的最优性条件为各台机组的发电成本微增率一致。

（2）交流最优潮流（AC-OPF）问题：同有功经济调度问题相比，AC-OPF问题考虑了有功和无功潮流约束、节点电压上下限约束以及有功无功出力上下限约束等，其模型更加复杂，优化目标可以为系统总网损最小、发电成本最小或者总电压偏差最小等，优化变量可以为机组的有功无功出力、无功补偿器的无功出力以及变压器分接头挡位等。

3. 按求解算法分类

（1）一致性算法（consensus）：该算法实施简便，但主要适用于存在一致变量的问题，例如有功经济调度问题中的发电成本微增率达到一致。当优化问题中含有复杂约束（如 AC-OPF 问题）时，该算法难以适用，因为此时难以找到一致变量。

（2）分布式次梯度法：该算法在一致性算法的基础上叠加了次梯度项，次梯度项的存在使得该算法不仅能够实现变量一致，还能够实现预先设定的优化目标。分布式次梯度法主要用于发电成本微增率一致、机组的有功利用率一致、机组的无功利用率一致等情况。和一致性算法类似的是，该方法同样难以处理含有复杂约束的优化问题（如 AC-OPF 问题）。

（3）交替方向乘子法（alternating direction method of multipliers，ADMM）：同一致性算法和分布式次梯度算法相比，ADMM 算法适用性很广，能够分布式地求解满足一定形式的凸优化问题，而不必受限于必须存在一致变量，因此较多研究将其用于求解 AC-OPF 问题。

（4）其他算法：主要包括对偶分解法、势博弈方法以及原对偶梯度法等。

在通过优化方法得到 DG 的最优功率出力参考值后，DG 需要通过自身控制使其实际输出功率跟踪参考值。当微电网并网运行时，各 DG 通常采用功率控制，直接跟踪功率参考值即可。当微电网离网运行时，若系统使用主从控制，则运行于功率控制模式的各个从 DG 电源也可以直接跟踪功率参考值；然而，当系统使用对等控制时，各台 DG 均基于一次下垂控制和二次控制运行，此时在 DG 端口直接控制的是电压而非功率，则 DG 无法直接跟踪由三次控制下发的功率参考值。在这种情况下，如何实现一次、二次和三次控制联合协调运行，成为亟待解决的问题。

1.3 微电网的小扰动稳定性

微电网的稳定性问题可以划分为静态稳定、小扰动稳定和大扰动稳定。其中，微电网静态稳定分析主要研究系统潮流方程是否存在合理的解。微电网大扰动稳定分析主要研究系统在短路故障、DG 投切等大扰动下能否保持稳定运行。本书主要关注微电网的小扰动稳定性，微电网的小扰动稳定主要研究系统在某一平衡点下受到小的扰动后能否保持稳定运行。下文将从小信号建模、小扰动稳定分析以及增强小扰动稳定性的方法等三个方面介绍已有的微电网小扰动稳定研究成果。

1.3.1 微电网小信号建模

小信号建模是小扰动稳定分析的基础。微电网的小信号建模主要关注对微电网内各种对象的建模方法，例如 DG 模型、网络模型以及负荷模型，以及如何综合所有对象的模型以得到整个系统的模型。需要说明的是，微电网内 DG 种类丰富并且控制策略多样，因此存在多种对 DG 的建模方法。在一次控制方面，已有研究建立了含下垂控制 DG、PQ 控制 DG、同步机接口 DG 或异步机接口 DG 的微电网小信号模型。在二次控制方面，文献[10]和[15]在假设系统网络为纯感性的前提下，分别建立了考虑分布式二次频率控制器和分布式二次电压控制器的微电网小信号模型。

1.3.2 微电网小扰动稳定分析

微电网的小扰动稳定分析的主要分析方法是对小信号模型的状态矩阵进行特征分析。在微电网一次控制的小扰动稳定分析方面，已有研究主要分析了下垂系数、平衡点变化、DG 类型、负荷类型（恒功率负荷、感应电机负荷、整流器负荷）等因素对系统稳定性的影响。在微电网二次控制的小扰动稳定分析方面，文献［10，16］经过详细推导，给出了微电网使用分布式二次电压控制器时保持小扰动稳定的充分条件，类似地，文献［15］给出了微电网使用分布式二次频率控制器时保持小扰动稳定的充分条件。

1.3.3 增强微电网小扰动稳定性的方法

已有研究增强微电网小扰动稳定性的方法主要可划分为三类[1]：①优化控制参数；②在原有控制策略基础上引入附加控制；③设计新的控制策略替换原有控制策略。优化控制参数方法的原理是微电网的小扰动稳定性同控制参数密切相关，通过优化不同控制对象、不同控制层级的控制参数，可达到增强稳定性的效果。附加控制方法是在设备原有控制方法和控制结构的基础上引入附加控制，通过附加控制调整设备的控制特性，从而增强稳定性。替换原有控制指的是使用新的控制策略替换掉原有的控制策略，从而使设备呈现出新的控制特性，进而消除原有控制下带来的稳定性问题。

总体上，对微电网一次控制的小扰动稳定问题研究得较为充分，然而对微电网二次控制的小扰动稳定问题研究有待深入，具体表现在建模、分析与稳定控制三个方面。

（1）建模：文献［15］和［10，16］虽然分别建立了分布式二次频率控制器[15]和分布式二次电压控制器[10,16]的小信号模型，然而其假设系统网络为纯感性[10,15,16]，相邻节点之间的相角差为零[10,16]或节点电压恒定[15]。实际上，对于实际的低压微电网而言，线路电阻不可忽略，必须在模型中予以考虑。此外，相邻节点间的相角差非零并且节点电压并非恒定。

（2）分析：文献［10，15，16］虽然给出了系统保持小扰动稳定的条件，但是却没有详细分析分布式二次控制对微电网小扰动稳定性以及动态性能的影响。实际上，不同的二次控制器和二次控制参数对系统稳定性的影响不尽相同。此外，分布式二次控制可能给系统引入新的主导振荡模式并导致系统的动态性能不够理想。

（3）稳定控制：如何改善微电网二次控制的动态性能以及如何增强系统的稳定性有待深入研究。

此外，当微电网一次、二次和三次控制联合协调运行时，由于在优化中一般不考虑系统的动力学方程，如果三次控制和一次、二次控制配合不当，有可能导致系统失稳。因此需要对微电网一次、二次和三次控制联合协调运行系统的稳定性进行分析。

1.4 本书的主要内容

本书的结构示意图如图 1-1 所示。本书建立了一套微电网的分层分布式运行控制体系和方法，围绕微电网的分散一次控制、分布式二次控制和分布式三次控制，展开了系统深入的研究，相关研究成果可为微电网运行控制技术的发展与应用提供有益借鉴。

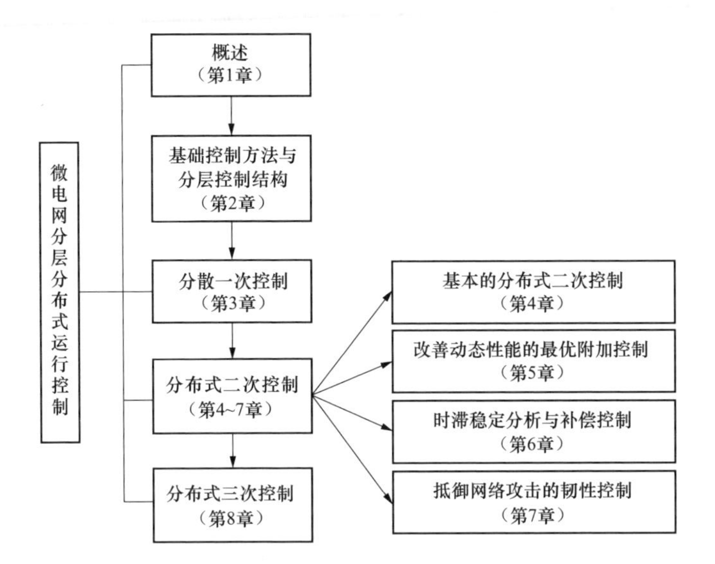

图 1-1　本书的结构示意图

第2章

微电网的基础控制方法与分层控制结构

本章介绍微电网的基础控制方法与分层控制结构，作为全书内容的基础。其中，微电网的基础控制方法包括逆变器的有功/无功功率控制、直流电压/无功功率控制、恒压/恒频控制以及微电网的主从控制与对等控制方法。

2.1 逆变器的基础控制方法

微电网中分布式电源逆变器的控制方法是微电网控制的基础，下面对三种常用的逆变器控制方法进行介绍。

2.1.1 有功/无功功率控制

2.1.1.1 电路拓扑图

有功/无功功率控制（PQ 控制）能够使逆变器输出的有功功率和无功功率控制在设定值。当分布式电源并网运行时，需要通过并网逆变器作为同外部电网连接的接口，并网逆变器的拓扑如图 2-1 所示。

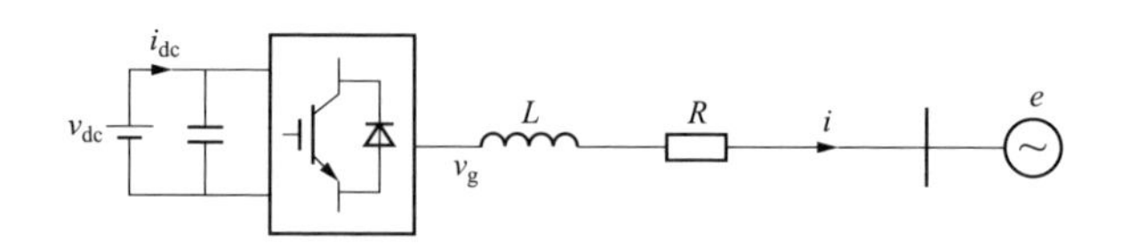

图 2-1 PQ 控制场景下并网逆变器的拓扑图

其中，v_g 表示逆变器端口输出电压，e 表示电源电压，i 表示逆变器输出电流，v_{dc} 表示直流电源电压，i_{dc} 表示直流电源电流。

2.1.1.2　并网逆变器数学模型

对上述拓扑列三相电路方程，有

$$\begin{cases} L\dfrac{\mathrm{d}i_a}{\mathrm{d}t}+Ri_a=v_{ga}-e_a \\ L\dfrac{\mathrm{d}i_b}{\mathrm{d}t}+Ri_b=v_{gb}-e_b \\ L\dfrac{\mathrm{d}i_c}{\mathrm{d}t}+Ri_c=v_{gc}-e_c \end{cases} \tag{2-1}$$

本书中的下标 a、b、c 表示 abc 三相坐标系下的电气量。

逻辑开关函数 S_k 定义为

$$S_k=\begin{cases} 1 & \text{上桥臂导通，下桥臂关断} \\ 0 & \text{下桥臂导通，下桥臂关断} \end{cases} \tag{2-2}$$

则可将式（2-1）重新写为

$$\begin{cases} L\dfrac{\mathrm{d}i_a}{\mathrm{d}t}+Ri_a=v_{dc}\left(S_a-\dfrac{S_a+S_b+S_c}{3}\right)-e_a \\ L\dfrac{\mathrm{d}i_b}{\mathrm{d}t}+Ri_b=v_{dc}\left(S_b-\dfrac{S_a+S_b+S_c}{3}\right)-e_b \\ L\dfrac{\mathrm{d}i_c}{\mathrm{d}t}+Ri_c=v_{dc}\left(S_c-\dfrac{S_a+S_b+S_c}{3}\right)-e_c \end{cases} \tag{2-3}$$

由此可得到并网逆变器在三相坐标系下的数学模型。

下面推导并网逆变器在 dq 旋转坐标系下的数学模型。设在图 2-2 所示的坐标变换下，有 dq 到 abc 等量变换矩阵如式（2-4）所示。

$$\begin{bmatrix} x_a \\ x_b \\ x_c \end{bmatrix}=\begin{bmatrix} \cos\omega t & -\sin\omega t \\ \cos\left(\omega t-\dfrac{2}{3}\pi\right) & -\sin\left(\omega t-\dfrac{2}{3}\pi\right) \\ \cos\left(\omega t+\dfrac{2}{3}\pi\right) & -\sin\left(\omega t+\dfrac{2}{3}\pi\right) \end{bmatrix}\begin{bmatrix} x_d \\ x_q \end{bmatrix} \tag{2-4}$$

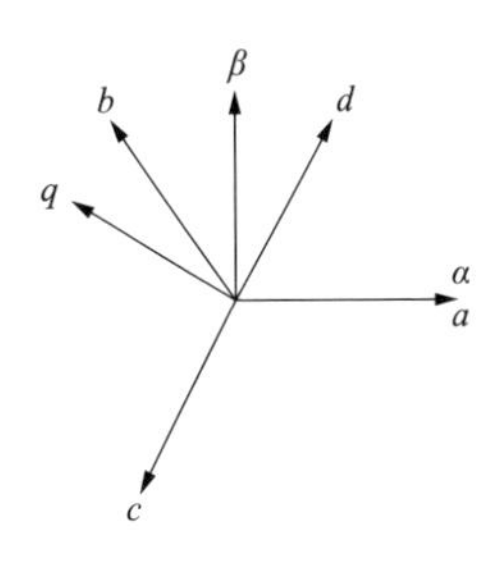

图 2-2　坐标变换位置关系

将上述变换阵代入三相坐标系的数学模型式（2-3）中，可得到 dq 坐标系下并网逆变器的数学模型

$$\begin{cases} L\dfrac{\mathrm{d}i_d}{\mathrm{d}t}-\omega Li_q+Ri_d=v_{gd}-e_d \\ L\dfrac{\mathrm{d}i_q}{\mathrm{d}t}+\omega Li_d+Ri_q=v_{gq}-e_q \end{cases} \tag{2-5}$$

2.1.1.3 电流内环控制器设计

在推导出 dq 坐标系下数学模型式（2-5）的基础上可对控制系统进行设计。定义 v_d、v_q 为

$$\begin{cases} v_d=L\dfrac{\mathrm{d}i_d}{\mathrm{d}t}+Ri_d \\ v_q=L\dfrac{\mathrm{d}i_q}{\mathrm{d}t}+Ri_q \end{cases} \tag{2-6}$$

由式（2-6）可以看出，v_d 和 v_q 与逆变器输出 dq 轴电流之间的传递函数为一阶惯性环节，即通过控制 dq 轴电流可以控制 dq 轴电压。根据此关系可以设计电流内环控制器，通常采用 PI 控制器，即

$$\begin{cases} v_d=(i_d^*-i_d)\left(k_\mathrm{P}+\dfrac{k_\mathrm{I}}{s}\right) \\ v_q=(i_q^*-i_q)\left(k_\mathrm{P}+\dfrac{k_\mathrm{I}}{s}\right) \end{cases} \tag{2-7}$$

综合式（2-5）～式（2-7），可得到电流内环的控制方程为

$$\begin{cases} v_{gd}=e_d-\omega Li_q+\left(k_\mathrm{P}+\dfrac{k_\mathrm{I}}{s}\right)(i_d^*-i_d) \\ v_{gq}=e_q+\omega Li_d+\left(k_\mathrm{P}+\dfrac{k_\mathrm{I}}{s}\right)(i_q^*-i_q) \end{cases} \tag{2-8}$$

2.1.1.4 外环有功/无功控制器设计

假设逆变器的输出电压为 U，输出电流为 I，其在空间中的相量关系如图 2-3 所示。可得逆变器输出的有功功率 P 和无功功率 Q 的表达式为

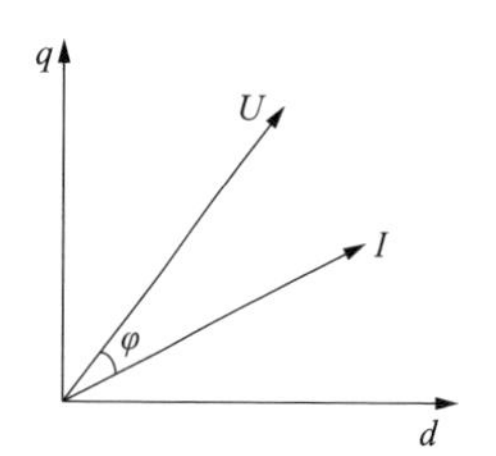

图 2-3 U 与 I 的相量关系

$$\begin{cases} P=UI\cos\varphi=U_dI_d+U_qI_q \\ Q=UI\sin\varphi=U_qI_d-U_dI_q \end{cases} \tag{2-9}$$

当将逆变器输出电压 U 定向到 d 轴上时，有 $U_q=0$，因此 $P=U_dI_d$，$Q=-U_dI_q$，则逆变器输出

有功功率和 d 轴电流 I_d 成正比，无功功率和 q 轴电流 I_q 成正比。因此，对功率的控制可以通过对 dq 轴电流的控制来实现，通常可采用 PI 控制器。综上，可将外环有功/无功控制器设计如下

$$\begin{cases} i_d^* = (P^* - P)\left(k_\mathrm{P} + \dfrac{k_\mathrm{I}}{s}\right) \\ i_q^* = (Q - Q^*)\left(k_\mathrm{P} + \dfrac{k_\mathrm{I}}{s}\right) \end{cases} \tag{2-10}$$

式中：P^*和 Q^*分别为有功功率和无功功率的参考值。

2.1.1.5　总体控制策略图介绍

结合上文介绍的电流内环控制器及外环有功/无功控制器，PQ 控制的总体控制策略图如图 2-4 所示。

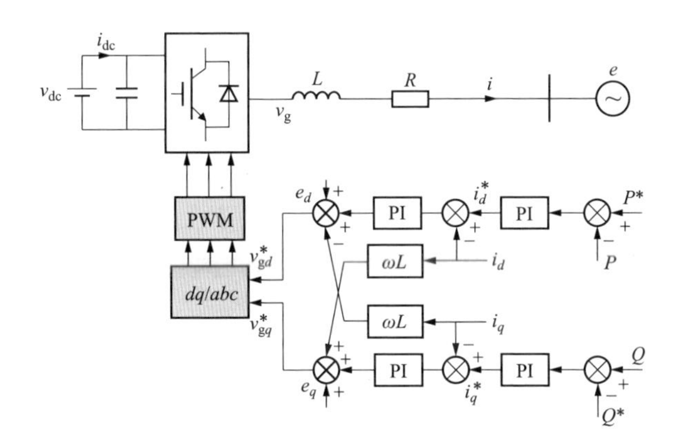

图 2-4　PQ 控制结构图

图 2-4 中，首先是功率外环调节，P 的参考值 P^*同实际值相减后通过 PI 调节器得到电流的 d 轴分量参考值 i_d^*，Q 的实际值与其参考值 Q^*相减后通过 PI 调节器得到电流的 q 轴分量参考值 i_q^*，然后进入电流内环调节得到逆变器交流侧端口电压 d 轴、q 轴分量的指令值 v_{gd}^* 和 v_{gq}^*，再将其变换到 abc 三相后作为正弦脉宽调制（sinusoidal pulse width modulation，SPWM）的参考波，同三角载波进行比较后得到开关管的驱动脉冲信号，控制逆变器的工作。由于使用了 PI 调节器，理论上能够做到有功功率、无功功率实际值和参考值之间的稳态无差跟踪。

2.1.2 直流电压/无功功率控制

2.1.2.1 电路拓扑图

直流电压/无功功率控制（VdcQ 控制）能够使逆变器的直流侧电压和输出无功功率控制在设定值。对于光伏电池等分布式电源，其电池直流侧的电压不是固定的，有时为了最大功率跟踪需要控制直流侧电压，为此可使用 VdcQ 控制。逆变器的拓扑结构如图 2-5 所示，其中 i_{dc} 为直流侧等效受控电流源的电流，v_{dc} 为直流侧电压。

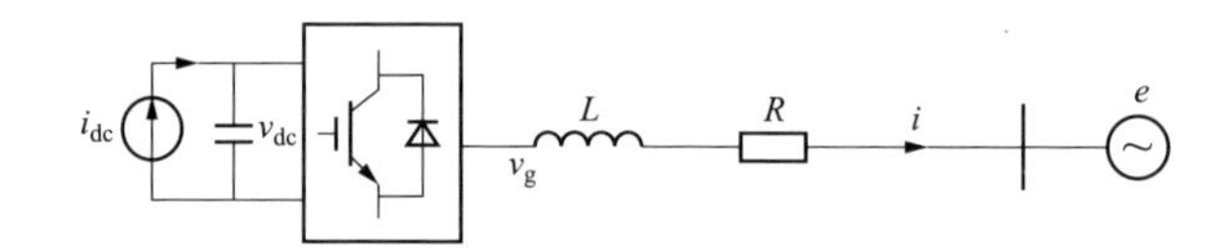

图 2-5 VdcQ 控制场景下并网逆变器拓扑图

在 VdcQ 控制下，并网逆变器的数学模型和电流内环控制器设计方法与 2.1.1.2 节和 2.1.1.3 节类似，此处不再赘述。

2.1.2.2 直流电压/无功功率外环控制器设计

由逆变器的基本工作原理可知，直流侧电压的控制可通过对 d 轴电流 i_d 的控制实现，无功功率的控制可通过对 q 轴电流 i_q 的控制实现。为此，可将外环的直流电压/无功功率控制器设计如下，其中 v_{dc}^* 为直流电压的参考值。

$$\begin{cases} i_d^* = (v_{\mathrm{dc}}^* - v_{\mathrm{dc}})\left(k_{\mathrm{P}} + \dfrac{k_{\mathrm{I}}}{s}\right) \\ i_q^* = (Q - Q^*)\left(k_{\mathrm{P}} + \dfrac{k_{\mathrm{I}}}{s}\right) \end{cases} \tag{2-11}$$

2.1.2.3 总体控制策略图介绍

结合上文介绍，VdcQ 控制下的总体控制策略如图 2-6 所示。

图 2-6 中，首先是直流电压/无功功率外环调节，直流电压的实际值 v_{dc} 同参考值 v_{dc}^* 相减后通过 PI 调节器得到电流的 d 轴分量参考值 i_d^*，无功功率的实际值 Q 与其参考值 Q^*相减后通过 PI 调节器得到电流的 q 轴分量参考值

i_q^*，然后进入电流内环调节得到逆变器交流侧端口电压 d 轴、q 轴分量的指令值 v_{gd}^* 和 v_{gq}^*，再将其变换到 abc 三相后作为 SPWM 的参考波，同三角载波进行比较后得到开关管的驱动脉冲信号，控制逆变器的工作。由于使用了 PI 调节器，理论上能够做到直流侧电压、无功功率实际值与其参考值之间的稳态无差跟踪。

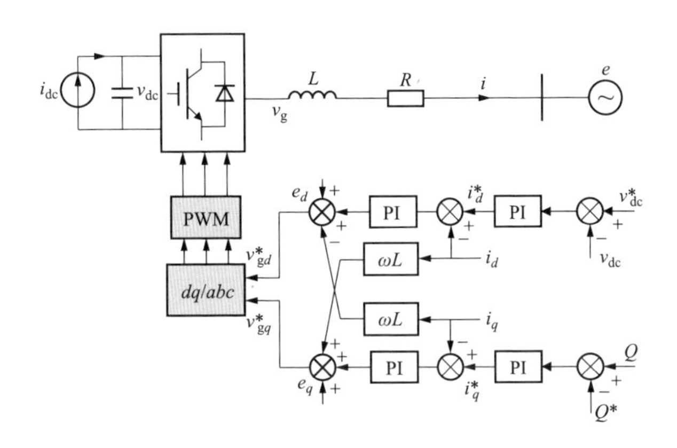

图 2-6　VdcQ 控制结构图

2.1.3　恒压/恒频控制

2.1.3.1　电路拓扑图

恒压/恒频控制（VF 控制）能够使逆变器的交流侧输出电压和频率控制在设定值。VF 控制一般用于离网状态下的分布式电源逆变器，此时，逆变器直接对负荷供电，没有外部电网的支撑，电路拓扑图如图 2-7 所示。

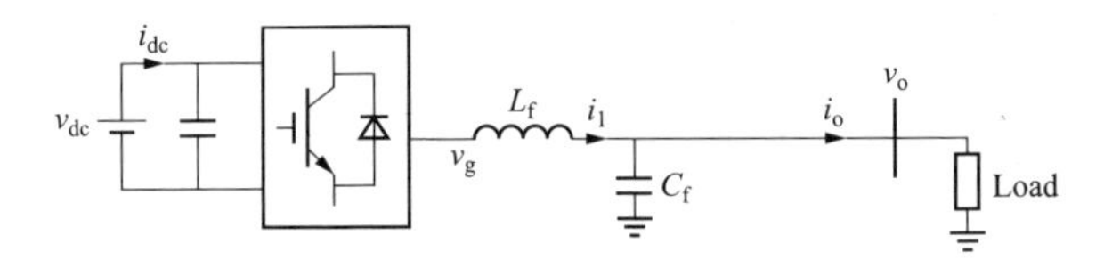

图 2-7　离网逆变器拓扑图

其中，L_f 和 C_f 为 LC 滤波器，v_g 表示逆变器端口电压，i_1 表示滤波电感上的电流，i_o 表示逆变器输出电流，v_o 表示逆变器输出电压。

2.1.3.2 离网逆变器数学模型

基于图 2-7 的拓扑，在 abc 坐标系下，离网逆变器的数学模型为

$$\begin{cases} L_{\mathrm{f}}\dfrac{\mathrm{d}i_{\mathrm{l}a}}{\mathrm{d}t}=v_{\mathrm{g}a}-v_{\mathrm{o}a} \\ L_{\mathrm{f}}\dfrac{\mathrm{d}i_{\mathrm{l}b}}{\mathrm{d}t}=v_{\mathrm{g}b}-v_{\mathrm{o}b} \\ L_{\mathrm{f}}\dfrac{\mathrm{d}i_{\mathrm{l}c}}{\mathrm{d}t}=v_{\mathrm{g}c}-v_{\mathrm{o}c} \end{cases} \tag{2-12}$$

$$\begin{cases} C_{\mathrm{f}}\dfrac{\mathrm{d}v_{\mathrm{o}a}}{\mathrm{d}t}=i_{\mathrm{l}a}-i_{\mathrm{o}a} \\ C_{\mathrm{f}}\dfrac{\mathrm{d}v_{\mathrm{o}b}}{\mathrm{d}t}=i_{\mathrm{l}b}-i_{\mathrm{o}b} \\ C_{\mathrm{f}}\dfrac{\mathrm{d}v_{\mathrm{o}c}}{\mathrm{d}t}=i_{\mathrm{l}c}-i_{\mathrm{o}c} \end{cases} \tag{2-13}$$

下面推导离网逆变器在 dq 旋转坐标系下的数学模型。基于图 2-2 的坐标变换位置关系以及式（2-4）的变换矩阵，可将式（2-12）和式（2-13）转换为 dq 坐标系下的数学模型

$$\begin{cases} L_{\mathrm{f}}\dfrac{\mathrm{d}i_{\mathrm{l}d}}{\mathrm{d}t}=v_{\mathrm{g}d}-v_{\mathrm{o}d}+\omega L_{\mathrm{f}}i_{\mathrm{l}q} \\ L_{\mathrm{f}}\dfrac{\mathrm{d}i_{\mathrm{l}q}}{\mathrm{d}t}=v_{\mathrm{g}q}-v_{\mathrm{o}q}-\omega L_{\mathrm{f}}i_{\mathrm{l}d} \end{cases} \tag{2-14}$$

$$\begin{cases} C_{\mathrm{f}}\dfrac{\mathrm{d}v_{\mathrm{o}d}}{\mathrm{d}t}=i_{\mathrm{l}d}-i_{\mathrm{o}d}+\omega C_{\mathrm{f}}v_{\mathrm{o}q} \\ C_{\mathrm{f}}\dfrac{\mathrm{d}v_{\mathrm{o}q}}{\mathrm{d}t}=i_{\mathrm{l}q}-i_{\mathrm{o}q}-\omega C_{\mathrm{f}}v_{\mathrm{o}d} \end{cases} \tag{2-15}$$

2.1.3.3 电流内环控制器设计

VF 控制下的电流内环控制同并网逆变器的电流内环相似，将式（2-14）中的电流微分项用 PI 环节代替

$$\begin{cases} L_{\mathrm{f}}\dfrac{\mathrm{d}i_{\mathrm{l}d}}{\mathrm{d}t}=(i_{\mathrm{l}d}^{*}-i_{\mathrm{l}d})\left(k_{\mathrm{P}}+\dfrac{k_{\mathrm{I}}}{s}\right) \\ L_{\mathrm{f}}\dfrac{\mathrm{d}i_{\mathrm{l}q}}{\mathrm{d}t}=(i_{\mathrm{l}q}^{*}-i_{\mathrm{l}q})\left(k_{\mathrm{P}}+\dfrac{k_{\mathrm{I}}}{s}\right) \end{cases} \tag{2-16}$$

将式（2-16）代入式（2-14）中，可得到电流内环的控制方程

$$\begin{cases} v_{gd} = v_{od} - \omega L_f i_{1q} + \left(k_P + \dfrac{k_I}{s}\right)(i_{1d}^* - i_{1d}) \\ v_{gq} = v_{oq} + \omega L_f i_{1d} + \left(k_P + \dfrac{k_I}{s}\right)(i_{1q}^* - i_{1q}) \end{cases} \tag{2-17}$$

2.1.3.4　交流电压外环控制器设计

交流电压外环控制器用于将逆变器的交流输出电压控制在设定值，同电流内环的处理方法类似，在式（2-15）中可将电压的微分项用 PI 环节代替

$$\begin{cases} C_f \dfrac{dv_{od}}{dt} = (v_{od}^* - v_{od})\left(k_P + \dfrac{k_I}{s}\right) \\ C_f \dfrac{dv_{oq}}{dt} = (v_{oq}^* - v_{oq})\left(k_P + \dfrac{k_I}{s}\right) \end{cases} \tag{2-18}$$

将式（2-18）代入式（2-15）中，可得到交流电压外环的控制方程

$$\begin{cases} i_{1d}^* = i_{od} - \omega C_f v_{oq} + (v_{od}^* - v_{od})\left(k_P + \dfrac{k_I}{s}\right) \\ i_{1q}^* = i_{oq} + \omega C_f v_{od} + (v_{oq}^* - v_{oq})\left(k_P + \dfrac{k_I}{s}\right) \end{cases} \tag{2-19}$$

2.1.3.5　总体控制策略图介绍

综合上文介绍，离网逆变器的 VF 控制结构图如图 2-8 所示。

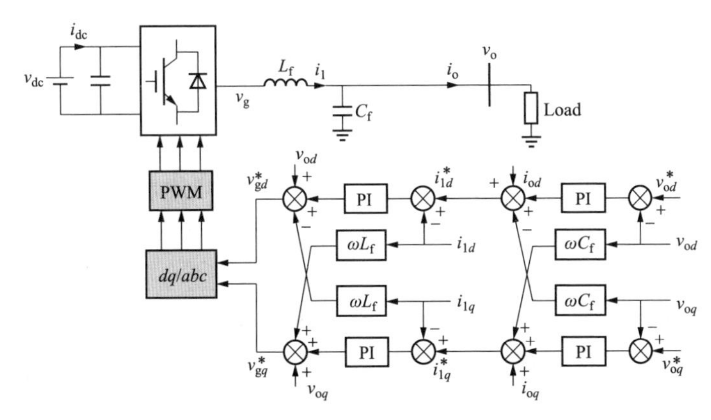

图 2-8　VF 控制结构图

图 2-8 中，交流电压的参考值为 v_{od}^* 和 v_{oq}^*，将其同实际值 v_{od} 和 v_{oq} 相减

后各自通过 PI 环节后再经过计算得到电流 d 轴与 q 轴分量的参考值 i_{1d}^* 和 i_{1q}^*。然后进入电流内环调节得到逆变器交流侧端口电压 d 轴、q 轴分量的指令值 v_{gd}^* 和 v_{gq}^*，再将其变换到 abc 三相后作为 SPWM 的参考波，同三角载波进行比较后得到开关管的驱动脉冲信号，控制逆变器的工作。由于使用了 PI 调节器，理论上能够做到交流侧输出电压的参考值和实际值之间的稳态无差调节，从而做到恒定电压控制。dq 变换的相位的频率始终给定为 50Hz，因此系统频率也是不变的，从而总体实现了恒压/恒频控制。

2.2 微电网的主从控制方法

2.2.1 主从控制方法介绍

主从控制模式是在微电网的孤岛模式下的一种控制方式，其中一个分布式电源采用 VF 控制以建立起微电网的电压和频率，而其他分布式电源则采用 PQ 控制或 VdcQ 控制。在这种模式下，采用 VF 控制的分布式电源被称为主控制电源，其他分布式电源被称为从控制电源。

主控制电源的选择需要满足一定的条件。首先，在微电网处于孤岛模式时，主控制电源需要具有灵活调整输出功率的能力，以保证微电网稳定运行。其次，当微电网处于并网状态时，所有的分布式电源都采用 PQ 控制或 VdcQ 控制，但当转入孤岛模式时，主控制电源需要能够快速地由 PQ 控制转换为 VF 控制，以满足系统的要求。因此，主控制电源需要具备在不同控制模式间快速切换的能力。

常见的主控制电源选择包括但不限于下述 3 种：

（1）储能装置作为微电网的主控制电源。在微电网处于孤岛运行模式时，由于没有外部电网的支撑，分布式电源的输出功率和负荷的波动会影响到系统的电压和频率。在这种情况下，由于间歇性分布式电源通常是不可调度单元，储能装置需要通过充放电控制来维持微电网的频率和电压。但是，由于储能装置的能量存储量有限，如果系统负荷过大，导致储能装置一直处于放电状态，则无法长时间支撑系统的频率和电压。同样，如果系统的负荷较轻，储能装置的充电电量也有极限，不可能长期处于充电状态。因此，将储能装置作为主控制电源时需要考虑其充放电容量问题。

（2）可调度型分布式电源作为主控制电源。可调度型分布式电源包括燃料电池、微型燃气轮机等，这些电源在燃料充足的情况下能够持续且可调节地输出功率，从而保障微电网的长期稳定运行。如果微电网中有多个这样的分布式电源，则可选择容量较大的电源作为主控制电源。

（3）将储能装置和间歇性分布式电源组合作为主控制电源。间歇性分布式电源，如光伏和风电等，因其输出波动性不适合单独作为主控制电源，但当其与储能装置结合使用时，利用储能装置的快速充放电能力，能够使二者的整体输出功率可控。同方案（1）相比，使用这种方案可以有效降低储能装置的容量，提高微电网运行的经济性。

2.2.2　算例仿真

本节基于 MATLAB/Simulink 仿真软件，给出微电网在主从控制下的仿真结果。

2.2.2.1　算例系统图

微电网的算例系统拓扑图如图 2-9 所示。系统中包含三个电源，其中采用 VF 控制的电源为主控制电源，采用 PQ 控制和 VdcQ 控制的电源为从控制电源。三个电源各自有一个本地负荷，并通过所接入的公共母线共同对 Load4 供电。

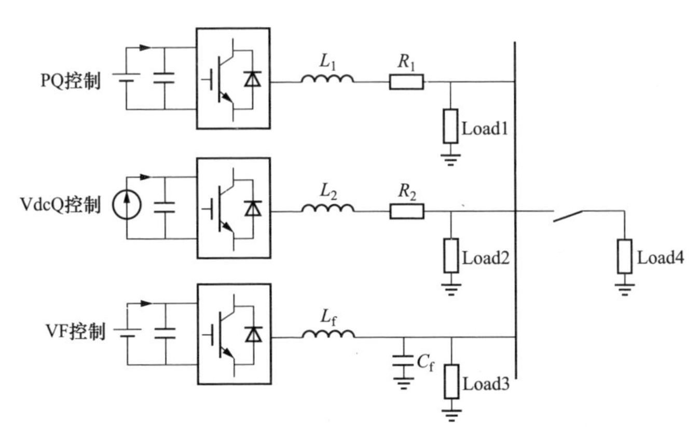

图 2-9　算例系统拓扑图

2.2.2.2　算例参数

算例系统的电气参数和控制参数如表 2-1～表 2-4 所示。VF 控制的电压参考值为$v_{odi}^{*}=311\text{V}$，$v_{oqi}^{*}=0\text{V}$。

表 2-1　　电 气 参 数

类型	电 气 参 数
滤波电路	$L_1=20\text{mH}$，$R_1=0.001\Omega$ $L_2=6\text{mH}$，$R_2=0.1\Omega$ $L_f=1.712\text{mH}$，$C_f=100\mu\text{F}$
负荷	Load1=60kW Load2=50kW+20kvar Load3=20kW+15kvar Load4=10kW+10kvar

表 2-2　　PQ 控制 PI 控制器参数

类型	PI 控制器参数
有功外环	$k_P=5$，$k_I=30$
无功外环	$k_P=30$，$k_I=50$
有功电流内环	$k_P=5$，$k_I=5$
无功电流内环	$k_P=10$，$k_I=10$

表 2-3　　VdcQ 控制 PI 控制器参数

类型	PI 控制器参数
电压外环	$k_P=1$，$k_I=10$
无功外环	$k_P=0.1$，$k_I=20$
有功电流内环	$k_P=5$，$k_I=10$
无功电流内环	$k_P=2$，$k_I=10$

表 2-4　　VF 控制 PI 控制器参数

类型	PI 控制器参数
有功外环	$k_P=30$，$k_I=10$
无功外环	$k_P=10$，$k_I=5$
有功电流内环	$k_P=10$，$k_I=5$
无功电流内环	$k_P=10$，$k_I=5$

2.2.2.3　仿真结果

设置的仿真运行工况如下所示，假设系统在 t=0s 时已经进入了系统启动后的稳态。

（1）t=1s 时，PQ 控制的有功功率参考值由 30kW 变为 40kW；

（2）t=1.5s 时，PQ 控制的无功功率参考值由 10kvar 变为 20kvar；

（3）t=2.5s 时，VdcQ 控制的直流电压参考值由 1100V 变为 1200V；

（4）t=3.5s 时，VdcQ 控制的无功功率参考值由 0kvar 变为 5kvar；

（5）t=5s 时，投入 Load4。

图 2-10 为 PQ 控制的逆变器输出的有功功率和无功功率，可以看出参考值变化之后，逆变器能够实现对参考值的追踪，有功功率从 30kW 变化到 40kW，无功功率从 10kvar 变化到 20kvar。

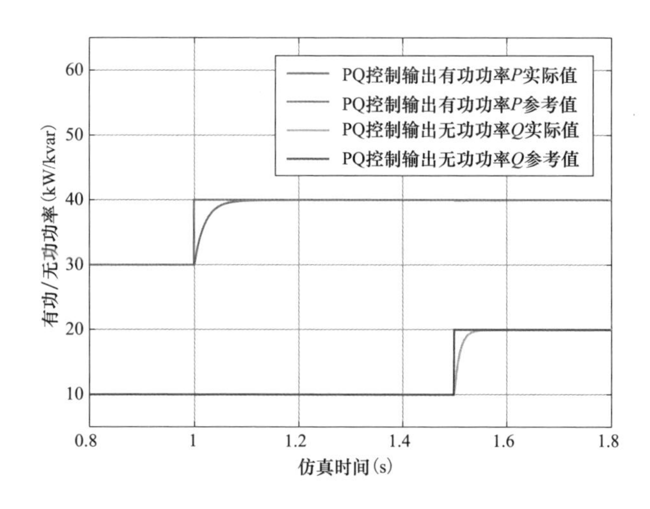

图 2-10　PQ 控制的电源的输出有功功率和无功功率

图 2-11 和图 2-12 为 VdcQ 控制的电源的直流侧电压与输出无功功率的波形图。可以看出参考值变化之后，逆变器能够实现对参考值的追踪，直流侧电压从 1100V 增加到 1200V，无功功率从 0kvar 变化到 5kvar。

图 2-13 和图 2-14 为 VF 控制的逆变器输出电压的有效值以及频率。由图 2-13 可知，d 轴电压的实际值 V_{od} 始终跟踪其参考值 311V，q 轴电压的实际值 V_{oq} 始终跟踪其参考值 0V。由图 2-14 可知，系统频率始终维持在 50Hz。

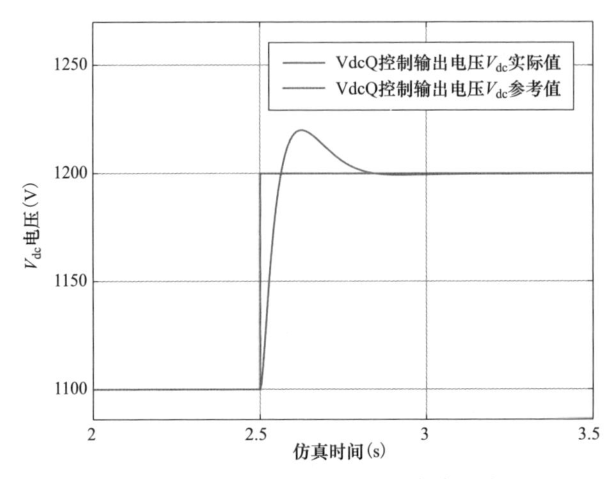

图 2-11 VdcQ 控制的电源的直流侧电压

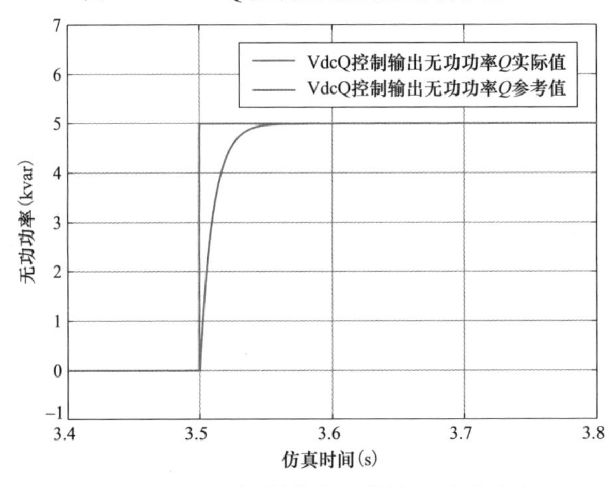

图 2-12 VdcQ 控制的电源的输出无功功率

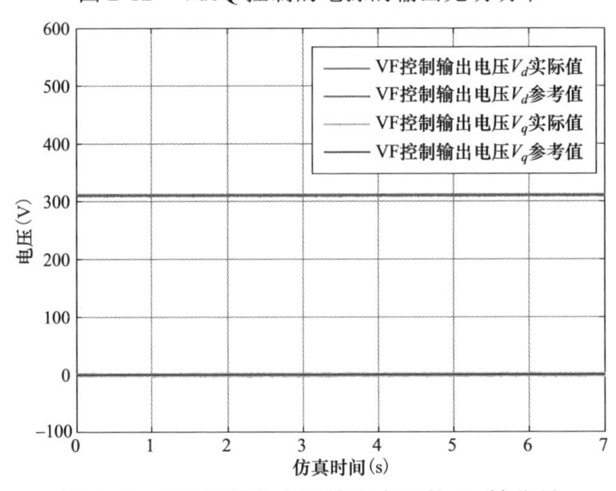

图 2-13 VF 控制的电源输出电压的 dq 轴分量

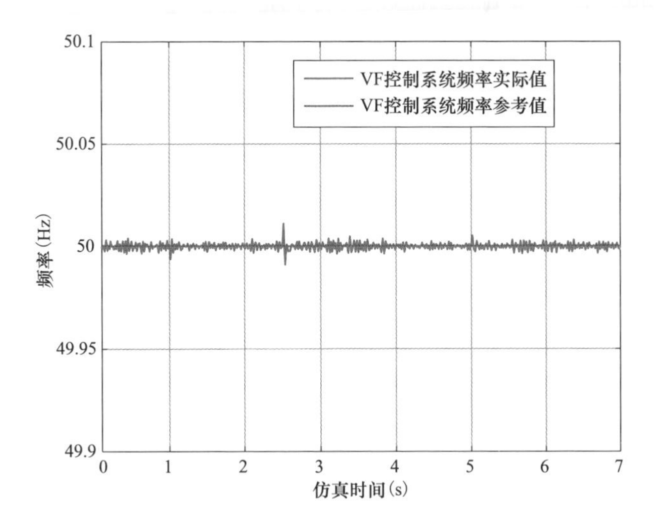

图 2-14　VF 控制的系统频率

图 2-15 和图 2-16 为 VF 控制的逆变器输出的有功功率和无功功率变化曲线。t=1s 时，由于 PQ 控制的逆变器输出的有功功率从 30kW 增加 40kW，对应 VF 控制逆变器输出有功功率降低 10kW；t=1.5s 时，PQ 控制的逆变器输出的无功功率从 10kvar 增加到 20kvar，对应 VF 控制逆变器输出无功功率降低 10kvar；t=2.5s 时，VdcQ 控制的逆变器输出的直流侧电压从 1100V 增加到 1200V，对应 VF 控制逆变器输出的有功功率经过暂态过程后降低 3kW 左右；t=3.5s 时，VdcQ 控制的逆变器输出的无功功率从 0kvar 增加到 5kvar，对应 VF 控制逆变器输出的无功功率降低 5kvar；t=5s 时，投入 Load4，Load4

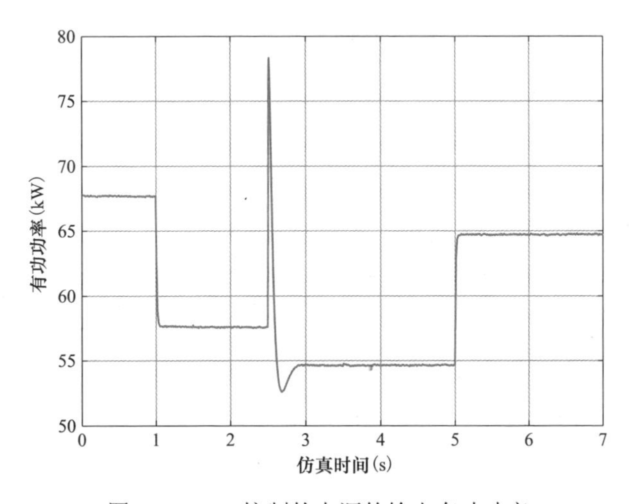

图 2-15　VF 控制的电源的输出有功功率

中有功负荷为 10kW，无功负荷为 10kvar，对应 VF 控制逆变器输出的有功功率提高 10kW，无功功率提高 10kvar。

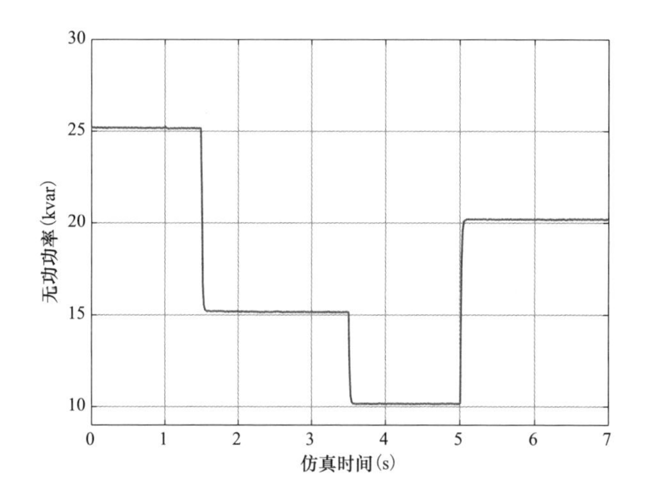

图 2-16 VF 控制的电源的输出无功功率

2.3 微电网的对等控制方法

2.3.1 对等控制方法介绍

对等控制模式是指微电网中所有分布式电源在控制上具有同等的地位，不存在主和从的关系，各电源根据接入系统点的电压和频率等就地信息进行自动控制，共同参与微电网内的有功功率和无功功率分配，并共同为微电网提供稳定的电压和频率支撑。

在对等控制模式中，可以不需要通信系统，理论上可以降低系统成本，并可实现设备的即插即用，方便接入各种分布式电源。对于这种控制模式，分布式电源控制器的策略选择十分关键，一种经典成熟的方法是下垂（droop）控制方法。

在电力系统中，同步发电机产生的有功功率与系统频率、无功功率和端电压之间有着一定的联系。如果系统频率降低，发电机的有功功率输出就会增加；而如果端电压降低，发电机的无功功率输出就会增加。逆变器的下垂控制模拟了同步发电机有功功率与频率、无功功率与电压之间的关联性。当负荷发生变化时，各分布式电源根据下垂系数按比例自动分担变化量，调整输出电压的频率和幅值，以便微电网能够达到新的全局平衡状态，实现分布式电源对负荷功率需求的合理分配。

2.3.2　并联逆变器的电路特性

微电网孤岛运行时各分布式电源并联拓扑图如图 2-17 所示。

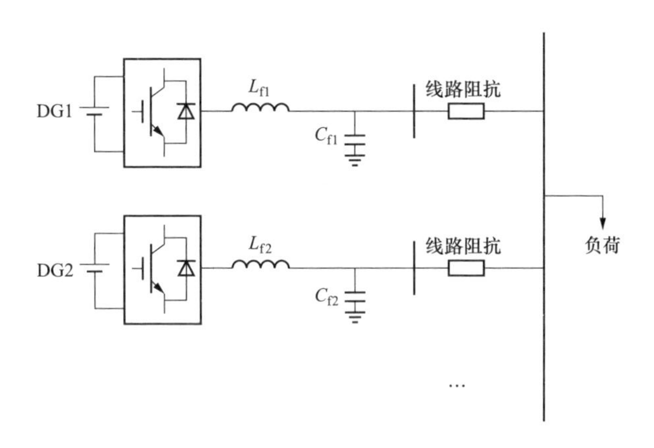

图 2-17　并联逆变器拓扑图

为了引出下垂控制的方法，首先对逆变器并联电路的电路特性进行简要分析。以两台逆变器为例，图 2-17 的简化电路图如图 2-18 所示。

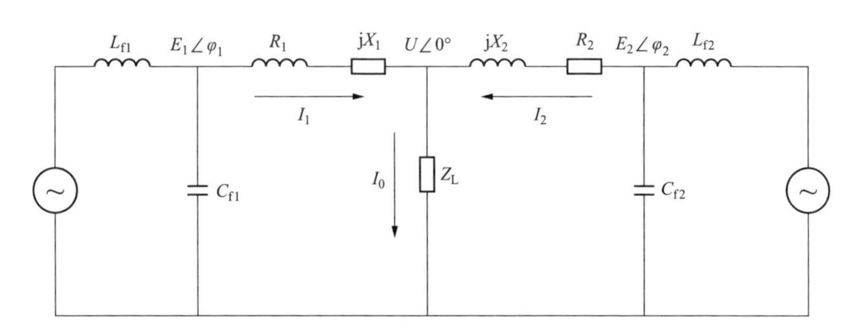

图 2-18　逆变器并联电路简化电路图

其中，L_{fn} 和 C_{fn} 是逆变器出口的 LC 滤波器，R_n 和 X_n 是逆变器连接到 PCC 母线的线路阻抗，$E_n\angle\varphi_n$、U 为各逆变器的出口电压和母线电压，n=1 或 2。下面推导逆变器输出的有功功率和无功功率表达式。

首先，线路上的电流可表示为

$$I_n = \frac{E_n\angle\varphi_n - U}{R_n + \mathrm{j}X_n} \tag{2-20}$$

逆变器输出功率的计算公式为

$$S_n = E_n\angle\varphi_n \times I_n^* = E_n\angle\varphi_n \times \left(\frac{E_n\angle\varphi_n - U}{R_n + \mathrm{j}X_n}\right)^* \tag{2-21}$$

$$S_n = \frac{1}{R_n^2 + X_n^2}(E_n^2 - E_nU\angle\varphi_n)(R_n + \mathrm{j}X_n) \tag{2-22}$$

可得到有功功率和无功功率的表达式为

$$P_n = \frac{(E_n^2 - E_nU\cos\varphi_n)\times R_n + X_nE_nU\sin\varphi_n}{R_n^2 + X_n^2} \tag{2-23}$$

$$Q_n = \frac{(E_n^2 - E_nU\cos\varphi_n)\times X_n - R_nE_nU\sin\varphi_n}{R_n^2 + X_n^2} \tag{2-24}$$

假设线路的电阻比电抗小很多，可以将电路电阻 R_n 忽略，得到简化后的表达式为

$$\begin{cases} P_n = \dfrac{E_nU}{X_n}\sin\varphi_n \\ Q_n = \dfrac{E_n^2 - E_nU\cos\varphi_n}{X_n} \end{cases} \tag{2-25}$$

考虑到 E 与 U 之间的夹角 φ_n 通常较小，因此有 $\sin\varphi_n \approx \varphi_n$， $\cos\varphi_n \approx 1$，所以可将式（2-25）简化为

$$\begin{cases} P_n = \dfrac{E_nU}{X_n}\varphi_n \\ Q_n = \dfrac{E_n(E_n - U)}{X_n} \end{cases} \tag{2-26}$$

由式（2-26）可知，逆变器输出的有功功率主要和相角 φ_n 有关，无功功率主要和电压差 $E_n - U$ 有关。由于逆变器的输出电压 E 与 PCC 电压 U 之间的相角 φ_n 受频率 f 的影响，且易知 $\omega = 2\pi f$，由此，可以模拟传统同步发电机的下垂特性，对逆变器并联的系统设计有功/频率（P/f）和无功/电压（Q/V）的下垂控制策略。

2.3.3 下垂控制方法

根据式（2-26）推导得到的结论，对并联逆变器的下垂特性曲线图和下

垂控制方程设计如下。

下垂特性曲线图如图 2-19 和图 2-20 所示。

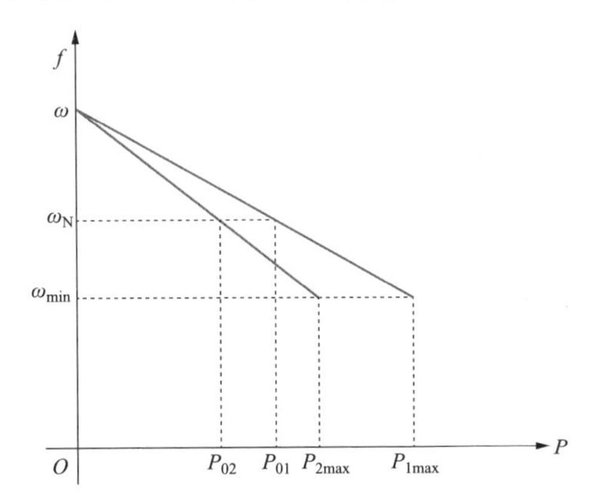

图 2-19　*P*/*f* 特性曲线

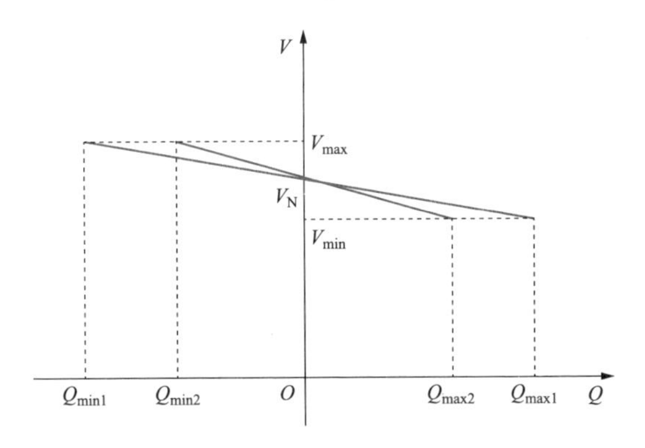

图 2-20　*Q*/*V* 特性曲线

下垂控制公式为

$$\begin{cases} \omega_i = \omega_{\mathrm{N}} - m_i(P_i - P_i^*) \\ v_{\mathrm{o}i}^* = V_{\mathrm{N}} - n_i(Q_i - Q_i^*) \end{cases} \tag{2-27}$$

为满足电能质量的要求，一般频率变化不超过±1%，电压变化不超过±5%。为此可根据频率和电压的变化范围对下垂系数进行计算选取，下垂系数的计算公式为

$$\begin{cases} m_i = \dfrac{\omega_{\mathrm{N}} - \omega_{\min}}{P_{i\max} - P_i^*} \\ n_i = \dfrac{V_{\mathrm{N}} - V_{\min}}{Q_{i\max}} \end{cases} \tag{2-28}$$

图 2-19、图 2-20 和式（2-27）、式（2-28）中各个参数的物理意义如表 2-5 所示。

表 2-5　　下垂控制的变量注释

变量	物　理　意　义
ω_i	第 i 个逆变器的实际角频率
ω_N	额定角频率，通常为 $2\pi\times50$ rad/s
ω_{min}	系统的最小角频率，可取为 $2\pi\times49.5$ rad/s
P_i^*	第 i 个逆变器的额定有功功率
P_i	第 i 个逆变器的实际有功功率
m_i	第 i 个逆变器的 P/f 下垂系数
$P_{i\max}$	第 i 个逆变器能发出的最大有功功率
v_{oi}^*	第 i 个逆变器的电压参考值
V_N	额定电压，在线电压额定值 380V 的系统中，相电压的幅值额定值即 311V
V_{max}	逆变器系统的最大电压，可取为 311×1.05V
V_{min}	逆变器系统的最小电压，可取为 311×0.95V
Q_i^*	第 i 个逆变器的额定无功功率，通常为 0
Q_i	第 i 个逆变器的实际输出无功功率
n_i	第 i 个逆变器的 Q/V 下垂系数
$Q_{i\max}$	第 i 个逆变器能发出的最大无功功率
$Q_{i\min}$	第 i 个逆变器能吸收的最大无功功率

下垂控制结构框图如图 2-21 所示。

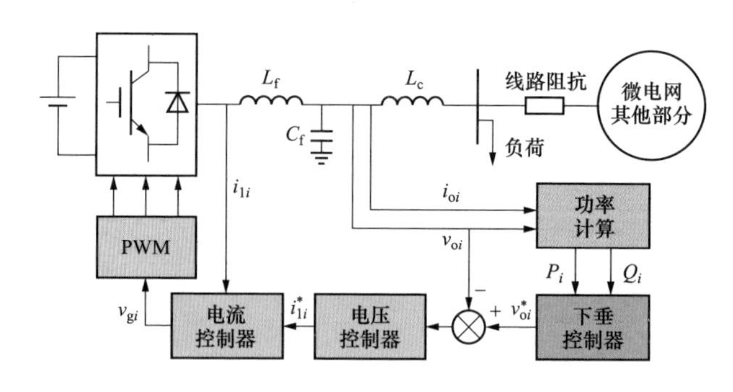

图 2-21　下垂控制结构框图

在图 2-21 中，首先利用测量模块得到逆变器的输出电压 v_{oi} 和电流 i_{oi}，经过功率测量得到逆变器输出的实际有功功率 P_i 和无功功率 Q_i，将 P_i 和 Q_i 作为下垂控制环节的输入，经过式（2-27）得到逆变器控制单元的参考电压幅值 v_{oi}^* 和参考角频率 ω_i，最后经过 2.1.3 节中介绍的 VF 控制得到逆变器的 PWM 调制波，完成控制。需要说明的是，在参考电压幅值 v_{oi}^* 的 dq 轴分解上，取 $v_{odi}^* = v_{oi}^*$，$v_{oqi}^* = 0$。

对于容量相同的逆变器并联，可设置相同的下垂斜率 m_i、n_i，能使各逆变器之间平均分配负载。而对于容量不同的逆变器并联，容量较小的电源可设置较大的下垂斜率，容量较大的电源可设置较小的下垂斜率，从而使容量大者承担的负载多、容量小者承担的负载少，从而达到按照容量比例分配负载的目的。

2.3.4　算例系统介绍

本节基于 MATLAB/Simulink 仿真软件，给出微电网在下垂控制这种对等控制下的仿真结果。

图 2-22 给出了算例系统的拓扑图。该系统的电压等级是 0.38kV，额定频率为 50Hz，两逆变器并联，每台逆变器经过馈线接入公共母线，负荷为恒阻抗负荷。

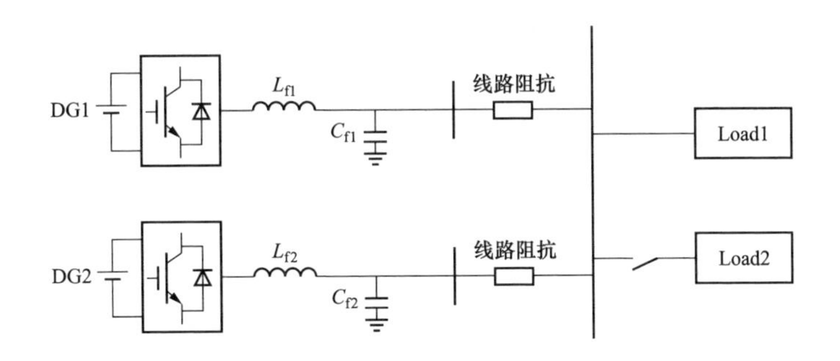

图 2-22　两逆变器并联的微电网算例系统拓扑图

表 2-6～表 2-8 分别给出了系统的电气参数和各逆变器的控制参数。由表 2-7 可知，两台逆变器的容量之比为 2:1，各台逆变器的下垂系数设计为与容量成反比例。

表 2-6 两逆变器并联算例系统的电气参数

类型	电气参数
线路	$L_{f1}=L_{f2}=1.712\text{mH}$， $C_{f1}=C_{f2}=73.1\mu\text{F}$ $Z_{\text{Line1}}=Z_{\text{Line2}}=0.14\Omega+1.3\text{mH}$
负荷	Load1=40kW+5kvar，Load2=50kW+0kvar

表 2-7 各逆变器的下垂控制参数与容量信息

参数描述	参数符号	单位	DG1	DG2
有功下垂系数	m_i	rad/（s・kW）	0.157	0.314
无功下垂系数	n_i	kV/kvar	0.778×10^{-3}	1.556×10^{-3}
额定有功功率	P_i^*	kW	40	20
最大输出有功功率	$P_{i\max}$	kW	60	30
最大输出无功功率	$Q_{i\max}$	kW	20	10

表 2-8 各逆变器的电压电流控制参数

参数描述	参数符号	DG1	DG2
电压外环比例增益	k_P	5	5
电压外环积分增益	k_I	100	100
电流内环比例增益	k_P	10	10
电流内环积分增益	k_I	100	100

2.3.5 仿真分析

算例系统开始运行时，初始负荷为 Load1。当 t=2s 时，发生扰动，投入负荷 Load2。

由图 2-23 可以看到，在稳态运行时，两台逆变器输出的有功功率分别为 25.6kW 及 12.8kW，与设置的下垂系数 2:1 的比例一致，两台逆变器可以按比例分配负荷。在 t=2s 时投入负荷 Load2，两台逆变器输出的有功功率增加，然后快速恢复稳态运行。DG1 输出有功功率增加至 55.4kW，DG2 输出有功功率增加至 27.7kW。可知两台逆变器在负荷变化后，仍然能够按照下垂系数设定的比例分配负荷。

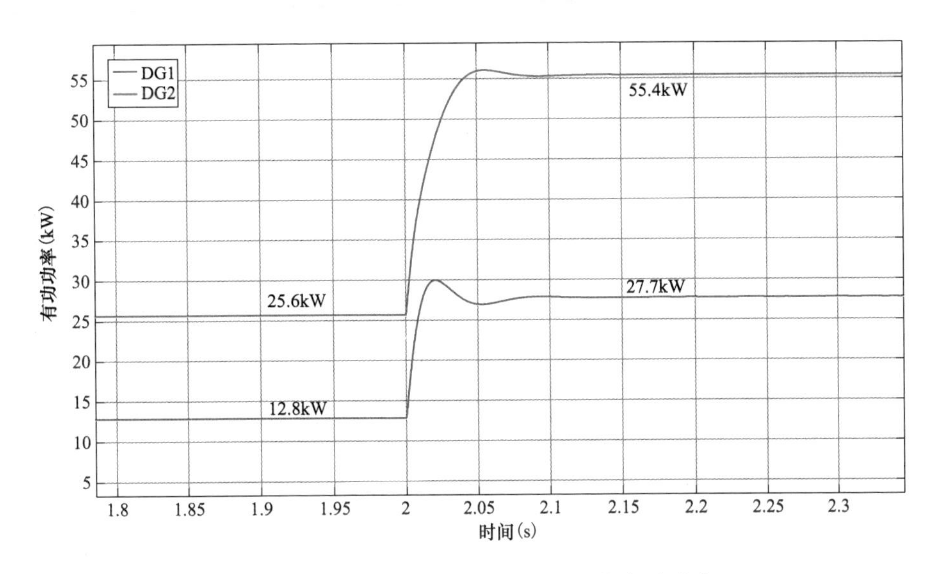

图 2-23　算例系统两个逆变器输出的有功功率

图 2-24 给出了算例系统的频率结果。可以看出，系统只有负荷 Load1 时，有功负荷为 40kW，小于逆变器的额定输出有功功率，根据 *P*/*f* 特性曲线可知，系统运行频率大于 50Hz，为 50.35Hz；在投入负荷 Load2 后，系统总有功负荷为 90kW，此时系统负荷大于逆变器的额定输出有功功率，根据 *P*/*f* 特性曲线可知，系统运行频率将下降，下降到 49.61Hz。

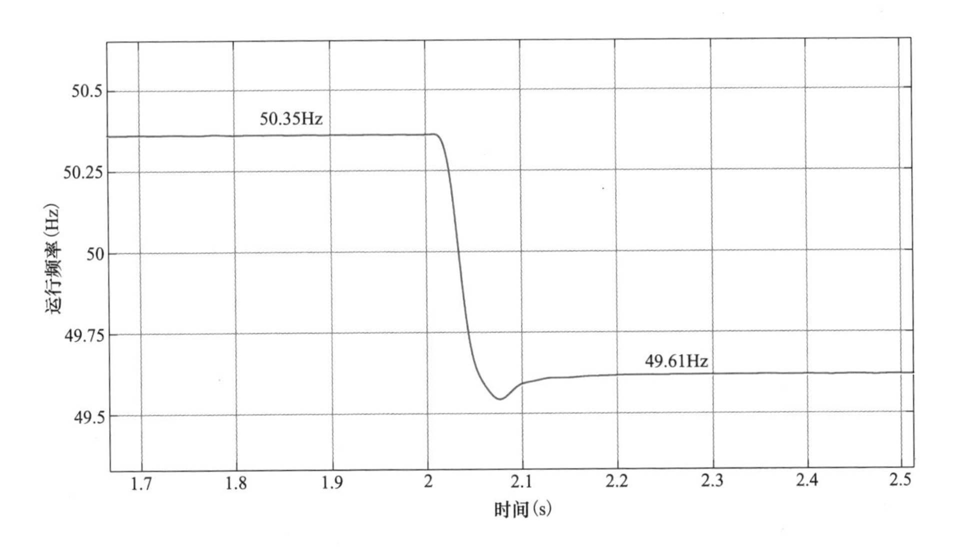

图 2-24　算例系统运行频率

图 2-25 给出了 PCC 点的三相电压波形。在投入负荷 Load2 后，逆变器输出的无功增加，根据 Q/V 特性曲线可知，逆变器输出电压将下降，导致 PCC 电压下降，由图 2-25 可知，电压的相幅值下降至 292V。

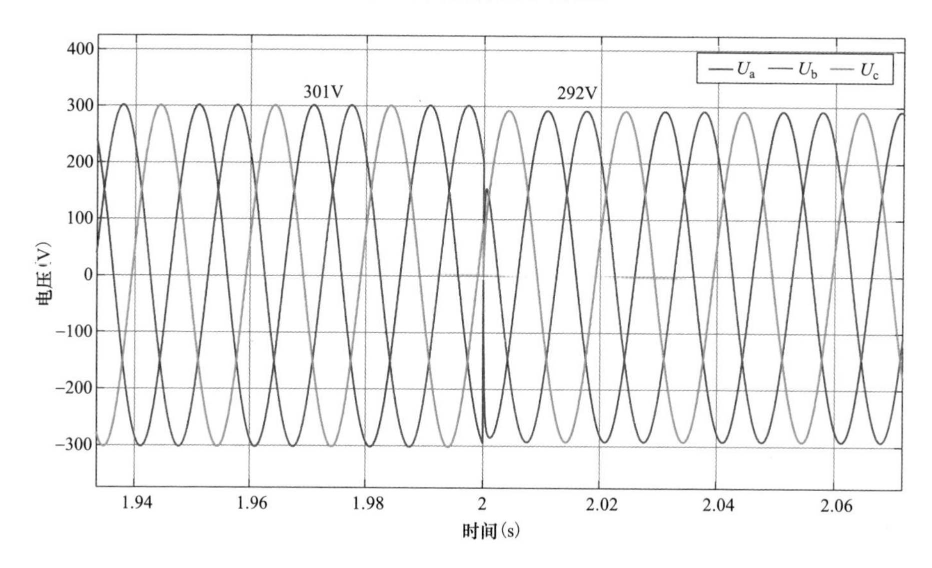

图 2-25 PCC 点的三相电压

2.4 微电网的分层控制结构

良好的运行控制系统是实现微电网高效可靠运行的关键。同传统大电网相比，微电网的运行控制具有控制对象丰富、运行模式多样、控制目标灵活以及控制策略复杂等特点。因此，微电网的运行控制系统一般较为复杂并且需要实现多种功能。通过对微电网的运行控制系统进行“分层”，每层实现各自的功能，能够有效简化运行控制系统的设计与实施，增强其通用性、灵活性、可扩展性、可移植性，并促进其标准化。典型的微电网分层控制结构通常划分为一次控制、二次控制与三次控制。

本书中所建立的微电网分层分布式控制结构同样划分为一次、二次与三次控制。其中，一次控制使用对等控制模式下的下垂控制方法，用于实现底层 DG 的本地控制，具体来说是控制 DG 的输出电压、输出电流、输出功率等，在不需要通信的情况下实现多台 DG 共同维持系统的电压和频率；二次控制通过平移下垂曲线，从而修正一次控制下微电网的频率和电压偏差，并按照设定的功率分配需求实现 DG 之间有功无功出力的精确分配；三次控制则在更慢一级的时间尺度上，根据不同的优化目标安排各 DG 的最优调度策略，实现系统的优化运行。

2.5 小　　结

本章作为全书的基础章节，介绍了微电网的基础控制方法与分层控制结构。首先介绍了微电网中电源逆变器的常用控制方法，包括有功/无功功率控制、直流电压/无功功率控制、恒压/恒频控制，这些属于设备级控制。随后介绍了微电网的系统级控制方法，包括主从控制和对等控制，并给出了两种控制下基于 MATLAB/Simulink 软件的系统电磁暂态仿真结果。最后，介绍了微电网的分层控制结构。

第3章

微电网下垂控制中虚拟阻抗的分析与设计方法

3.1 概　　述

不依赖通信的有功/频率（P/f）和无功/电压（Q/V）下垂控制方法在微电网的一次控制中得到了广泛的应用。然而，传统的下垂控制方法存在如下问题：①在低压微电网中，线路的 X/R 值较低，有功控制和无功控制之间存在耦合；②由于线路上存在电压降，各 DG 单元输出的无功功率难以精确分配；③当 DG 之间电气距离较短时系统阻尼变弱甚至可能失稳。

在 DG 的下垂控制中引入虚拟阻抗（virtual impedance）能够有效解决上述问题。虚拟阻抗是在 DG 的下垂控制中增加的附加控制环节。虚拟阻抗的引入的作用：①改变微电网线路的 X/R 比例以实现有功无功解耦；②改变电压降以改善 DG 输出无功功率的分配精度；③增大 DG 之间电气距离以提高系统稳定性。

然而，如果虚拟阻抗仅针对上述单一性能要求进行设计（例如功率解耦要求），则其他性能要求可能无法满足。此外，由于虚拟阻抗上的电压降落，微电网中的节点电压可能偏离允许值。因此，虚拟阻抗需要在一个能够满足各项性能要求的可行域中进行选取。再者，尽管可行域内部的虚拟阻抗已经能够满足所有性能要求，但仍有必要找到能使系统综合性能指标达到最优的虚拟阻抗值。

为此，本章提出了系统化的虚拟阻抗分析与设计方法，主要开展了两项研究工作[17]。首先，提出了虚拟阻抗可行域的构造方法，以同时满足系统节点电压在一定范围、功率解耦、阻尼以及 DG 输出无功功率分配等多项性能要求。其次，将虚拟阻抗的设计问题转化为一个多目标优化问题，通过粒子群优化算法在可行域内部求解，所求得的最优虚拟阻抗能够使系统的综合性能指标达到最优。此外，本章还提出了含虚拟阻抗的下垂控制微电网潮流计算和小信号动态建模方法，以便于虚拟阻抗的分析与设计。

本章组织结构如下：3.2 节介绍微电网的下垂控制方法以及虚拟阻抗的基本概念与作用；3.3 节阐述含虚拟阻抗的下垂控制微电网潮流计算和小信号动态建模方法；3.4 节和 3.5 节分别提出虚拟阻抗的可行域构造方法以及最优虚拟阻抗设计与求解方法；3.6 节进行算例分析以验证所提出方法的有效性。

3.2 含虚拟阻抗的微电网下垂控制方法

3.2.1 微电网有功/频率和无功/电压下垂控制

图 3-1 给出了 DGi 的一次控制基本框图，其中的虚拟阻抗环节将在 3.2.2 节中详细介绍。假设 DGi 的直流侧为恒定直流电压源，其通过电压源型逆变器、滤波器 $L_f C_f$ 、耦合电感 L_c 以及馈线连接到 PCC 母线上。DGi 的一次控制器主要包括下垂控制器、电压控制器以及电流控制器。

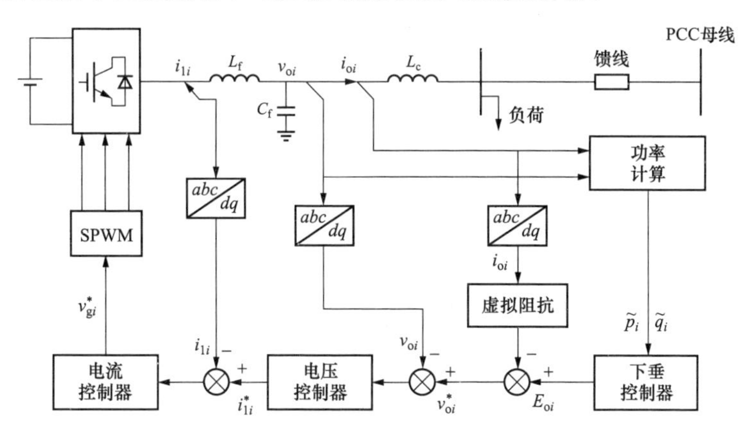

图 3-1 DGi 的一次控制基本框图

功率计算环节以及下垂控制器的详细框图如图 3-2 所示。

由图 3-2 可知，DGi 的瞬时输出有功功率 $\tilde{p}_i$ 和无功功率 $\tilde{q}_i$ 可基于瞬时功率定义由 DGi 的输出电压 v_{oi} 和输出电流 i_{oi} 经过计算得到，即

$$\tilde{p}_i = v_{odi}i_{odi} + v_{oqi}i_{oqi} \tag{3-1}$$

$$\tilde{q}_i = v_{odi}i_{oqi} - v_{oqi}i_{odi} \tag{3-2}$$

式中：v_{odi}、v_{oqi}、i_{odi}、i_{oqi} 分别是 v_{oi} 和 i_{oi} 在 dq 坐标系下的分量。

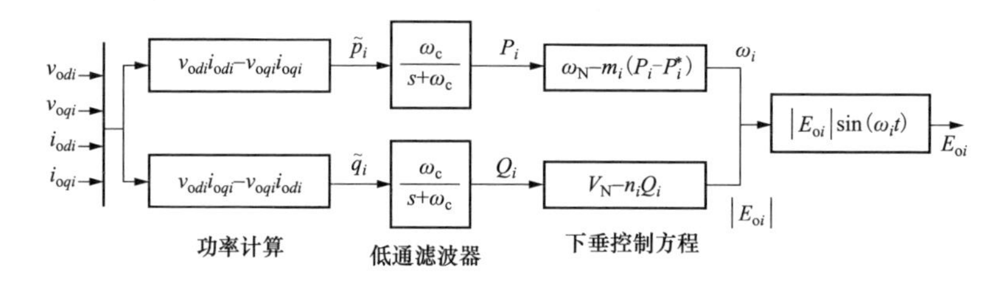

图 3-2 功率计算环节以及下垂控制器的详细框图

将瞬时功率 $\tilde{p}_i$ 和 $\tilde{q}_i$ 经过一阶低通滤波器滤波后可得到DGi 的平均输出有功功率 P_i 和无功功率 Q_i，为

$$P_i = \frac{\omega_c}{s+\omega_c}\tilde{p}_i \tag{3-3}$$

$$Q_i = \frac{\omega_c}{s+\omega_c}\tilde{q}_i \tag{3-4}$$

式中：ω_c 为一阶低通滤波器的截止频率。

DGi 的有功/频率（P/f）和无功/电压（Q/V）下垂控制方程为

$$\omega_i = \omega_N - m_i(P_i - P_i^*) \tag{3-5}$$

$$|E_{oi}| = V_N - n_iQ_i \tag{3-6}$$

式中：m_i 和 n_i 分别是有功功率和无功功率下垂系数；ω_i 是DGi 的参考频率；ω_N 是系统的额定频率；V_N 是无功/电压下垂控制的空载电压；E_{oi} 是由下垂控制器得到的电压参考值；P_i^* 是额定有功功率。

下垂系数 m_i 和 n_i 一般根据如下公式确定

$$m_i = \frac{\omega_0 - \omega_{min}}{P_{i\max} - P_i^*} \tag{3-7}$$

$$n_i = \frac{V_N - V_{min}}{Q_{i\max}} \tag{3-8}$$

式中：ω_{min} 和 V_{min} 分别是微电网运行所允许的最低频率和最低电压；V_N 是额定电压；$P_{i\max}$ 和 $Q_{i\max}$ 分别是DGi 的最大输出有功功率和无功功率。

和下垂控制方程式（3-5）和式（3-6）相对应的下垂特性曲线如图 3-3

所示。基于下垂控制器得到 DGi 的电压参考值 E_{oi} 后，由电压控制器和电流控制器使得 DGi 的输出电压 v_{oi} 跟踪参考值。电压控制器和电流控制器均使用 PI 控制，其控制框图如图 3-4 所示。由电压电流控制器可得到逆变器端口电压的参考值 v_{gi}^*，再经过 SPWM 调制环节可最终得到逆变器开关元件的开关信号。

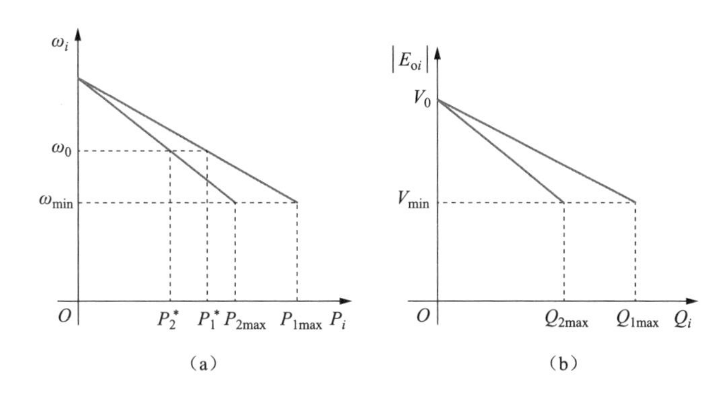

图 3-3　有功/频率和无功/电压下垂曲线

（a）有功/频率下垂曲线；（b）无功/电压下垂曲线

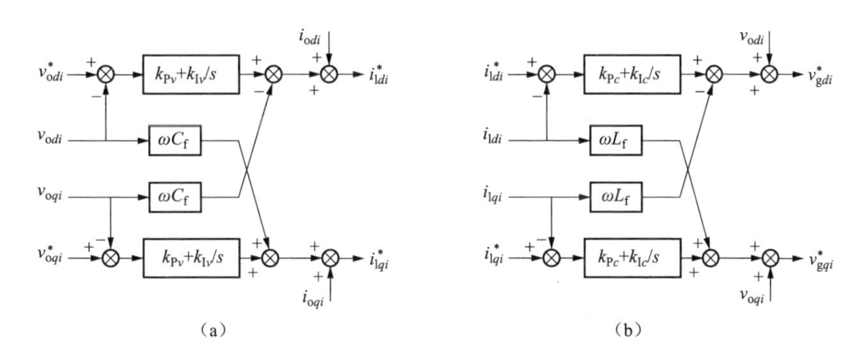

图 3-4　电压电流控制器框图

（a）电压控制器框图；（b）电流控制器框图

微电网中 DG 单元使用下垂控制的优势：①DG 之间不需要通信即可共同调节系统的电压和频率，维持系统功率平衡；②各 DG 输出的有功功率能够按照其容量比例进行分配。

3.2.2　虚拟阻抗的概念与作用

虚拟阻抗方法的基本原理是通过将 DG 输出电流和虚拟阻抗相乘得到虚

拟电压降，再将虚拟电压降反应到下垂控制器的输出上，以达到在控制系统中使虚拟阻抗模拟实际物理阻抗的效果[4]。

令变量 $Z_{0i}=R_{0i}+\mathrm{j}X_{0i}$ 表示虚拟阻抗，其中 R_{0i} 表示虚拟电阻，X_{0i} 表示虚拟电抗。虚拟阻抗的实施方法由图 3-2 给出，可知有

$$v_{oi}^{*}=E_{oi}-i_{oi}Z_{0i} \tag{3-9}$$

式中：v_{oi}^{*} 是 v_{oi} 的参考值。

虚拟阻抗的等效电路图如图 3-5 所示。由图 3-5 可知，虽然系统的物理阻抗（即 v_{oi} 与 U 之间的阻抗）无法改变，然而，通过调整虚拟阻抗的大小能够有效改变 E_{oi} 与 U 之间的阻抗，从而等效改变了总系统阻抗。

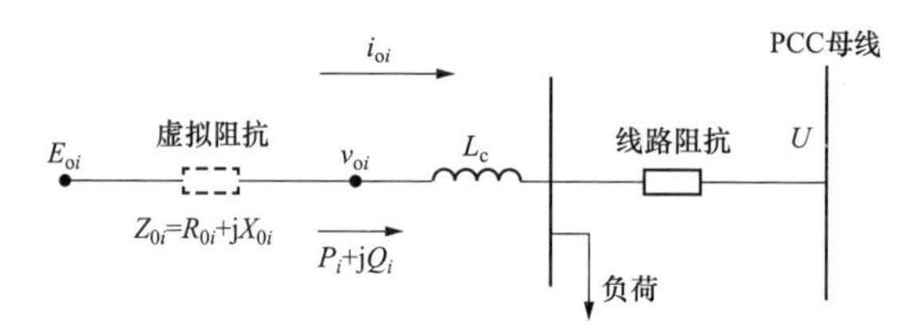

图 3-5　虚拟阻抗的等效电路图

3.3　含虚拟阻抗的下垂控制微电网潮流计算和小信号动态建模

3.3.1　潮流计算

微电网的潮流计算用于提供系统的稳态运行值，包括电压、电流、功率以及频率等。在本章中，微电网的潮流计算结果主要有以下用途：①评估微电网的稳态运行状况，包括节点电压、系统频率是否越限、DG 输出无功功率是否精确分配等；②为小信号动态模型中的状态矩阵提供系统平衡点信息。

同传统大电网的潮流计算相比，含虚拟阻抗的下垂控制微电网潮流计算主要有以下特点：①系统频率不再固定，需要计算得到；②系统中没有松弛节点；③DG 输出的有功和无功功率由其下垂特性决定；④潮流结果受虚拟阻抗大小影响。有鉴于此，本节提出了含虚拟阻抗的下垂控制微电网潮流计算方法，具体详述如下。

在微电网潮流计算中考虑两种节点类型，即 PQ 节点和 DG 节点。系统

中 DG 单元接入的节点为 DG 节点，而系统中的网络与负荷节点用 PQ 节点表示。对于 PQ 节点 j，未知变量为其节点电压的实部 $v_{\mathrm{l}dj}$ 和虚部 $v_{\mathrm{l}qj}$，相应的潮流方程为

$$P_j^* - P_j = 0 \tag{3-10}$$

$$Q_j^* - Q_j = 0 \tag{3-11}$$

式中：P_j^* 和 Q_j^* 分别为给定的有功功率和无功功率；P_j 和 Q_j 分别为节点注入有功功率和无功功率。

对于 DG 节点 i，假设在稳态下 $v_{\mathrm{o}i}$ 能够准确跟踪其参考值 $v_{\mathrm{o}i}^*$，则根据式（3-5）、式（3-6）和式（3-9），有

$$\omega - \omega_0 + m_i(P_i - P_i^*) = 0 \tag{3-12}$$

$$|E_{\mathrm{o}i}| - V_{\mathrm{N}} + n_i Q_i = 0 \tag{3-13}$$

$$E_{\mathrm{o}i} - v_{\mathrm{o}i} - i_{\mathrm{o}i} Z_{0i} = 0 \tag{3-14}$$

令 δ_i 表示 $E_{\mathrm{o}i}$ 的相角，并将节点 1 取作参考节点（$\delta_1 = 0$）。$v_{\mathrm{o}i}$ 和 $i_{\mathrm{o}i}$ 能够表示为 $v_{\mathrm{o}di} + jv_{\mathrm{o}qi}$ 和 $i_{\mathrm{o}di} + ji_{\mathrm{o}qi}$。由此式（3-14）可以表示为

$$|E_{\mathrm{o}i}|\cos\delta_i - v_{\mathrm{o}di} - i_{\mathrm{o}di} R_{0i} + i_{\mathrm{o}qi} X_{0i} = 0 \tag{3-15}$$

$$|E_{\mathrm{o}i}|\sin\delta_i - v_{\mathrm{o}qi} - i_{\mathrm{o}qi} R_{0i} - i_{\mathrm{o}di} X_{0i} = 0 \tag{3-16}$$

每个 DG 节点含有 4 个潮流方程，相应的未知量为 $|E_{\mathrm{o}i}|$、δ_i、$v_{\mathrm{o}di}$ 和 $v_{\mathrm{o}qi}$。$\delta_1 = 0$，因此 DG 节点 1 仅包含 3 个未知量。

含虚拟阻抗的下垂控制微电网潮流结果可由式（3-10）～式（3-13）、式（3-15）和式（3-16）计算得到。假设 PQ 节点和 DG 节点的数量分别为 N_{PQ} 和 N_{DG}，则总的潮流方程数目为 $2N_{\mathrm{PQ}} + 4N_{\mathrm{DG}}$。考虑到系统频率 ω 也是未知量，则总的未知量数目同样是 $2N_{\mathrm{PQ}} + 4N_{\mathrm{DG}}$，因此潮流方程可解。将所有未知量用变量 x 表示，有

$$\begin{aligned} \boldsymbol{x} = [&v_{\mathrm{l}d1},\ \cdots,\ v_{\mathrm{l}dN_{\mathrm{PQ}}},\ v_{\mathrm{l}q1},\ \cdots,\ v_{\mathrm{l}qN_{\mathrm{PQ}}},\ |E_{\mathrm{o}1}|,\ \cdots,\ |E_{\mathrm{o}N_{\mathrm{DG}}}|,\\ &\delta_2,\ \cdots,\ \delta_{N_{\mathrm{DG}}},\ v_{\mathrm{o}d1},\ \cdots,\ v_{\mathrm{o}dN_{\mathrm{DG}}},\ v_{\mathrm{o}q1},\ \cdots,\ v_{\mathrm{o}qN_{\mathrm{DG}}},\ \omega] \end{aligned} \tag{3-17}$$

令 $\boldsymbol{Z}_0$ 表示所有 DG 单元的虚拟电阻 R_{0i} 和虚拟电抗 X_{0i}，即

$$\boldsymbol{Z}_0 = [R_{01},\ \cdots,\ R_{0N_{\mathrm{DG}}},\ X_{01},\ \cdots,\ X_{0N_{\mathrm{DG}}}] \tag{3-18}$$

则含虚拟阻抗的下垂控制微电网潮流方程能够表示为

$$g(\boldsymbol{x}, \boldsymbol{Z}_0) = 0 \tag{3-19}$$

3.3.2 小信号动态建模

含虚拟阻抗的下垂控制微电网小信号动态模型用于分析虚拟阻抗对微电网小干扰稳定性的影响。文献［18］建立了下垂控制微电网的小信号动态模型，然而其并没有考虑虚拟阻抗。本节将文献［18］中的模型进行了扩展以考虑虚拟阻抗的影响，为避免赘述，文献［18］中的建模方法不予详述。

在 DGi 的本地 dq 坐标系下，式（3-6）能够表示为

$$E_{odi}=V_{\rm N}-n_iQ_i\ ,\ E_{oqi}=0 \tag{3-20}$$

类似地，式（3-9）能够表示为

$$\begin{cases}v_{odi}^{*}=E_{odi}-R_{0i}i_{odi}+X_{0i}i_{oqi}\\ v_{oqi}^{*}=E_{oqi}-R_{0i}i_{oqi}-X_{0i}i_{odi}\end{cases} \tag{3-21}$$

将式（3-21）线性化，有

$$\begin{bmatrix}\Delta v_{odi}^{*}\\ \Delta v_{oqi}^{*}\end{bmatrix}=\boldsymbol{C}_{\mathrm{Pv}i}\begin{bmatrix}\Delta\delta_i\\ \Delta P_i\\ \Delta Q_i\end{bmatrix}+\boldsymbol{E}_{\mathrm{Pv}i}\begin{bmatrix}\Delta i_{\mathrm{l}dqi}\\ \Delta v_{odqi}\\ \Delta i_{odqi}\end{bmatrix} \tag{3-22}$$

其中 $\boldsymbol{C}_{\mathrm{Pv}i}$ 和 $\boldsymbol{E}_{\mathrm{Pv}i}$ 为

$$\boldsymbol{C}_{\mathrm{Pv}i}=\begin{bmatrix}0&0&-n_i\\0&0&0\end{bmatrix},\ \boldsymbol{E}_{\mathrm{Pv}i}=\begin{bmatrix}0&0&0&0&-R_{0i}&X_{0i}\\0&0&0&0&-X_{0i}&-R_{0i}\end{bmatrix} \tag{3-23}$$

在此基础上，综合考虑下垂控制器、电压控制器、电流控制器以及 LCL 滤波器的动态后，可得到 DGi 的小信号动态模型

$$[\Delta\dot{\boldsymbol{X}}_{\mathrm{inv}i}]=\boldsymbol{A}_{\mathrm{inv}i}[\Delta\boldsymbol{X}_{\mathrm{inv}i}]+\boldsymbol{B}_{\mathrm{inv}i}[\Delta v_{\mathrm{bDQ}i}]+\boldsymbol{B}_{i\omega\mathrm{com}}[\Delta\omega_{\mathrm{com}}] \tag{3-24}$$

式中：$\Delta\boldsymbol{X}_{\mathrm{inv}i}\in\mathbb{R}^{13\times1}$，表示 DG$i$ 的全部状态变量，即

$$\Delta\boldsymbol{X}_{\mathrm{inv}i}=[\Delta\delta_i\quad\Delta P_i\quad\Delta Q_i\quad\Delta\varphi_{\mathrm{d}qi}\quad\Delta Y_{\mathrm{d}qi}\quad\Delta i_{\mathrm{l}dqi}\quad\Delta v_{odqi}\quad\Delta i_{odqi}]^{\mathrm{T}} \tag{3-25}$$

式中：$\Delta\varphi_{\mathrm{d}qi}$ 和 $\Delta Y_{\mathrm{d}qi}$ 分别表示电压控制器和电流控制器的状态变量。

式（3-24）中 $\boldsymbol{A}_{\mathrm{inv}i}$、$\boldsymbol{B}_{\mathrm{inv}i}$ 和 $\boldsymbol{B}_{i\omega\mathrm{com}}$ 的表达式如下

$$\boldsymbol{A}_{\mathrm{inv}i}=\begin{bmatrix}\boldsymbol{A}_{\mathrm{P}i}&0&0&\boldsymbol{B}_{\mathrm{P}i}\\ \boldsymbol{B}_{\mathrm{V1}i}\boldsymbol{C}_{\mathrm{Pv}i}&0&0&\boldsymbol{B}_{\mathrm{V1}i}\boldsymbol{E}_{\mathrm{Pv}i}+\boldsymbol{B}_{\mathrm{V2}i}\\ \boldsymbol{B}_{\mathrm{C1}i}\boldsymbol{D}_{\mathrm{V1}i}\boldsymbol{C}_{\mathrm{Pv}i}&\boldsymbol{B}_{\mathrm{C1}i}\boldsymbol{C}_{\mathrm{V}i}&0&\boldsymbol{B}_{\mathrm{C1}i}\boldsymbol{D}_{\mathrm{V1}i}\boldsymbol{E}_{\mathrm{Pv}i}+\boldsymbol{B}_{\mathrm{C1}i}\boldsymbol{D}_{\mathrm{V2}i}+\boldsymbol{B}_{\mathrm{C2}i}\\ \begin{matrix}\boldsymbol{B}_{\mathrm{LCL1}i}\boldsymbol{D}_{\mathrm{C1}i}\boldsymbol{D}_{\mathrm{V1}i}\boldsymbol{C}_{\mathrm{Pv}i}+\\ \boldsymbol{B}_{\mathrm{LCL2}i}[\boldsymbol{T}_{\mathrm{V}i}^{-1}\quad0\quad0]+\\ \boldsymbol{B}_{\mathrm{LCL3}i}\boldsymbol{C}_{\mathrm{Pw}i}\end{matrix}&\boldsymbol{B}_{\mathrm{LCL1}i}\boldsymbol{D}_{\mathrm{C1}i}\boldsymbol{C}_{\mathrm{V}i}&\boldsymbol{B}_{\mathrm{LCL1}i}\boldsymbol{C}_{\mathrm{C}i}&\begin{matrix}\boldsymbol{A}_{\mathrm{LCL}i}+\boldsymbol{B}_{\mathrm{LCL1}i}\boldsymbol{D}_{\mathrm{C1}i}\boldsymbol{D}_{\mathrm{V1}i}\boldsymbol{E}_{\mathrm{Pv}i}+\\ \boldsymbol{B}_{\mathrm{LCL1}i}(\boldsymbol{D}_{\mathrm{C1}i}\boldsymbol{D}_{\mathrm{V2}i}+\boldsymbol{D}_{\mathrm{C2}i})\end{matrix}\end{bmatrix} \tag{3-26}$$

$$\boldsymbol{B}_{\mathrm{inv}i}=\begin{bmatrix}0\\0\\0\\\boldsymbol{B}_{\mathrm{LCL}2i}\boldsymbol{T}_{\mathrm{S}}^{-1}\end{bmatrix},\quad \boldsymbol{B}_{i\omega\mathrm{com}}=\begin{bmatrix}\boldsymbol{B}_{\mathrm{P}\omega\mathrm{com}}\\0\\0\\0\end{bmatrix} \tag{3-27}$$

需要说明的是，$\boldsymbol{A}_{\mathrm{inv}i}$ 最后一列中的 $\boldsymbol{E}_{\mathrm{Pv}i}$ 项反映了引入虚拟阻抗对 DGi 小信号动态模型的影响。总的微电网小信号动态模型为

$$\begin{bmatrix}\Delta\dot{\boldsymbol{X}}_{\mathrm{inv}}\\\Delta\dot{\boldsymbol{i}}_{\mathrm{lineDQ}}\\\Delta\dot{\boldsymbol{i}}_{\mathrm{loadDQ}}\end{bmatrix}=\boldsymbol{A}_{\mathrm{mg}}\begin{bmatrix}\Delta\boldsymbol{X}_{\mathrm{inv}}\\\Delta\boldsymbol{i}_{\mathrm{lineDQ}}\\\Delta\boldsymbol{i}_{\mathrm{loadDQ}}\end{bmatrix} \tag{3-28}$$

式中：$\Delta\boldsymbol{X}_{\mathrm{inv}}$、$\Delta\boldsymbol{i}_{\mathrm{lineDQ}}$ 和 $\Delta\boldsymbol{i}_{\mathrm{loadDQ}}$ 分别是 DG、线路和负荷的状态变量；$\boldsymbol{A}_{\mathrm{mg}}$ 是系统的状态矩阵。$\boldsymbol{A}_{\mathrm{mg}}$ 包含系统的平衡点信息，因此需要通过潮流计算得到平衡点信息后，再生成 $\boldsymbol{A}_{\mathrm{mg}}$ 以对系统进行小干扰稳定分析。

3.4　虚拟阻抗的可行域构造

基于 3.3 节中含虚拟阻抗的下垂控制微电网潮流计算和小信号动态建模方法，本节提出确定虚拟阻抗可行域的系统化方法以同时满足系统多项性能要求。虚拟阻抗可行域由一系列约束条件构成，包括节点电压、功率解耦、系统阻尼以及 DG 输出无功功率分配等约束，具体分述如下。

3.4.1　节点电压约束

微电网中所有节点电压应该保持在一定范围之内。因此，节点电压约束要求系统最低节点电压 μ_{LV} 大于等于最小允许值 μ_{0_LV}，并且系统最高节点电压 μ_{HV} 小于等于最大允许值 μ_{0_HV}，即

$$\mu_{\mathrm{LV}}\geqslant\mu_{0\_\mathrm{LV}} \tag{3-29}$$

$$\mu_{\mathrm{HV}}\leqslant\mu_{0\_\mathrm{HV}} \tag{3-30}$$

式（3-29）和式（3-30）分别描述了最低节点电压约束和最高节点电压约束。

3.4.2　功率解耦约束

由于低压微电网线路的 X/R 比例较低，因此 P/f 和 Q/V 下垂控制存在较强

的有功无功耦合问题。通过模拟实际物理阻抗的特性，虚拟阻抗能够在控制系统中引入主导的感性阻抗以等效地增大线路 X/R 比例，从而实现有功与无功的解耦。为了保证系统具有理想的功率解耦性能，虚拟阻抗的选取应当满足一定的功率解耦约束条件。本章所使用的功率解耦约束条件参考自文献[19]。令 φ_{oi} 表示图 3-5 中 E_{oi} 和 U 之间的相角差。DGi 的输出功率 P_i 和 Q_i 能够表示成为关于 E_{oi} 和 φ_{oi} 的函数。定义 DGi 的有功和无功关于电压和相角的解耦程度[4]为

$$\mathrm{dec}\_E_{oi}=\left|\frac{\partial Q_i}{\partial E_{oi}}\right|/\left|\frac{\partial P_i}{\partial E_{oi}}\right| \tag{3-31}$$

$$\mathrm{dec}\_\varphi_{oi}=\left|\frac{\partial P_i}{\partial \varphi_{oi}}\right|/\left|\frac{\partial Q_i}{\partial \varphi_{oi}}\right| \tag{3-32}$$

dec_E_{oi} 越大表示 P_i 和 Q_i 关于电压的灵敏度差异越大，无功与电压强相关；$\mathrm{dec}\_\varphi_{oi}$ 越大表示 P_i 和 Q_i 关于相角的灵敏度差异越大，有功与相角强相关。将所有 DG 单元输出有功/无功关于电压/相角的解耦程度的最小值用 μ_{dec} 表示，即

$$\mu_{\mathrm{dec}}=\min(\mathrm{dec}\_E_{o1},\mathrm{dec}\_\varphi_{o1},\cdots,\mathrm{dec}\_E_{oN_{\mathrm{DG}}},\mathrm{dec}\_\varphi_{oN_{\mathrm{DG}}}) \tag{3-33}$$

则功率解耦约束为

$$\mu_{\mathrm{dec}}\geqslant\mu_{0\_\mathrm{dec}} \tag{3-34}$$

满足该约束的虚拟阻抗取值能够保证所有DG单元输出有功/无功关于电压/相角的解耦程度均大于等于 μ_{0_dec}。μ_{0_dec} 通常选取为 1，从而使得对于所有 DG 单元 P_i 关于 φ_{oi} 的灵敏度高于 Q_i 关于 φ_{oi} 的灵敏度，Q_i 关于 E_{oi} 的灵敏度高于 P_i 关于 E_{oi} 的灵敏度。

3.4.3 系统阻尼约束

由于微电网中各台 DG 所使用的下垂控制属于电压型控制，因此当 DG 之间电气距离过短时容易造成系统失稳。虚拟阻抗的引入可以有效增加 DGi 和其他 DG 单元之间的电气距离，从而能够提高系统阻尼，避免系统失稳。

令 eig_k 和 ξ_k 分别表示第 k 个模式和它的阻尼比，其可通过对式（3-28）中状态矩阵 $\boldsymbol{A}_{\mathrm{mg}}$ 求取特征根得到。假设系统中所有模式的数目是 N_e，并且只考虑实部大于 σ 的模式。σ 一般基于所研究系统的具体参数进行选取，对于 3.6 节中的算例系统，σ 选取为−100。令 μ_{damp1} 表示阻尼比最小的模式的阻尼比，即

$$\begin{aligned}&\mu_{\text{damp1}}=\min(\xi_1,\cdots,\xi_i,\cdots,\xi_{N_A}),i\in\mathcal{B}\\&\mathcal{B}=\{j\,|\,\text{Re}(\text{eig}_j)>\sigma,j=1,\cdots,N_e\}\end{aligned}\tag{3-35}$$

式中：$\mathcal{B}$ 表示实部大于 σ 的模式所构成的集合；N_A 表示集合 $\mathcal{B}$ 中元素的数目。假设 $\xi(\text{eig}_{kA})=\mu_{\text{damp1}}$，$kA\in\mathcal{B}$。令 μ_{damp2} 表示阻尼比最小的模式的实部的绝对值，有

$$\mu_{\text{damp2}}=\left|\text{Re}(\text{eig}_{kA})\right|\tag{3-36}$$

为保证系统具有充分的阻尼，μ_{damp1} 和 μ_{damp2} 应大于等于它们各自的最低允许值 μ_{0_damp1} 和 μ_{0_damp2}，即

$$\mu_{\text{damp1}}\geqslant\mu_{0\_\text{damp1}}\tag{3-37}$$

$$\mu_{\text{damp2}}\geqslant\mu_{0\_\text{damp2}}\tag{3-38}$$

式中：μ_{0_damp1} 和 μ_{0_damp2} 通常基于工程经验和系统参数进行选取。

式（3-37）和式（3-38）构成了系统阻尼约束。

3.4.4 无功功率分配约束

DG 输出无功功率分配不精确的主要原因在于 DG 单元的线路阻抗上的电压降不同。虚拟阻抗的引入能够有效调节线路阻抗和虚拟阻抗上的电压降，从而提高 DG 输出无功功率分配的精度。以图 3-6 所示的算例系统为例，在忽略 DG 单元本地负荷（Load1～Load4）的情况下，当各台 DG 单元的等效阻抗设计为与 DG 单元的最大功率成反比例[20]时，即式（3-39）和式（3-40）成立时，各台 DG 输出的无功功率可达到精确分配。

$$R_{e1}P_{1\max}=R_{e2}P_{2\max}=R_{e3}P_{3\max}=R_{e4}P_{4\max}\tag{3-39}$$

$$X_{e1}Q_{1\max}=X_{e2}Q_{2\max}=X_{e3}Q_{3\max}=X_{e4}Q_{4\max}\tag{3-40}$$

式中：R_{ei} 和 X_{ei}（i=1，2，3，4）分别是DGi 的等效电阻和等效电抗。

R_{ei} 和 X_{ei} 由三部分构成，即

$$R_{ei}+\text{j}X_{ei}=(R_{\text{Line}i}+\text{j}X_{\text{Line}i})+\text{j}\omega L_c+(R_{0i}+\text{j}X_{0i})\tag{3-41}$$

式中：$R_{\text{Line}i}$ 和 $X_{\text{Line}i}$ 是图 3-6 中第 i 条线路的馈线电阻和电抗。由式（3-41）可知，通过调整虚拟阻抗 R_{0i} 和 X_{0i} 能够使等效阻抗 R_{ei} 和 X_{ei} 满足式（3-39）和式（3-40）。

假设 DG 之间期望的无功功率分配比例是

$$Q_1:Q_2:\cdots:Q_{N_{DG}}=\text{kq}_1:\text{kq}_2:\cdots:\text{kq}_{N_{DG}}\tag{3-42}$$

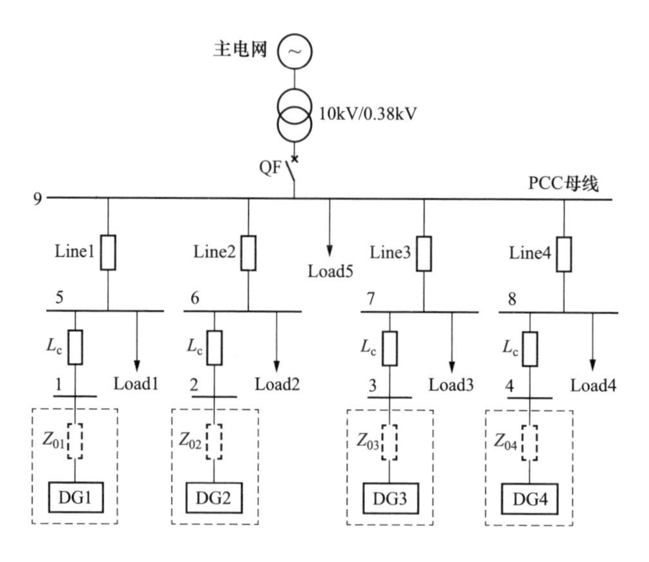

图 3-6　4 机 9 节点算例系统拓扑图

则可将 DG 输出无功功率分配误差 μ_{QS} 定义为

$$\mu_{\mathrm{QS}}=\sum_{i=1}^{N_{\mathrm{DG}}}\left|Q_1-\frac{\mathrm{kq}_1}{\mathrm{kq}_i}Q_i\right| \tag{3-43}$$

可知 μ_{QS} 是 DG1 和其他 DG 单元之间无功功率分配误差的和。μ_{QS} 越小，表示无功功率分配越精确。因此，可将无功功率分配约束构造为

$$\mu_{\mathrm{QS}}\leqslant\mu_{0\_\mathrm{QS}} \tag{3-44}$$

式（3-44）表示无功功率分配误差 μ_{QS} 应小于等于最大允许值 μ_{0_QS}。

式（3-29）、式（3-30）、式（3-34）、式（3-37）、式（3-38）和式（3-44）构成了虚拟阻抗可行域的约束集。由于虚拟阻抗可行域边界的拓扑性质事先未知，本书在算例分析中采用逐点法绘制出虚拟阻抗的可行域。

3.5　最优虚拟阻抗设计方法

在 3.4 节给出的虚拟阻抗可行域构造方法基础上，本节提出最优虚拟阻抗设计方法以使系统的综合性能指标最优。

3.5.1　系统综合性能评估

为评估系统的综合性能，定义系统综合性能指标 J 为

$$J = c_1 f_{vol} + c_2 f_{dec} + c_3 f_{damp} + c_4 f_{QS} \tag{3-45}$$

式中：f_{vol}、f_{dec}、f_{damp}和f_{QS}分别是用于评估节点电压、功率解耦、系统阻尼和无功功率分配情况的性能指标；c_i（i=1, …, 4）是相应的权重系数并且有$\sum_{i=1}^{4} c_i = 1$。此外，f_{vol}和f_{damp}各自包含两个子指标，即

$$f_{vol} = c_{11} f_{LV} + c_{12} f_{HV} \tag{3-46}$$

$$f_{damp} = c_{31} f_{damp1} + c_{32} f_{damp2} \tag{3-47}$$

式中：c_{11}、c_{12}、c_{31}和c_{32}是相应的子权重系数并且有$c_{11} + c_{12} = 1$，$c_{31} + c_{32} = 1$。

事实上，在3.4节中定义的变量μ_{LV}、μ_{HV}、μ_{dec}、μ_{damp1}、μ_{damp2}和μ_{QS}已经能用于评估相应的系统性能。然而，由于它们的量纲不同，因此通过这些变量无法直接得到式(3-45)中定义的综合性能指标J。为此，f_{LV}、f_{HV}、f_{dec}、f_{damp1}、f_{damp2}和f_{QS}用于将μ_{LV}、μ_{HV}、μ_{dec}、μ_{damp1}、μ_{damp2}和μ_{QS}进行归一化。在归一化之后，这些性能指标可通过相应的权重系数相加得到J。需要说明的是，J的变化范围是0～1。为了进行归一化，引入两种归一化函数

$$f_{x1} = 1 - e^{-\frac{1}{\tau}(\mu - \mu_0)}, \mu \geqslant \mu_0 \tag{3-48}$$

$$f_{x2} = 1 - e^{\frac{1}{\tau}(\mu - \mu_0)}, \mu \leqslant \mu_0 \tag{4-49}$$

这两种归一化函数由参数μ_0和τ确定。图3-7给出了两种归一化函数的图像。图3-7中一个预先给定的点（μ_s，0.95）用于确定式（3-48）和式（3-49）中的参数τ，即

$$f_{x1}: \tau = \frac{\mu_0 - \mu_s}{\ln 0.05}, \ f_{x2}: \tau = \frac{\mu_s - \mu_0}{\ln 0.05} \tag{3-50}$$

μ_{LV}、μ_{dec}、μ_{damp1}和μ_{damp2}越大，表示相应的系统性能越好，图3-7（a）中μ越大f_{x1}也越大，因此将f_{x1}用于归一化μ_{LV}、μ_{dec}、μ_{damp1}和μ_{damp2}。类似地，μ_{HV}和μ_{QS}越小，表示相应系统性能越好，图3-7（b）中μ越小f_{x2}越大，因此将f_{x2}用于归一化μ_{HV}和μ_{QS}。将μ_{LV}、μ_{0_LV}和τ_{LV}代入f_{x1}后可得到f_{LV}的表达式，如式（3-51）所示。类似地，其他指标的表达式由式（3-52）～式（3-56）给出。

$$f_{LV} = 1 - e^{-\frac{1}{\tau_{LV}}(\mu_{LV} - \mu_{0\_LV})}, \mu_{LV} \geqslant \mu_{0\_LV} \tag{3-51}$$

$$f_{HV} = 1 - e^{\frac{1}{\tau_{HV}}(\mu_{HV} - \mu_{0\_HV})}, \mu_{HV} \leqslant \mu_{0\_HV} \tag{3-52}$$

$$f_{dec} = 1 - e^{-\frac{1}{\tau_{dec}}(\mu_{dec} - \mu_{0\_dec})}, \mu_{dec} \geqslant \mu_{0\_dec} \tag{3-53}$$

$$f_{\text{damp1}} = 1 - e^{-\frac{1}{\tau_{\text{damp1}}}(\mu_{\text{damp1}} - \mu_{0\_\text{damp1}})}, \mu_{\text{damp1}} \geqslant \mu_{0\_\text{damp1}} \tag{3-54}$$

$$f_{\text{damp2}} = 1 - e^{-\frac{1}{\tau_{\text{damp2}}}(\mu_{\text{damp2}} - \mu_{0\_\text{damp2}})}, \mu_{\text{damp2}} \geqslant \mu_{0\_\text{damp2}} \tag{3-55}$$

$$f_{\text{QS}} = 1 - e^{\frac{1}{\tau_{\text{QS}}}(\mu_{\text{QS}} - \mu_{0\_\text{QS}})}, \mu_{\text{QS}} \leqslant \mu_{0\_\text{QS}} \tag{3-56}$$

由式（3-51）～式（3-56）可知，评估指标的定义域和虚拟阻抗可行域的约束条件相同。因此，系统综合性能指标 J 仅在虚拟阻抗可行域的边界和内部有定义。

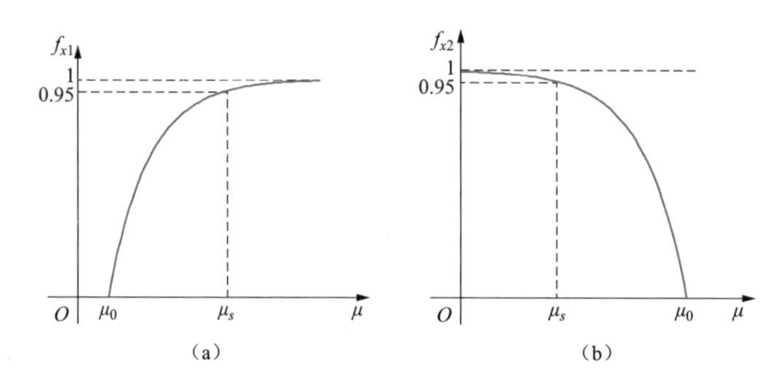

图 3-7　两种归一化函数的图像

（a）归一化函数 f_{x1}；（b）归一化函数 f_{x2}

3.5.2　最优虚拟阻抗设计问题

J 表示系统的综合性能指标，因此当 J 最大时，系统综合性能指标最优。最优虚拟阻抗设计问题可由如下多目标优化问题描述

$$\text{Max } J = c_1 f_{\text{vol}} + c_2 f_{\text{dec}} + c_3 f_{\text{damp}} + c_4 f_{\text{QS}},$$

$$\text{s.t.} \begin{cases} g(x, Z_0) = 0, \\ \left| \lambda \boldsymbol{I} - \boldsymbol{A}_{\text{mg}} \right| = 0, \\ \mu_{\text{LV}} \geqslant \mu_{0\_\text{LV}}, \\ \mu_{\text{HV}} \leqslant \mu_{0\_\text{HV}}, \\ \mu_{\text{dec}} \geqslant \mu_{0\_\text{dec}}, \\ \mu_{\text{damp1}} \geqslant \mu_{0\_\text{damp1}}, \\ \mu_{\text{damp2}} \geqslant \mu_{0\_\text{damp2}}, \\ \mu_{\text{QS}} \leqslant \mu_{0\_\text{QS}} \end{cases} \tag{3-57}$$

对于式（3-57）中的约束条件，等式约束 $g(\boldsymbol{x},\boldsymbol{Z}_0)=0$ 表示潮流约束，$\left|\lambda\boldsymbol{I}-\boldsymbol{A}_{\mathrm{mg}}\right|=0$ 表示求取 $\boldsymbol{A}_{\mathrm{mg}}$ 的全部特征根 λ，$\boldsymbol{I}$ 是与 $\boldsymbol{A}_{\mathrm{mg}}$ 同维度的单位矩阵；不等式约束即为虚拟阻抗的可行域约束。该优化问题的优化变量是所有 DG 单元的虚拟电阻和虚拟电抗。

对于优化问题式（3-57），首先，潮流等式约束 $g(\boldsymbol{x},\boldsymbol{Z}_0)=0$ 是非线性的，因此该优化问题是非凸的；其次，目标函数 J 以及某些约束［例如 $g(\boldsymbol{x},\boldsymbol{Z}_0)=0$ 和 $\mu_{\mathrm{QS}}\leqslant\mu_{0\_\mathrm{QS}}$］是非线性的，因此该优化问题是非线性优化问题；再者，该优化问题中包含特征值约束 $\mu_{\mathrm{damp1}}\geqslant\mu_{0\_\mathrm{damp1}}$ 和 $\mu_{\mathrm{damp2}}\geqslant\mu_{0\_\mathrm{damp2}}$，特征值并不是优化变量的显函数，因此难以解析地计算得到特征值关于优化变量的梯度。考虑到以上原因，传统基于梯度的优化算法并不适宜求解该含有特征值约束的非线性非凸优化问题。与基于梯度的优化算法相比，启发式优化算法对解决这类问题更为有效。本章使用粒子群算法（PSO）求解式（3-57）的最优虚拟阻抗设计问题。粒子群算法具有实施简单、计算效率高等优点，因而其在电力系统的优化计算问题中得到了广泛应用。和其他启发式算法如遗传算法、蚁群算法相比，粒子群算法的优势在于其具有更强的全局搜索能力。

3.6　算　例　分　析

3.6.1　算例系统

图 3-6 给出了所研究的 4 机 9 节点微电网算例系统拓扑图。微电网的电压等级是 0.38kV，额定频率为 50Hz，包含 4 台 DG 和 5 个负荷。每台 DG 通过耦合电感 L_{c} 接入本地母线。Load1～Load4 是 DG 单元的本地负荷，Line1～Line4 是 DG 单元和 PCC 母线之间的馈线，Load5 位于 PCC 母线上。微电网通过断路器（QF）和一台 10kV/0.38kV △/$\mathrm{Y_g}$ 类型的变压器接入主电网。微电网运行在离网模式，即 QF 是断开的。每台 DG 单元的结构如图 3-1 所示，负荷使用恒阻抗负荷，馈线使用阻抗支路表示。

微电网系统的电气参数和 DG 单元的控制参数分别由表 3-1 和表 3-2 给出。逆变器的调制方式使用 SPWM 方法，调制频率为 3500Hz。

由表 3-1 可知，馈线的 X/R 很小，因此在没有引入虚拟阻抗的情况下有功控制和无功控制之间存在强烈的耦合。由表 3-2 可知，四台 DG 的容量之比为 4:6:5:3，因此将各台 DG 的下垂系数设计成了和 DG 容量成反比例。k_{Pv} 和 k_{Iv} 是图 3-4（a）中电压 PI 控制器的比例系数和积分系数，而 k_{Pc} 和 k_{Ic} 是图 3-4（b）中电流 PI 控制器的比例系数和积分系数。

式（3-51）～式（3-56）中归一化函数的参数如表 3-3 所示。表 3-3 中，f_{LV} 和 f_{HV} 的参数 μ_0 和 μ_s 取标幺值。需要说明的是，μ_0 也是虚拟阻抗可行域约束条件中的限制值。

表 3-1　　算例系统的电气参数

类型	电气参数
线路	R_{Line}=0.642Ω/km，X_{Line}=0.083Ω/km
负荷	Load1=20kW+10kvar，Load2=25kW+15kvar，Load3=20kW+10kvar，Load4=10kW+5kvar，Load5=165kW+10kvar
滤波器	L_f=1.712mH，C_f=73.1μF，L_c=0.01mH

表 3-2　　算例系统中各 DG 单元的控制参数

参数	DG1	DG2	DG3	DG4
m_i［rad/（s·MW）］	157.08	104.74	125.66	209.42
n_i（kV/Mvar）	0.388	0.258	0.31	0.517
V_0（标幺值）	1.045	1.045	1.045	1.045
P_i^*（kW）	40	60	50	30
P_{imax}（kW）	60	90	75	45
Q_{imax}（kvar）	28	42	35	21
k_{Pv}	5	5.5	5.5	6
k_{Iv}	40	50	60	60
k_{Pc}	1	1.5	2	2
k_{Ic}	2.5	4	4	5

表 3-3　　式（3-51）～式（3-56）中归一化函数的参数

参数	μ_0	μ_s	τ
f_{LV}	μ_{0_LV}=0.93	μ_{s_LV}=0.99	τ_{LV}=0.02
f_{HV}	μ_{0_HV}=1.07	μ_{s_HV}=1.03	τ_{HV}=0.0134
f_{dec}	μ_{0_dec}=1	μ_{s_dec}=1.6	τ_{dec}=0.2

续表

参数	μ_0	μ_s	τ
f_{damp1}	μ_{0_damp1}=0.3	μ_{s_damp1}=0.7	τ_{damp1}=0.134
f_{damp2}	μ_{0_damp2}=30	μ_{s_damp2}=45	τ_{damp2}=5
f_{QS}	μ_{0_QS}=22	μ_{s_QS}=4	τ_{QS}=6

3.6.2　可行域结果

为了便于可行域的可视化，本节的可行域结果假设所有 DG 单元的虚拟阻抗相等并且所有馈线长度相等。需要说明的是，本章的虚拟阻抗分析与设计方法并不受限于这一假设。

当所有馈线长度均为 300m 时，虚拟阻抗可行域的结果如图 3-8（a）所示。图 3-8（a）中，横轴表示虚拟电阻 R_0，纵轴表示虚拟电抗 X_0。蓝线表示最低节点电压约束式(3-29)的边界，绿线表示最高节点电压约束式(3-30)的边界，黑线表示功率解耦约束式（3-34）的边界，紫线表示系统阻尼约束式（3-37）和式（3-38）的边界，棕线表示无功功率分配约束式（3-44）的边界。可行域内部的虚拟阻抗取值能够同时满足系统的节点电压、功率解耦、阻尼和无功功率分配等多项性能要求。由图 3-8（a）可知：

（1）虚拟阻抗距离某一边界越远表示该边界的性能越好。

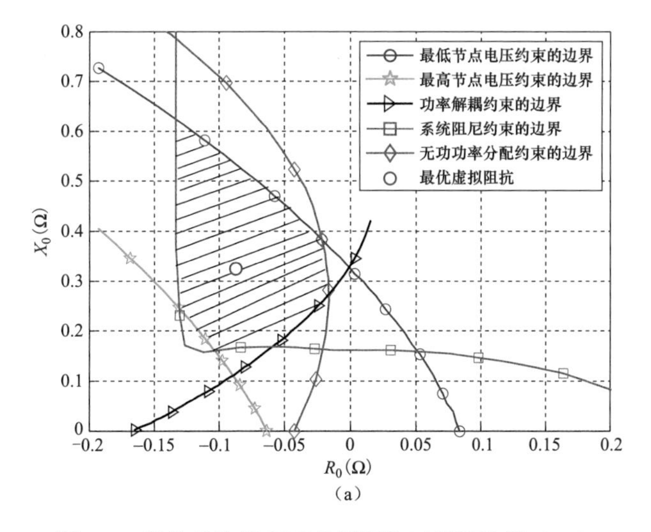

（a）

图 3-8　相等线路长度下虚拟阻抗可行域结果（一）

（a）线路长度 300m

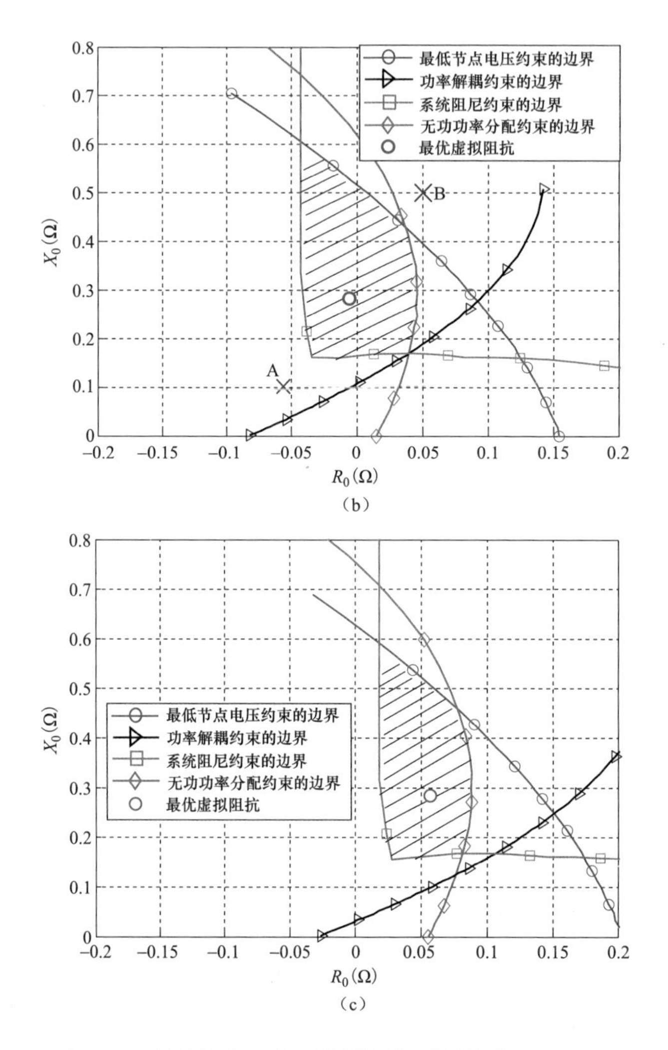

图 3-8　相等线路长度下虚拟阻抗可行域结果（二）

（b）线路长度 150m；（c）线路长度 50m

（2）负的虚拟电阻有利于同时满足功率解耦要求、无功功率分配要求以及最低节点电压约束要求。然而，由式（3-9）可知，负的虚拟电阻会增加 DG 输出电压。当负的虚拟电阻较大时，最高节点电压约束有可能影响可行域的结果。

当所有馈线长度均为 150m 和 50m 时，虚拟阻抗可行域的结果分别如图 3-8（b）和图 3-8（c）所示。对比分析图 3-8（a）～（c）可知，当馈线长度变长时，虚拟电抗的可行取值变化不大，然而虚拟电阻的可行取值却不断变小。这是由于当馈线较长时，其线路电阻也较大，此时需要较小甚至负的虚拟电阻以抵消过大线路电阻的影响。

当 Line1、Line2、Line3、Line4 的馈线长度分别为 150、300、225、50m 时，虚拟阻抗可行域的结果如图 3-9 所示。由图 3-9 可知，此时在所有 DG 单元的虚拟阻抗取值相等的前提条件下，可行域为空。

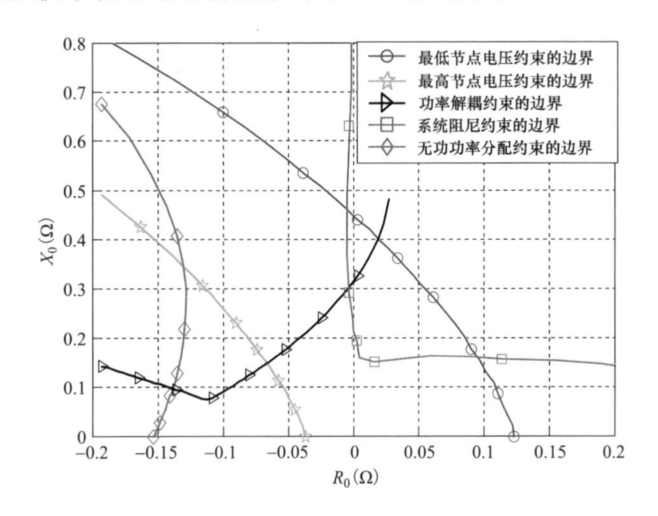

图 3-9 不等线路长度下虚拟阻抗可行域结果

3.6.3 最优虚拟阻抗结果

1. 情况 1：相等馈线长度且相等虚拟阻抗

当所有馈线长度分别为 50、150、300m［即分别与图 3-8（c）、图 3-8（b）和图 3-8（a）对应的情况］时，表 3-4 给出了最优虚拟阻抗以及系统综合性能指标 J 的求解结果。式（3-45）～式（3-47）中计算 J 所需要的权重系数取值如表 3-5 所示。权重系数主要依据微电网运行人员的主观偏好确定。最优虚拟阻抗的位置在图 3-8 中以红色圆圈标记出。

表 3-4 相等线路长度下的最优虚拟阻抗计算结果

线路长度	R_0（Ω）	X_0（Ω）	J
50m	0.052	0.289	0.823
150m	−0.005	0.292	0.840
300m	−0.087	0.321	0.844

表 3-5 目标函数的权重系数

参数符号	参数值	参数符号	参数值
c_1	0.35	c_{11}	0.714
c_2	0.1	c_{12}	0.286
c_3	0.45	c_{31}	0.5
c_4	0.1	c_{32}	0.5

2. 情况 2：不等馈线长度且不等虚拟阻抗

与情况 1 不同的是，在情况 2 中假设馈线长度可以不相等并且各台 DG 的虚拟阻抗取值可以不相等。为此，构建了 4 种不同的馈线长度场景并将其列于表 3-6。表 3-7 给出了此时计算综合性能指标 J 所需要的权重系数取值。在 4 种馈线长度场景下的最优虚拟阻抗计算结果如表 3-8 所示。

表 3-6 构建的 4 种馈线长度场景

馈线长度场景	Line1（m）	Line2（m）	Line3（m）	Line4（m）
1	150	150	150	150
2	150	50	150	300
3	50	300	150	50
4	300	50	300	150

表 3-7 目标函数的权重系数

参数符号	参数值	参数符号	参数值
c_1	0.35	c_{11}	0.714
c_2	0.1	c_{12}	0.286
c_3	0.3	c_{31}	0.5
c_4	0.25	c_{32}	0.5

表 3-8 4 种馈线长度场景下的最优虚拟阻抗计算结果

参数	场景 1	场景 2	场景 3	场景 4
R_{01}（Ω）	0	0.009	0.053	−0.074
X_{01}（Ω）	0.309	0.307	0.315	0.383
R_{02}（Ω）	−0.027	0.025	−0.111	0.026
X_{02}（Ω）	0.211	0.198	0.301	0.196
R_{03}（Ω）	−0.019	−0.013	−0.015	−0.099
X_{03}（Ω）	0.253	0.244	0.273	0.315

续表

参数	场景1	场景2	场景3	场景4
R_{04}（Ω）	0.020	−0.062	0.083	0.027
X_{04}（Ω）	0.407	0.478	0.450	0.442
J	0.934	0.933	0.919	0.928

由表3-8可知，在所有馈线场景下，综合性能指标J均大于0.91，表明在最优虚拟阻抗下系统的综合性能非常理想。对于馈线场景2，当考虑最优虚拟阻抗以及没有虚拟阻抗的情况下，式（3-51）～式（3-56）中μ和f_x的结果分别如表3-9和表3-10所示。由表3-9可知，①系统的各项性能都能满足约束要求；②无功功率分配误差仅为0.999kvar，表明DG输出无功功率的分配精度较高；③功率解耦程度指标μ_{0_dec}为1.976，表明功率解耦程度很高。由表3-10可知，在没有虚拟阻抗的情况下，系统的功率解耦程度、阻尼以及无功功率分配等性能无法满足约束要求。

注：无功功率分配约束仅要求无功分配误差小于等于一个最大允许值即可，因此在一般情况下，可行域内部的虚拟阻抗和最优虚拟阻抗虽然可以提高DG输出无功功率的分配精度，然而却不能实现DG输出无功功率的精确分配。

表3-9　　最优虚拟阻抗下馈线场景2的优化结果

项目	μ	f_x
LV	μ_{LV}=0.974	f_{LV}=0.890
HV	μ_{HV}=1.014	f_{HV}=0.984
Dec	μ_{dec}=1.976	f_{dec}=0.992
damp1	μ_{damp1}=0.543	f_{damp1}=0.837
damp2	μ_{damp2}=47.03	f_{damp2}=0.967
QS	μ_{QS}=0.999	f_{QS}=0.970

表3-10　　没有虚拟阻抗时馈线场景2的结果

项目	μ	f_x
LV	μ_{LV}=1.006	f_{LV}=0.978
HV	μ_{HV}=1.044	f_{HV}=0.856
dec	μ_{dec}=0.118	f_{dec}无法定义
damp1	μ_{damp1}=−0.447	f_{damp1}无法定义
QS	μ_{QS}=26.052	f_{QS}无法定义

3.6.4 时域仿真验证

本节给出基于PSCAD/EMTDC仿真平台的时域仿真结果，以验证提出的虚拟阻抗分析与设计方法的有效性。

3.6.4.1 潮流计算结果验证

表3-11对比了在馈线场景2下所有节点电压的潮流计算结果和PSCAD时域仿真结果。由表3-11可知，两种方法在所有节点电压的实部与虚部上的最大计算误差分别仅为0.14%和1.28%，验证了所提出潮流计算方法的准确性。

表3-11 馈线场景2下所有节点电压的潮流计算结果和PSCAD仿真结果对比

节点编号	潮流计算结果		PSCAD/EMTDC仿真结果	
	实部（标幺值）	虚部（标幺值）	实部（标幺值）	虚部（标幺值）
1	0.9911	−0.1106	0.9923	−0.1115
2	0.9812	−0.1098	0.9807	−0.1112
3	0.9999	−0.1121	0.9991	−0.1127
4	1.0081	−0.1133	1.0072	−0.1141
5	0.9908	−0.1117	0.9915	−0.1123
6	0.9806	−0.1115	0.9801	−0.1118
7	0.9994	−0.1136	0.9980	−0.1140
8	1.0079	−0.1142	1.0067	−0.1149
9	0.9677	−0.1112	0.9688	−0.1103

3.6.4.2 小信号动态模型检验

对于馈线场景2，在t=0.5s时将Load5的负荷功率由145kW+10kvar增加至165kW+10kvar，图3-10给出了分别基于PSCAD时域仿真（实线）和小信号动态模型计算（虚线）所得到的各台DG输出有功功率结果。图3-10表明，两种方法之间的误差很小，由此验证了所提出的小信号动态模型的准确性。

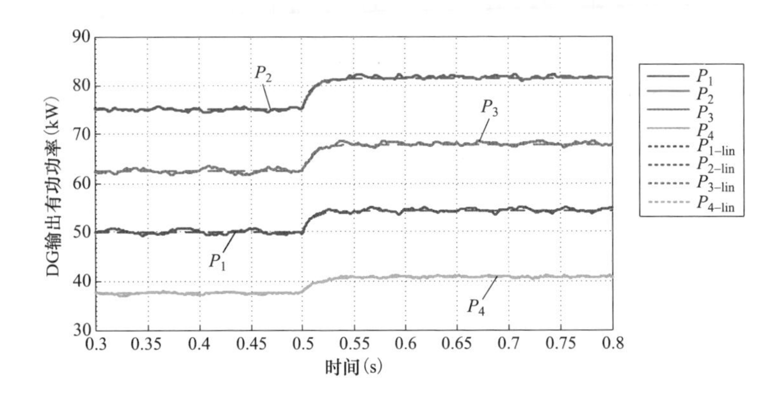

图 3-10　在馈线场景 2 下各台 DG 输出有功功率结果

3.6.4.3　可行域结果验证

对于图 3-8（b）的工况，当虚拟阻抗分别位于最优虚拟阻抗处（红色圆圈）和无法满足系统阻尼约束的点 A 处时，DG 输出有功功率的 PSCAD 时域仿真结果分别如图 3-11（a）、（b）所示。由图 3-11（a）可知，在最优虚拟阻抗下各台 DG 输出有功功率的波形非常平稳；而对于图 3-11（b），当虚拟阻抗位于点 A 处时，DG 输出有功功率发生了振荡，由此可验证最优虚拟阻抗对系统振荡模式的阻尼效果。

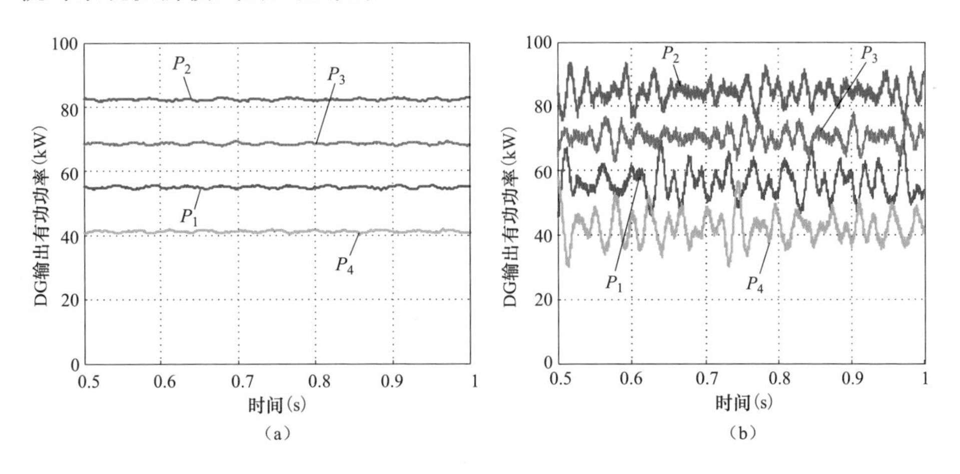

图 3-11　各台 DG 的输出有功功率

（a）最优虚拟阻抗下的结果；（b）点 A 处虚拟阻抗的结果

当 t=2.5s 时，将虚拟阻抗取值从最优虚拟阻抗［即图 3-8（b）中的红色圆圈］改变到一个不满足最低节点电压约束的非最优值［即图 3-8（b）中的点 B］，系统最低节点电压的时域仿真结果如图 3-12 所示。由图 3-12 可知，改变虚拟阻抗取值后系统最低节点电压跌落到 0.914（标幺值），低于了最低节点电压限制值 0.93（标幺值）。该结果与图 3-8（b）中点 B 在 R_0X_0 平面上的位置是一致的。

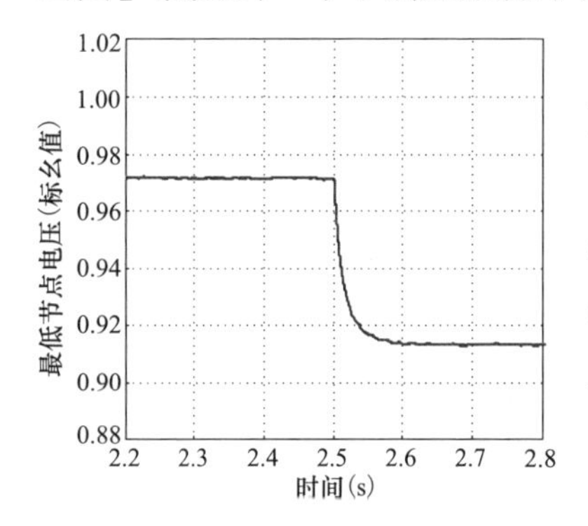

图 3-12　最低节点电压仿真结果

3.6.4.4　负荷工况变化仿真

仿真工况基于馈线场景 2，t=1s 时在 PCC 母线上投入一个 2.5kW+20kvar 的并联电抗器负荷后，系统总的无功负荷从 50kvar 增加了 40%到 70kvar。仿真结果如图 3-13 所示。

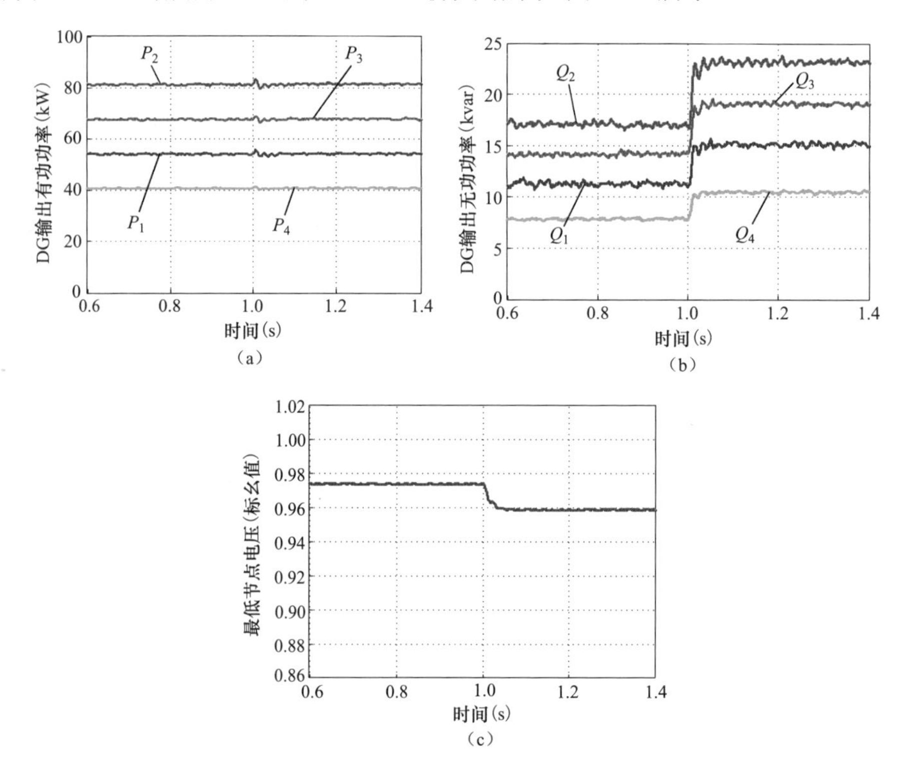

图 3-13　并联电抗器投切前后的仿真结果

（a）DG 输出有功功率；（b）DG 输出无功功率；（c）系统最低节点电压

从图 3-13（a）可知，DG 单元的输出有功功率在并联电抗器投入前后变化不大。而图 3-13（b）表明，在并联电抗器投入后，由于电抗器上吸收了较多的无功功率，各台 DG 的输出无功功率分别增加到了 15.1、23.0、18.8、10.3kvar，无功功率分配误差也从 0.999kvar（表 3-9）增加到了 1.193kvar。由图 3-13（c）可知，系统最低节点电压在并联电抗器投入后跌落到 0.96（标幺值）。总结图 3-13 的结果可知，在并联电抗器投入后，系统的综合性能有所恶化。然而，此时系统仍然能够满足节点电压约束和无功功率分配约束。需要说明的是，在并联电抗器投入后，通过在潮流计算和小信号动态建模中考虑新投入的并联电抗器模型并重新计算最优虚拟阻抗，能够使系统的综合性能指标在新的运行工况下达到最优。

3.7 小　　结

针对已有虚拟阻抗选取方法难以协调系统多项性能的难题，本章提出了系统化的虚拟阻抗分析与设计方法，并通过算例分析和 PSCAD 时域仿真验证了所提出方法的有效性。主要工作与结论如下：

（1）鉴于虚拟阻抗取值会显著影响系统的潮流结果以及小干扰稳定性，为便于虚拟阻抗的分析与设计，提出了含虚拟阻抗的下垂控制微电网潮流计算方法以及小信号动态建模方法。

（2）提出了虚拟阻抗可行域的构造方法，可行域的约束集包括节点电压约束、功率解耦约束、系统阻尼约束以及 DG 输出无功功率分配约束。详细阐述了各个约束的严格定义式，并通过逐点法在虚拟阻抗复平面上确定了可行域的边界。

（3）系统各项性能指标量纲不统一，因而难以直接定义综合性能指标。针对此问题，定义了两种归一化函数，能使各项性能指标以加权求和方式计算得到综合性能指标。以综合性能指标为目标函数，将虚拟阻抗设计问题转化成一个多目标优化问题，通过粒子群算法在可行域内求解得到了最优虚拟阻抗。

第4章

微电网分布式频率电压控制

4.1 概　　述

第3章对微电网的一次控制方法进行了详细的论述。微电网的一次控制方法存在如下问题：①稳态下系统频率和电压存在偏差；②由于线路上的电压降，各DG输出的无功功率无法精确分配。

集中式控制方法是解决这些问题的一种途径。但是，集中式控制方法要求系统中存在一个中央控制单元，而一旦中央控制单元出现故障，整个系统都会崩溃，因此，系统存在“单点故障”问题。此外，集中式控制方法的通信网络较为复杂，中央控制单元需要和系统中的每一台DG进行双向通信，复杂的通信网络降低了系统的可靠性和重构能力。与之相比，分布式控制方法建立在稀疏通信网络基础之上，每台DG仅需要自身信息以及通信拓扑上的邻近DG信息即可完成控制，因此能够有效避免集中式控制方法的众多弊端。

本章针对离网运行的有损微电网，基于分布式合作控制理论提出了一种分布式二次频率电压控制方法[21]。本章提出的控制方法具有如下特点：

（1）能够同时实现关键母线电压恢复至额定值以及DG输出无功功率的精确分配。

（2）能够在通用下垂控制下实现频率的无差调节。

此外，本章还完成了如下四项研究工作[21]：

（1）详细分析了DG输出电压限幅对分布式控制性能的影响，并提出了一种控制器输出限幅方法以选择性地实现期望控制目标。

（2）在物理网络有损条件下，建立了综合考虑分布式二次频率控制器和分布式二次电压控制器的微电网统一小信号动态模型。

（3）基于小信号动态模型，分析了不同分布式二次控制器对微电网小干扰稳定性的影响。

（4）在有向通信网络条件下，理论上严格证明了所提出的分布式控制器能够实现期望控制目标。

本章的组织结构如下：4.2 节阐述了分布式二次控制器的控制目标；4.3 节给出了分布式二次控制器的设计方法；4.4 节讨论了 DG 输出电压限幅时系统的控制性能；4.5 节建立了微电网的小信号动态模型；4.6 节给出了所研究算例系统的特征分析结果以及 PSCAD/EMTDC 时域仿真结果以验证所提方法的有效性；4.7 节对整章内容进行总结。

4.2　微电网分布式频率电压控制目标

假设微电网中 M 台 DG 构成的集合用 $\mathcal{M}$ 表示，有 $\mathcal{M}=\{1,2,\cdots,M\}$。

4.2.1　通用下垂控制

本章中，微电网的一次控制仍基于 3.2 节中介绍的含虚拟阻抗下垂方法，将式（3-5）和式（3-6）所描述的基本有功/频率和无功/电压下垂控制方程重新列写如下

$$\omega_i=\omega_{\mathrm{N}}-m_i(P_i-P_i^*) \tag{4-1}$$

$$V_{\mathrm{f}i}=V_{\mathrm{N}}-n_iQ_i \tag{4-2}$$

需要说明的是，在式（4-2）中将式（3-6）中的变量 $|E_{\mathrm{o}i}|$ 替换成了变量 $V_{\mathrm{f}i}$。

本章将式（4-1）的基本有功/频率下垂控制方程拓展成了通用的有功/频率下垂控制[21]以实现更加灵活的有功功率分配方式，如下所示

$$\omega_i=\omega_{\mathrm{N}}-k\eta_i(P_i) \tag{4-3}$$

式中：k 是一个正的参数；$\eta_i(P_i)$ 为有功功率分配调节项。在稳态下，各台 DG 的频率 ω_i 必须相等，因此各台 DG 的 $\eta_i(P_i)$ 也相等，即

$$\eta_1(P_1)=\eta_2(P_2)=\cdots=\eta_M(P_M) \tag{4-4}$$

通过合理设置 $\eta_i(P_i)$，能够实现系统的有功负荷按照某一特定规则在 DG 之间进行分配。常用的有功功率分配方式包括按照 DG 容量比例公平分配和按照运行经济性分配等，分述如下。

1．按照 DG 容量比例分配

此时通过将$\eta_i(P_i)$设置为$\dfrac{m_i}{k}(P_i - P_i^*)$，式（4-3）可转化为基本有功/频率下垂控制方程式（4-1）。基于式（4-4），在稳态下有

$$m_1 P_1 = m_2 P_2 = \cdots = m_M P_M \tag{4-5}$$

各台 DG 的m_i按照 DG 容量比例设置，因此各台 DG 的输出有功功率P_i在稳态下能按照 DG 容量比例分配。

2．按照运行经济性分配

当$\eta_i(P_i)$为各台 DG 发电成本的微增率时，由式（4-4）可知，稳态下各台 DG 的微增率相等。由电力系统经济调度的等微增率准则可知，此时系统的总发电成本最小。特别地，若 DGi 的发电成本函数$\mathrm{GC}_i(P_i)$为二次函数

$$\mathrm{GC}_i(P_i) = \alpha_i P_i^2 + \beta_i P_i + \gamma_i \tag{4-6}$$

则相应的$\eta_i(P_i)$为

$$\eta_i(P_i) = 2\alpha_i P_i + \beta_i \tag{4-7}$$

当系统需要以其他方式分配 DG 的有功出力时，只需相应地改变$\eta_i(P_i)$的具体形式即可。$\eta_i(P_i)$是一个通用的函数表达形式，因此将式（4-3）命名为“通用有功/频率下垂控制”。

4.2.2 分布式控制目标

所提出的分布式二次频率电压控制器的控制目标：

（1）系统频率恢复到额定值ω_{ref}。

（2）保持在一次控制下的 DG 输出有功功率分配方式，即

$$\eta_1(P_1) = \eta_2(P_2) = \cdots = \eta_M(P_M) \tag{4-8}$$

（3）PCC 电压V_{PCC}恢复到额定值V_{PCCref}并且 DG 单元的输出电压保持在额定范围内。不失一般性，假设 PCC 母线是关键母线。

（4）DG 单元的输出无功功率按照其容量比例精确分配，即

$$n_1 Q_1 = n_2 Q_2 = \cdots = n_M Q_M \tag{4-9}$$

4.2.3 控制目标实现可行性分析

为论证在 4.2.2 节中提出的四项分布式控制目标同时实现的可行性，下面首先建立相应的微电网潮流模型。

4.2.3.1 潮流模型

考虑微电网中存在的两种节点类型：DG 节点和网络与负荷节点。

对于 DG 节点，由目标（2）可得

$$\eta_1(P_1)=\eta_2(P_2)=\cdots=\eta_M(P_M)=\mathcal{H} \tag{4-10}$$

式中：$\mathcal{H}$ 是一个未知变量。

类似地，由目标（4）可得

$$n_1Q_1=n_2Q_2=\cdots=n_MQ_M=\mathcal{F} \tag{4-11}$$

式中：$\mathcal{F}$ 是一个未知变量。

基于式（4-10）和式（4-11），DG 节点 i（$i\in\mathcal{M}$）的潮流方程为

$$\eta_i(P_i)-\mathcal{H}=0 \tag{4-12}$$

$$n_iQ_i-\mathcal{F}=0 \tag{4-13}$$

DG 输出电压 v_{oi} 在全局 DQ 坐标系（在 4.5 节中定义）下可表示为 $v_{oDi}+\mathrm{j}v_{oQi}$。由此，DG 节点的所有未知变量为 DG 节点 i 的 v_{oDi} 和 v_{oQi}，以及 $\mathcal{H}$ 和 $\mathcal{F}$。假设微电网中 S 个网络与负荷节点所构成的集合为 $\mathcal{S}=\{1,2,\cdots,S\}$。对于节点 j（$j\in\mathcal{S}$），未知变量为其节点电压的实部 v_{lDj} 和虚部 v_{lQj}，相应的潮流方程为

$$P_j^*-P_j=0 \tag{4-14}$$

$$Q_j^*-Q_j=0 \tag{4-15}$$

式中：P_j^* 和 Q_j^* 分别为给定的有功和无功功率；P_j 和 Q_j 分别为节点注入有功和无功功率。

不失一般性，假设 PCC 节点是网络与负荷节点中的最后一个节点，则由目标（3）可知，PCC 节点额外还有一个潮流方程为

$$V_{\text{PCCref}}^2-(v_{lDS}^2+v_{lQS}^2)=0 \tag{4-16}$$

需要说明的是，式（4-12）～式（4-15）中计算 P_i、Q_i、P_j 和 Q_j 时需要利用节点导纳矩阵 $\boldsymbol{Y}$。对于低压微电网，在 $\boldsymbol{Y}$ 中线路电阻 R 是不可忽略的。

综上所述，系统的潮流结果可由式（4-12）～式（4-16）计算得到，其中总共包含 $2M+2S+1$ 个潮流方程。所有未知变量用 $\boldsymbol{x}'$ 表示为

$$\boldsymbol{x}'=[v_{oD1},\cdots,v_{oDM},v_{oQ2},\cdots,v_{oQM},\mathcal{H},\mathcal{F},v_{lD1},\cdots,v_{lDS},v_{lQ1},\cdots,v_{lQS}]^{\mathrm{T}} \tag{4-17}$$

式（4-17）中未知变量的总数目同样为 $2M+2S+1$。

综上可知，对于在分布式二次频率电压控制下的微电网潮流模型，其潮流方程数目和总未知变量的数目相等，因此该潮流方程是可解的。当潮流方程的解存在时，系统存在平衡点。需要说明的是，仅当潮流方程的解存在时，控制器才有可能同时实现目标（1）～（4）。

注：上述潮流方程无法保证解的存在性。然而，当潮流方程无解时，即使是集中式控制方法也无法同时实现目标（1）～（4）。因此，下文假设潮流方程的解存在，即系统存在平衡点。

4.2.3.2 DG 输出电压限幅情况简要分析

以图 4-1 所示的包含 4 台 DG 的微电网为例。每台 DG 单元通过一个 RL 类型的馈线 $R_{li}+jX_{li}$ 接入到 PCC 母线上。需要说明的是，对于低压微电网 R_{li} 不可忽略。图 4-1 中，$\vec{I}_{oi}$ 和 $\vec{V}_{oi}$ 分别表示 DGi 的输出电流相量和输出电压相量，且 $\vec{V}_{oi}=V_{oi}\angle\delta_i=v_{odi}+jv_{oqi}$。分布式控制器的控制目标是将 $V_{oi}\angle\delta_i$ 控制到由潮流方程所计算出的值。然而，在某些运行工况下，对于由潮流方程计算出的 V_{ok}（$k\in\mathcal{M}$），V_{ok} 可能超过其最大允许值 $V_{o\max}$。此时，V_{ok} 必须被限制在 $V_{o\max}$。在这种情况下，目标（3）PCC 电压恢复和目标（4）无功功率精确分配不可能同时实现，且至多只有一项目标能够实现，否则节点电压将发生越限。本书将在 4.4 节对这种情况进行深入讨论。需要说明的是，虚拟阻抗的引入保证了微电网的功率解耦特性，DG 输出有功功率 P_i 主要受相角 δ_i 影响，因此系统的频率调节和有功功率分配不会受到 DG 输出电压限幅的影响。

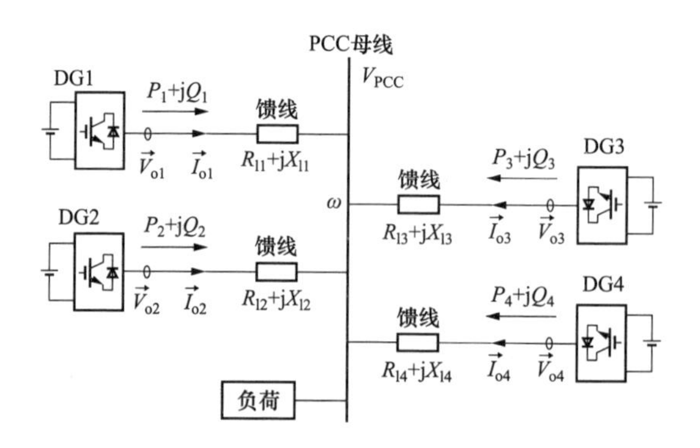

图 4-1 含 4 台 DG 的离网微电网示例图

4.3　微电网分布式频率电压控制方法

4.3.1　图论概述

在分布式合作控制中，微电网各台 DG 之间进行通信所需要的稀疏通信网络可用图论中的有向图（digraph）概念描述。为此，本节简要介绍图论中一些相关的基本术语和定义[6, 7]。

在有向图中，DG 单元视为有向图的节点，而 DG 之间的通信线路视为有向图的边。一个有向图通常可表示为 $G=(v,\varepsilon,\mathcal{A})$，其中 $v=\{v_1,v_2,\cdots,v_N\}$ 表示由 N 个节点所构成的集合，$\varepsilon\in v\times v$ 表示由边所构成的集合，$\mathcal{A}=[a_{ij}]\in\mathbb{R}^{N\times N}$ 表示邻接矩阵。令(v_j，v_i)表示从节点 j 到节点 i 的一条边，a_{ij} 表示边(v_j，v_i)的权重。当(v_j，v_i)$\in\varepsilon$ 时，节点 i 能够从节点 j 接收信息且 $a_{ij}>0$，否则 $a_{ij}=0$。将节点 i 的邻近节点所构成的集合表示为 $N_i=\{j\,|\,(v_j,v_i)\in\varepsilon\}$。当节点 j 是节点 i 的邻近节点时，节点 i 可以从节点 j 接收信息。有向图的内度矩阵定义为 $\boldsymbol{D}=\mathrm{diag}\{d_i\}$，其中 $d_i=\sum_{j\in N_i}a_{ij}$，拉普拉斯矩阵 $\boldsymbol{L}$ 定义为 $\boldsymbol{L}=\boldsymbol{D}-\mathcal{A}$。从节点 i 到节点 j 的一条有向路径由一组边构成，表示为 $\{(v_i,v_k),(v_k,v_l),\cdots,\ (v_m,v_j)\}$。对于一个有向图，如果存在一个节点 i_r（称之为根节点），从该节点到图中的任意一个节点都存在一条有向路径，则称该有向图存在一个生成树。

4.3.2　分布式合作控制基本原理

令标量 x_i 表示通信网络中节点 i 的状态信息。在分布式合作控制中，每个节点 i 仅根据自身信息以及邻近节点的信息更新状态 x_i，具体更新规则基于连续时间一致算法。根据是否存在一致参考值，分布式合作控制问题可以分为两种形式，即调节同步问题式（4-18）和跟踪同步问题式（4-19）。

$$\dot{x}_i(t)=-\sum_{j\in N_i}a_{ij}[x_i(t)-x_j(t)] \tag{4-18}$$

$$\dot{x}_i(t)=-\sum_{j\in N_i}a_{ij}[x_i(t)-x_j(t)]-g_i[x_i(t)-x_{\mathrm{ref}}] \tag{4-19}$$

式（4-19）中：x_{ref} 为一致参考值；旋转增益 $g_i\geqslant 0$ 是连接节点 i 和一致参考

值 x_{ref} 的边的权重。g_i 仅对于某些根节点（至少有一个根节点）而言是非零值。如果通信网络中包含生成树，则对于调节同步问题式（4-18），所有节点的状态 x_i 能够同步到某一个公共值，对于跟踪同步问题式（4-19），所有节点的状态 x_i 能够同步到一致参考值 x_{ref}。

4.3.3 分布式二次频率控制器设计

所提出的分布式二次频率控制器用于实现 4.2.2 节中的目标（1）和（2）。该控制器的设计可由调节同步问题和跟踪同步问题共同描述，具体形式由式（4-20）和式（4-21）给出。

$$\omega_i = \omega_{\mathrm{N}} - k\eta_i(P_i) + \Omega_i \tag{4-20}$$

$$\begin{aligned}\frac{\mathrm{d}\Omega_i}{\mathrm{d}t} = &-c_{\omega i}\left[\sum_{j\in N_i} a_{ij}(\omega_i - \omega_j) + g_i(\omega_i - \omega_{\mathrm{ref}})\right] \\ &- c_{Pi}\sum_{j\in N_i} a_{ij}[k\eta_i(P_i) - k\eta_j(P_j)]\end{aligned} \tag{4-21}$$

式中：$c_{\omega i}$ 和 c_{Pi} 是正的控制增益。在通用下垂控制式（4-3）的基础上叠加频率调节项 Ω_i 后可得到式（4-20），而 Ω_i 由式（4-21）确定。下面分两种情况讨论式（4-20）和式（4-21）。

（1）情况 1（$c_{Pi}=0$）：此时控制器仅有频率调节功能，$\sum_{j\in N_i} a_{ij}(\omega_i - \omega_j) + g_i(\omega_i - \omega_{\mathrm{ref}})$ 为频率的本地邻域跟踪误差项。通过式（4-20）和式（4-21）的动态调节过程，所有 DG 单元的 ω_i 都将收敛至 ω_{ref} [目标（1）]。然而，由于各台 DG 单元的初始条件和控制增益可能不同，变量 Ω_i 有可能收敛至不同的数值，导致系统有功负荷在 DG 单元之间的分配存在较大的误差。

（2）情况 2（$c_{Pi}\neq 0$）：和情况 1 相比，情况 2 额外引入了有功分配的调节误差项 $\sum_{j\in N_i} a_{ij}[k\eta_i(P_i) - k\eta_j(P_j)]$ 以维持一次控制下的 DG 输出有功功率分配方式不变 [目标（2）]。在情况 2 下，有如下命题。

命题 4-1：假设微电网存在稳定平衡点，若微电网的通信网络包含生成树且至少存在一个根节点其 $g_i \neq 0$，则当分布式二次频率控制器式（4-20）和式（4-21）达到稳态时，目标（1）和（2）能够同时实现。

注：微电网的平衡点未必总是稳定的。由后文 4.6.2 节的分析可知，当控制参数变化时系统有可能失稳。然而，4.6.2 节的分析也表明，在合理选取控制参数的情况下，系统是稳定的。因此，在讨论分布式控制器能否实

现控制目标时，可假设平衡点是稳定的。需要说明的是，稳定性是任何控制系统能够实现控制目标的前提条件，失去稳定的控制系统是无法正常工作的。

关于命题 4-1 的证明请见附录 A。

4.3.4　分布式二次电压控制器设计

所提出的分布式二次电压控制器用于实现 4.2.2 节中的目标（3）和（4），包括分布式二次 PCC 电压控制器和分布式二次无功功率控制器，具体分述如下。

1. 分布式二次 PCC 电压控制器

分布式二次 PCC 电压控制器由如下公式给出

$$V_{fi} = V_N - n_i Q_i + \lambda_i \tag{4-22}$$

$$\frac{d\lambda_i}{dt} = -c_{vi}\left[\sum_{j\in N_i} a_{ij}(V_{fi} - V_{fj}) + g_i(V_{fi} - V_{fref})\right] \tag{4-23}$$

$$V_{fref} = V_N + k_P(V_{PCCref} - V_{PCC}) + k_I\int(V_{PCCref} - V_{PCC})dt \tag{4-24}$$

式（4-22）可由式（4-2）在等式右侧叠加上调节项 λ_i 后得到。由式（4-23）可知，λ_i 的选取方法是一个关于 V_{fi} 的跟踪同步问题，c_{vi} 是正的控制增益，该跟踪同步问题的一致参考值 V_{fref} 由式（4-24）确定。式（4-24）是一个 PI 控制器，其中 k_P 和 k_I 分别是 PI 控制器的比例和积分增益，V_{PCCref} 是 V_{PCC} 的额定参考值。对于所设计的分布式二次 PCC 电压控制器式（4-22）～式（4-24），有如下命题。

命题 4-2：假设微电网存在稳定平衡点，若微电网的通信网络包含生成树且至少存在一个根节点其 $g_i \neq 0$，则当分布式二次 PCC 电压控制器式（4-22）～式（4-24）达到稳态时，每台 DG 的 V_{fi} 都能收敛至一致参考值 V_{fref}，并且目标（3）V_{PCC} 无差跟踪至其参考值 V_{PCCref} 能够同时实现。

关于命题 4-2 的证明请见附录 B。

2. 分布式二次无功功率控制器

DG 输出无功功率分配不精确的原因在于线路阻抗上的电压降不同，为此，在式（4-22）的等式右侧额外引入电压调节项 h_i。h_i 的引入能够改变 DG 的电压参考值从而实现无功功率精确分配，具体公式如下

$$E_{odi}=\underbrace{V_{N}-n_{i}Q_{i}+\lambda_{i}}_{V_{fi}}-h_{i} \tag{4-25}$$

$$E_{oqi}=0 \tag{4-26}$$

式中，将电压参考值$V_N-n_iQ_i+\lambda_i-h_i$定向到DGi本地dq坐标系的d轴上，而将q轴参考值E_{oqi}设置为0。h_i的选取方法是一个关于n_iQ_i的调节同步问题，即

$$\frac{\mathrm{d}h_{i}}{\mathrm{d}t}=c_{Qi}\sum_{j\in N_{i}}a_{ij}(n_{i}Q_{i}-n_{j}Q_{j}) \tag{4-27}$$

式中：c_{Qi}是正的控制增益。

对于所设计的分布式二次无功功率控制器式（4-25）～式（4-27），有如下命题。

命题 4-3：假设微电网存在稳定平衡点，若微电网的通信网络包含生成树且至少存在一个根节点其$g_i\neq0$，则当分布式二次无功功率控制器式（4-25）～式（4-27）达到稳态时，各台DG的n_iQ_i能够收敛到同一个值，即目标（4）能够实现。

关于命题4-3的证明请见附录C。

注：由命题4-1～命题4-3可知，目标（1）～（4）的实现需要微电网的通信网络包含生成树并且至少存在一个根节点其$g_i\neq0$。当通信线路发生故障时，目标（1）～（4）能否实现取决于故障后通信网络是否仍然包含生成树并且保证至少存在一个根节点其$g_i\neq0$。然而，对于集中式控制方法，某一条通信线路故障将直接导致与之对应的DG单元失去控制。因此，在通信线路故障的情况下，分布式控制比集中式控制具有更高的可靠性。

最后，由于低压微电网存在功率耦合问题，仍需引入虚拟阻抗以实现功率解耦，基于第3章介绍的相关理论，有

$$v_{odi}^{*}=E_{odi}-R_{0i}i_{odi}+X_{0i}i_{oqi} \tag{4-28}$$

$$v_{oqi}^{*}=E_{oqi}-R_{0i}i_{oqi}-X_{0i}i_{odi} \tag{4-29}$$

式中：v_{odi}^{*}和v_{oqi}^{*}分别是图3-4（a）所示的电压控制器中v_{odi}和v_{oqi}的参考值。

综上所述，所提出的微电网分布式二次频率电压控制以及一次控制的总体框图如图4-2所示。

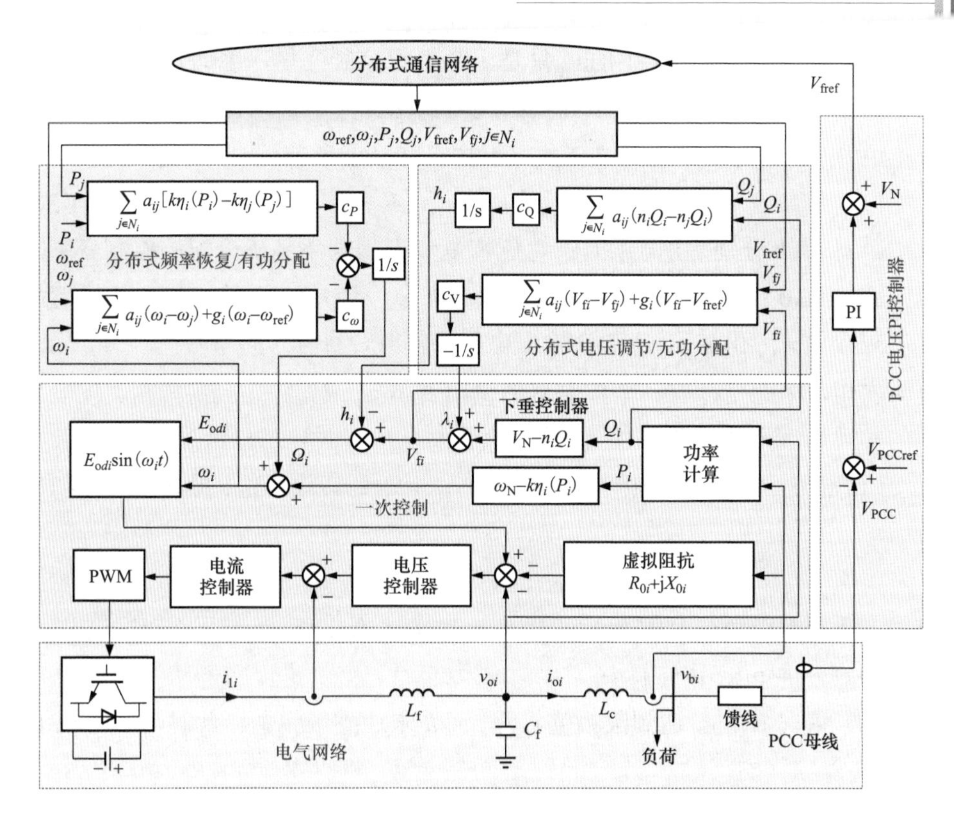

图 4-2　所提出的分布式二次控制和一次控制的总体框图

4.4　DG 输出电压限幅下的影响分析与控制策略

在 4.2.3.2 节中已经简要讨论了 DG 输出电压达到限幅时的情况。此时 PCC 电压恢复［目标（3）］和无功功率精确分配［目标（4）］这两项控制目标至多有一项能实现。在微电网实际运行过程中，优先实现哪一个控制目标由系统的运行需求而定。本节进一步详细分析了 DG 输出电压限幅对稳态控制性能的影响，在基础上提出的控制器限幅方法能够选择性地实现目标（3）或目标（4），以优先满足微电网运行时的不同需求。

4.4.1　DG 输出电压限幅对控制性能的影响

令 v_{PI} 表示式（4-24）中 PI 控制器的输出，即

$$v_{\text{PI}} = k_{\text{P}}(V_{\text{PCCref}} - V_{\text{PCC}}) + k_{\text{I}}\int(V_{\text{PCCref}} - V_{\text{PCC}})\mathrm{d}t \tag{4-30}$$

式（4-22）和式（4-23）中的V_{fi}只是一个中间控制变量，因此，即使 DG 输出电压达到限幅，在稳态下V_{fi}仍然可以调节至V_{fref}。基于这一性质并结合式（4-24）和式（4-30），在稳态下式（4-25）可以表示为

$$E_{odi} = V_N + v_{PI} - h_i \tag{4-31}$$

式中：v_{PI}和h_i分别是用于 PCC 电压恢复和无功功率精确分配的控制变量。由于式（4-30）和式（4-27）中包含积分环节，通常情况下v_{PI}和h_i将设置相应的限幅值v_{PI_s}和h_{i_s}。当 DG 输出电压限幅时，目标（3）和目标（4）无法同时实现，因此至少有一个控制器的输出变量v_{PI}或h_i将达到限幅值。控制目标的实现情况取决于限幅值v_{PI_s}和h_{i_s}的大小，下面分三种情况进行分析。

（1）情况 A：h_i达到限幅值h_{i_s}，而v_{PI}未达到其限幅值。此时，式（4-31）变为

$$E_{odi} = V_N + v_{PI} - h_{i\_s} \tag{4-32}$$

由于h_i达到了限幅值，DG 输出无功功率无法精确分配，然而此时通过调节v_{PI}仍然能够实现 PCC 电压恢复。

（2）情况 B：v_{PI}达到限幅值v_{PI_s}，而h_i未达到限幅值。此时，式（4-31）变为

$$E_{odi} = V_N + v_{PI\_s} - h_i \tag{4-33}$$

由于v_{PI}达到限幅值，PCC 电压无法恢复，然而此时通过调节h_i有可能实现无功功率精确分配。

（3）情况 C：h_i和v_{PI}都达到限幅值h_{i_s}和v_{PI_s}。此时，式（4-31）变为

$$E_{odi} = V_N + v_{PI\_s} - h_{i\_s} \tag{4-34}$$

由式（4-34）可知，E_{odi}变成了恒定值，因此，PCC 电压恢复和无功功率精确分配均无法实现。

注：假设 DGk 的输出电压V_{ok}达到限幅。由于 DGk 的输出无功功率由其输出电压决定，V_{ok}达到限幅意味着 DGk 的无功控制器式（4-27）失去控制能力。这种情况相当于在无功分配控制中，从 DGk 邻近节点到 DGk 之间的通信线路断开。此时对于情况 B，仅当通信网络仍包含生成树时，无功功率精确分配才有可能实现。

4.4.2 控制器限幅方法

为便于表述，令“限幅运行工况”和“正常运行工况”分别表示 DG 输

出电压达到/未达到限幅时的工况。v_{PI} 和 h_i 的上限幅值和下限幅值分别表示为 $v_{\mathrm{PI\_s}}^{\mathrm{low}}$、$v_{\mathrm{PI\_s}}^{\mathrm{up}}$、$h_{i\_s}^{\mathrm{low}}$ 和 $h_{i\_s}^{\mathrm{up}}$。结合式（4-31），若已知如下三条性质：①在正常运行工况和限幅运行工况下，$v_{\mathrm{PI}}-h_i$ 的变化范围是 $(v_{\mathrm{PI}}-h_i)\in[\rho_1,\rho_2]$；②在正常运行工况下，$v_{\mathrm{PI}}$ 的变化范围是 $v_{\mathrm{PI}}\in[\rho_{v1},\rho_{v2}]$；③在正常运行工况下，$h_i$ 的变化范围是 $h_i\in[\rho_{h1},\rho_{h2}]$；则可得到 v_{PI} 和 h_i 限幅值的两种选取方法，具体分述如下。需要说明的是，v_{PI} 和 h_i 在正常运行工况和限幅运行工况下的变化范围可能是不同的。

限幅值选取方法 A：该方法对应于情况 A，旨在实现 PCC 电压恢复。图 4-3（a）给出了相应的限幅值选取方法步骤图。步骤 2 中选取 $h_{i\_s}^{\mathrm{low}}$ 和 $h_{i\_s}^{\mathrm{up}}$ 的原则是保证在正常运行工况下 h_i 不会达到限幅值。h_i 的限幅值是 ρ_{h1} 和 ρ_{h2}（步骤 2），因此在限幅运行工况下，h_i 的变化范围同样是 $[\rho_{h1},\rho_{h2}]$（步骤 3）。在步骤 5 中选取 $v_{\mathrm{PI\_s}}^{\mathrm{low}}$ 和 $v_{\mathrm{PI\_s}}^{\mathrm{up}}$ 的原则是保证在正常运行工况下 v_{PI} 不会达到限幅值，以及在限幅运行工况下 h_i 达到限幅值而 v_{PI} 未达到限幅值（情况 A）。

限幅值选取方法 B：该方法对应于情况 B，旨在实现无功功率精确分配。图 4-3（b）给出了相应的限幅值选取方法步骤图。此时的限幅值选取原则类比于限幅值选取方法 A，这里不再赘述。

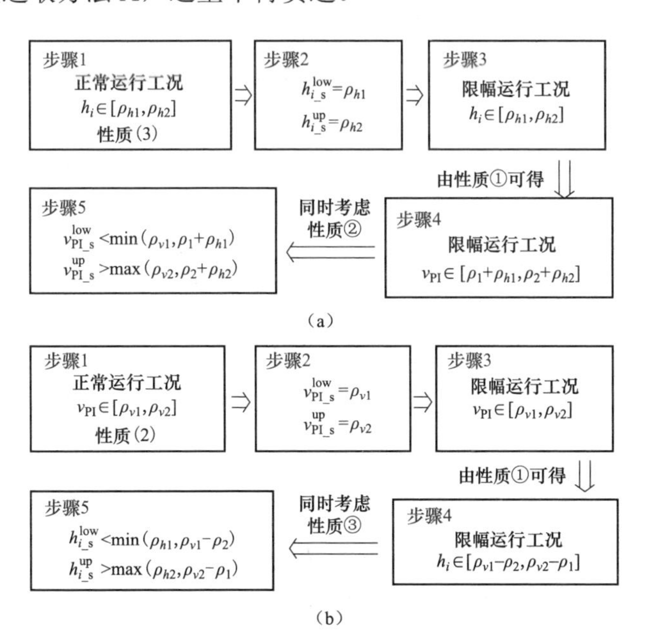

图 4-3　限幅值选取方法的步骤图

（a）限幅值选取方法 A 的步骤图；（b）限幅值选取方法 B 的步骤图

由上文可知，确定参数ρ_1、ρ_2、ρ_{v1}、ρ_{v2}、ρ_{h1}和ρ_{h2}的大小对于选取v_{PI}和h_i的限幅值至关重要。下面给出一个示例以说明如何确定这些参数。

假设微电网中最高和最低允许节点电压标幺值分别为1.05和0.95。因此，$V_{\mathrm{o}i}$的标幺值变化范围是 0.95～1.05。若不考虑虚拟阻抗，由式（4-25）、式（4-26）、式（4-28）、式（4-29）和式（4-51）可知，$E_{\mathrm{od}i}=V_{\mathrm{o}i}$。令式（4-31）中$V_{\mathrm{N}}$为额定标幺值 1，则可推出性质①：$(v_{\mathrm{PI}}-h_i)\in[-0.05,0.05]$，即$\rho_1=-0.05$，$\rho_2=0.05$。此外，在正常运行工况下，如果通信拓扑是平衡的（即每个节点的入边数目和出边数目相等），则有$\sum_{i=1}^{M}h_i=0$[16]。基于$\sum_{i=1}^{M}h_i=0$和性质①，可推出在正常运行工况下，$\rho_{v1}=-0.05$，$\rho_{v2}=0.05$，$\rho_{h1}=-0.1$和$\rho_{h1}=0.1$。由此可基于限幅值选取方法 A 和 B 选取v_{PI}和h_i的限幅值。

注：在限幅运行工况下$\sum_{i=1}^{M}h_i=0$未必是 0。因此，在限幅运行工况下v_{PI}和h_i的变化范围需要按照图 4-3 所示方法进行估计。

4.5 小信号动态建模

本节给出基于分布式二次频率电压控制的微电网小信号动态建模方法。假设系统中含有M台 DG 单元、N个节点、H个负荷以及T条线路。

4.5.1 分布式二次无功功率控制器模型降阶

根据拉普拉斯矩阵$\boldsymbol{L}$的性质，对于分布式二次无功功率控制器式（4-27），某一台 DG 的h_i的状态空间方程是冗余的。因此有必要对分布式二次无功功率控制器的模型进行降阶，下面对这一论述进行详细解释。

由附录 A 中引理 A.2 可知，当有向图含有生成树时，存在$\boldsymbol{\gamma}\in\mathbb{R}^M$使得$\boldsymbol{\gamma}^{\mathrm{T}}\boldsymbol{L}=\boldsymbol{0}_M^{\mathrm{T}}$。令$\boldsymbol{\gamma}=[\gamma_1,\gamma_2,\cdots,\gamma_M]^{\mathrm{T}}$。当节点$i$是根节点时，$\gamma_i>0$；当节点$i$不是根节点时，$\gamma_i=0$。不失一般性，假设对应于DG$M$的节点$M$是一个根节点，因此有$\gamma_M>0$。式（4-27）的矩阵形式可以表示为

$$\dot{\boldsymbol{h}}=\boldsymbol{C}_Q\boldsymbol{L}\boldsymbol{n}\boldsymbol{Q} \tag{4-35}$$

式中：$\boldsymbol{h}=[h_1,h_2,\cdots,h_M]^{\mathrm{T}}$；$\boldsymbol{C}_Q=\mathrm{diag}(c_{Qi})$；$\boldsymbol{n}=\mathrm{diag}(n_i)$；$\boldsymbol{Q}=[Q_1,Q_2,\cdots,Q_M]^{\mathrm{T}}$。考虑到$\boldsymbol{\gamma}^{\mathrm{T}}\boldsymbol{L}=\boldsymbol{0}_M^{\mathrm{T}}$，在式（4-35）的等式两侧左乘$\boldsymbol{\gamma}^{\mathrm{T}}\boldsymbol{C}_Q^{-1}$可得

$$\boldsymbol{\gamma}^{\mathrm{T}}\boldsymbol{C}_Q^{-1}\dot{\boldsymbol{h}}=\boldsymbol{0}_M^{\mathrm{T}}\boldsymbol{n}\boldsymbol{Q}\ \Rightarrow\ \sum_{i=1}^{M}\frac{\gamma_i}{c_{Qi}}\dot{h}_i=0 \tag{4-36}$$

对式（4-36）关于时间积分可得

$$\sum_{i=1}^{M}\frac{\gamma_i}{c_{Qi}}h_i(t)=\sum_{i=1}^{M}\frac{\gamma_i}{c_{Qi}}h_i(0) \tag{4-37}$$

式中：$h_i(0)$ 是 h_i 的初始条件。$h_i(0)$ 通常设置为 0 以保证二次控制的初始状态由一次控制下的稳态所确定。由于 $\gamma_M>0$，由式（4-37）可推出

$$h_M(t)=\frac{c_{QM}}{\gamma_M}\sum_{i=1}^{M}\frac{\gamma_i}{c_{Qi}}h_i(0)-\frac{c_{QM}}{\gamma_M}\sum_{i=1}^{M-1}\frac{\gamma_i}{c_{Qi}}h_i(t) \tag{4-38}$$

由式（4-38）可知，h_M 可由其他 DG 的 h_i 线性表示，因此式（4-35）中 h_M 的状态方程是冗余的。

在式（4-35）中删去 h_M 所对应的状态方程后，可得式（4-39）降阶模型

$$\dot{\boldsymbol{h}}_R=[\boldsymbol{I}_{M-1},\boldsymbol{0}_{\mathrm{M-1}}]\boldsymbol{C}_Q\boldsymbol{LnQ} \tag{4-39}$$

式中：$\boldsymbol{h}_R=[h_1,h_2,\cdots,h_{M-1}]^{\mathrm{T}}$，$\boldsymbol{I}_{M-1}$ 是 $(M-1)$ 阶单位阵。将式（4-38）进行线性化后，有

$$\Delta h_M(t)=-\frac{c_{QM}}{\gamma_M}\sum_{i=1}^{M-1}\frac{\gamma_i}{c_{Qi}}\Delta h_i(t) \tag{4-40}$$

4.5.2　单台 DG 模型

由于在微电网中每台 DG 都有各自的参考 dq 坐标系，为进行统一建模，有必要指定一个全局参考坐标系。不失一般性，指定 DG1 的参考坐标系为微电网的全局参考 DQ 坐标系，因此有 $\omega_g=\omega_1$，ω_g 是全局 DQ 坐标系的角频率。令 δ_i（i=2, 3,⋯, M−1）为 DGi 参考坐标系和全局 DQ 坐标系的夹角，即

$$\dot{\delta}_i=\omega_i-\omega_g \tag{4-41}$$

将式（4-39）、式（3-1）～式（3-4）进行线性化，有

$$\Delta\dot{\delta}_i=\Delta\omega_i-\Delta\omega_g \tag{4-42}$$

$$\Delta\dot{P}_i=-\omega_c\Delta P_i+\omega_c(I_{odi}\Delta v_{odi}+I_{oqi}\Delta v_{oqi}+V_{odi}\Delta i_{odi}+V_{oqi}\Delta i_{oqi}) \tag{4-43}$$

$$\Delta\dot{Q}_i=-\omega_c\Delta Q_i+\omega_c(-I_{oqi}\Delta v_{odi}+I_{odi}\Delta v_{oqi}+V_{oqi}\Delta i_{odi}-V_{odi}\Delta i_{oqi}) \tag{4-44}$$

式中：I_{odi}、I_{oqi}、V_{odi} 和 V_{oqi} 分别是 i_{odi}、i_{oqi}、v_{odi} 和 v_{oqi} 的稳态值。

将式（4-20）进行线性化，可得

$$\Delta\omega_i = \boldsymbol{C}_{p\omega}\begin{bmatrix}\Delta\delta_i\\ \Delta P_i\\ \Delta Q_i\end{bmatrix} + \Delta\Omega_i,\ \boldsymbol{C}_{p\omega} = \begin{bmatrix}0 & -k\dfrac{\mathrm{d}\eta_i(P_i)}{\mathrm{d}P_i} & 0\end{bmatrix} \tag{4-45}$$

将式（4-45）代入式（4-42），并将式（4-42）～式（4-44）描述成矩阵形式，有

$$\begin{bmatrix}\Delta\dot{\delta}_i\\ \Delta\dot{P}_i\\ \Delta\dot{Q}_i\end{bmatrix} = \boldsymbol{A}_P\begin{bmatrix}\Delta\delta_i\\ \Delta P_i\\ \Delta Q_i\end{bmatrix} + \boldsymbol{D}_P\Delta\Omega_i + \boldsymbol{B}_{P1}[\Delta\boldsymbol{v}_{\mathrm{od}qi}] + \boldsymbol{B}_{P2}[\Delta\boldsymbol{i}_{\mathrm{od}qi}] + \boldsymbol{C}_P\Delta\omega_g$$

$$\boldsymbol{A}_P = \begin{bmatrix}0 & -k\dfrac{\mathrm{d}\eta_i(P_i)}{\mathrm{d}P_i} & 0\\ 0 & -\omega_{\mathrm{c}} & 0\\ 0 & 0 & -\omega_{\mathrm{c}}\end{bmatrix}, \boldsymbol{B}_{P1} = \begin{bmatrix}0 & 0\\ \omega_{\mathrm{c}}I_{od} & \omega_{\mathrm{c}}I_{\mathrm{o}q}\\ -\omega_{\mathrm{c}}I_{\mathrm{o}q} & \omega_{\mathrm{c}}I_{\mathrm{o}d}\end{bmatrix}, \tag{4-46}$$

$$\boldsymbol{B}_{P2} = \begin{bmatrix}0 & 0\\ \omega_{\mathrm{c}}V_{\mathrm{o}d} & \omega_{\mathrm{c}}V_{\mathrm{o}q}\\ \omega_{\mathrm{c}}V_{\mathrm{o}q} & -\omega_{\mathrm{c}}V_{\mathrm{o}d}\end{bmatrix}, \boldsymbol{C}_P = \begin{bmatrix}-1\\ 0\\ 0\end{bmatrix}, \boldsymbol{D}_P = \begin{bmatrix}1\\ 0\\ 0\end{bmatrix}$$

线性化式（4-21），并将式（4-45）代入线性化后的结果，有

$$\Delta\dot{\Omega}_i = \boldsymbol{A}_{\mathrm{f}}\begin{bmatrix}\Delta\delta_i\\ \Delta P_i\\ \Delta Q_i\end{bmatrix} + B_{\mathrm{f}}\Delta\Omega_i - (c_{\omega i} - c_{Pi})\sum_{j\in N_i} a_{ij}k\frac{\mathrm{d}\eta_j(P_j)}{\mathrm{d}P_j}\Delta P_j + c_{\omega i}\sum_{j\in N_i} a_{ij}\Delta\Omega_j$$

$$\boldsymbol{A}_{\mathrm{f}} = \begin{bmatrix}0 & \left[(c_{\omega i} - c_{Pi})\sum\limits_{j\in N_i} a_{ij} + c_{\omega i}g_i\right]k\dfrac{\mathrm{d}\eta_i(P_i)}{\mathrm{d}P_i} & 0\end{bmatrix}, B_{\mathrm{f}} = -c_{\omega i}\left(\sum_{j\in N_i} a_{ij} + g_i\right) \tag{4-47}$$

线性化式（4-22）可得

$$\Delta V_{\mathrm{f}i} = -n_i\Delta Q_i + \Delta\lambda_i \tag{4-48}$$

对式（4-23）进行线性化，并将式（4-48）代入线性化后的结果，有

$$\Delta\dot{\lambda}_i = \boldsymbol{A}_{\mathrm{g}}\begin{bmatrix}\Delta\delta_i\\ \Delta P_i\\ \Delta Q_i\end{bmatrix} + B_{\mathrm{g}}\Delta\lambda_i - c_{vi}\sum_{j\in N_i} a_{ij}n_j\Delta Q_j + c_{vi}\sum_{j\in N_i} a_{ij}\Delta\lambda_j + c_{vi}g_i\Delta V_{\mathrm{fref}}$$

$$\boldsymbol{A}_{\mathrm{g}} = \begin{bmatrix}0 & 0 & c_{vi}\left(\sum\limits_{j\in N_i} a_{ij} + g_i\right)n_i\end{bmatrix}, B_{\mathrm{g}} = -c_{vi}\left(\sum_{j\in N_i} a_{ij} + g_i\right) \tag{4-49}$$

对于 $i = 2,3,\cdots, M-1$，线性化式（4-27）可得

$$\Delta\dot{h}_i = \boldsymbol{A}_{\mathrm{h}}\begin{bmatrix}\Delta\delta_i\\ \Delta P_i\\ \Delta Q_i\end{bmatrix} - c_{Qi}\sum_{j\in N_i} a_{ij} n_j \Delta Q_j, \boldsymbol{A}_{\mathrm{h}} = \begin{bmatrix}0 & 0 & c_{Qi}\sum_{j\in N_i} a_{ij} n_j\end{bmatrix} \tag{4-50}$$

本章主要关注分布式频率电压控制器和下垂控制器的动态而不是图 4-2 中电压控制器和电流控制器的动态，因此假设

$$v_{\mathrm{od}i} = v_{\mathrm{od}i}^*,\ v_{\mathrm{oq}i} = v_{\mathrm{oq}i}^* \tag{4-51}$$

基于式（4-51），线性化式（4-25）、式（4-26）、式（4-28）和式（4-29）可得

$$[\Delta\boldsymbol{v}_{\mathrm{odq}i}] = \boldsymbol{C}_{PV}\begin{bmatrix}\Delta\delta_i\\ \Delta P_i\\ \Delta Q_i\end{bmatrix} + \boldsymbol{D}_{PV1}\Delta\lambda_i + \boldsymbol{D}_{PV2}\Delta h_i + \boldsymbol{E}_{PV}[\Delta\boldsymbol{i}_{\mathrm{odq}i}]$$

$$\boldsymbol{C}_{PV} = \begin{bmatrix}0 & 0 & -n_i\\ 0 & 0 & 0\end{bmatrix}, \boldsymbol{D}_{PV1} = \begin{bmatrix}1\\ 0\end{bmatrix}, \boldsymbol{D}_{PV2} = \begin{bmatrix}-1\\ 0\end{bmatrix}, \boldsymbol{E}_{PV} = \begin{bmatrix}-R_{0i} & X_{0i}\\ -X_{0i} & -R_{0i}\end{bmatrix} \tag{4-52}$$

对于图 4-2 中 DG 单元的输出电流 $i_{\mathrm{o}i}$，其在 dq 坐标系下的状态方程为

$$\begin{cases} L_{\mathrm{c}}\dfrac{\mathrm{d}i_{\mathrm{od}i}}{\mathrm{d}t} = v_{\mathrm{od}i} - v_{\mathrm{bd}i} + \omega L_{\mathrm{c}} i_{\mathrm{oq}i} \\ L_{\mathrm{c}}\dfrac{\mathrm{d}i_{\mathrm{oq}i}}{\mathrm{d}t} = v_{\mathrm{oq}i} - v_{\mathrm{bq}i} - \omega L_{\mathrm{c}} i_{\mathrm{od}i} \end{cases} \tag{4-53}$$

线性化式（4-53）可得

$$[\Delta\dot{\boldsymbol{i}}_{\mathrm{odq}i}] = \boldsymbol{A}_L[\Delta\boldsymbol{v}_{\mathrm{odq}i}] + \boldsymbol{B}_L[\Delta\boldsymbol{i}_{\mathrm{odq}i}] + \boldsymbol{C}_L\Delta\boldsymbol{\omega}_i + \boldsymbol{D}_L[\Delta\boldsymbol{v}_{\mathrm{bdq}i}]$$

$$\boldsymbol{A}_L = \begin{bmatrix}\dfrac{1}{L_{\mathrm{c}}} & 0\\ 0 & \dfrac{1}{L_{\mathrm{c}}}\end{bmatrix}, \boldsymbol{B}_L = \begin{bmatrix}0 & \omega_0\\ -\omega_0 & 0\end{bmatrix}, \boldsymbol{C}_L = \begin{bmatrix}I_{\mathrm{oq}i}\\ -I_{\mathrm{od}i}\end{bmatrix}, \boldsymbol{D}_L = \begin{bmatrix}-\dfrac{1}{L_{\mathrm{c}}} & 0\\ 0 & -\dfrac{1}{L_{\mathrm{c}}}\end{bmatrix} \tag{4-54}$$

上述式（4-41）～式（4-54）的模型均基于 DGi 的本地 dq 参考坐标系建立，为实现微电网的统一建模，需要将 DGi 的接口变量 $i_{\mathrm{odq}i}$ 和 $v_{\mathrm{bdq}i}$ 变换到全局 DQ 坐标系。基于式（4-41）中定义的相角 δ_i，相应的坐标变换方法[18]如下所示

$$\begin{bmatrix}f_{iD}\\ f_{iQ}\end{bmatrix} = \begin{bmatrix}\cos\delta_i & -\sin\delta_i\\ \sin\delta_i & \cos\delta_i\end{bmatrix}\begin{bmatrix}f_{id}\\ f_{iq}\end{bmatrix} \tag{4-55}$$

式中：f_{idq} 是本地 dq 坐标系下的变量，f_{iDQ} 是全局 DQ 坐标系下的变量。通过式（4-55），将 $i_{\mathrm{odq}i}$ 和 $v_{\mathrm{bdq}i}$ 变换到全局 DQ 坐标系并进行线性化之后有

$$\Delta \boldsymbol{i}_{\mathrm{o}DQi}=\boldsymbol{T}_{\mathrm{s}}\Delta \boldsymbol{i}_{\mathrm{od}qi}+\boldsymbol{T}_{\mathrm{c}}\Delta\delta_{i},\ \Delta \boldsymbol{v}_{\mathrm{bd}qi}=\boldsymbol{T}_{\mathrm{s}}^{-1}\Delta \boldsymbol{v}_{\mathrm{b}DQi}+\boldsymbol{T}_{V}^{-1}\Delta\delta_{i}$$

$$\boldsymbol{T}_{\mathrm{s}}=\begin{bmatrix}\cos\delta_{0i} & -\sin\delta_{0i}\\ \sin\delta_{0i} & \cos\delta_{0i}\end{bmatrix},\boldsymbol{T}_{\mathrm{c}}=\begin{bmatrix}-I_{\mathrm{o}di}\sin\delta_{0i}-I_{\mathrm{o}qi}\cos\delta_{0i}\\ I_{\mathrm{o}di}\cos\delta_{0i}-I_{\mathrm{o}qi}\sin\delta_{0i}\end{bmatrix} \tag{4-56}$$

$$\boldsymbol{T}_{\mathrm{s}}^{-1}=\begin{bmatrix}\cos\delta_{0i} & \sin\delta_{0i}\\ -\sin\delta_{0i} & \cos\delta_{0i}\end{bmatrix},\boldsymbol{T}_{V}^{-1}=\begin{bmatrix}-V_{\mathrm{b}Di}\sin\delta_{0i}+V_{\mathrm{b}Qi}\cos\delta_{0i}\\ -V_{\mathrm{b}Di}\cos\delta_{0i}-V_{\mathrm{b}Qi}\sin\delta_{0i}\end{bmatrix}$$

式中：δ_{0i} 是 δ_i 的稳态值。

最后，基于上述模型，将式（4-52）和式（4-56）代入式（4-46）和式（4-54），并综合考虑式（4-40）、式（4-45）、式（4-47）、式（4-49）和式（4-50），可推导得到DGi的小信号模型，具体模型如下

$$\begin{aligned}[\Delta\dot{\boldsymbol{X}}_{\mathrm{inv}i}]&=\boldsymbol{A}_{\mathrm{inv}i}[\Delta\boldsymbol{X}_{\mathrm{inv}i}]+\boldsymbol{B}_{\mathrm{inv}i}[\Delta\boldsymbol{v}_{\mathrm{b}DQi}]+\boldsymbol{C}_{\mathrm{inv}i}[\Delta\omega_{\mathrm{g}}]\\&\quad+\sum_{j\in N_i}\boldsymbol{F}_{\mathrm{inv}ij}[\Delta\boldsymbol{X}_{\mathrm{inv}j}]+\boldsymbol{H}_{\mathrm{inv}i}\Delta\boldsymbol{V}_{\mathrm{ref}}\\ \Delta\omega_i&=\boldsymbol{D}_{\mathrm{inv}i}[\Delta\boldsymbol{X}_{\mathrm{inv}i}],\Delta\boldsymbol{i}_{\mathrm{o}DQi}=\boldsymbol{E}_{\mathrm{inv}i}[\Delta\boldsymbol{X}_{\mathrm{inv}i}]\end{aligned} \tag{4-57}$$

式中：$\boldsymbol{A}_{\mathrm{inv}i}$、$\boldsymbol{B}_{\mathrm{inv}i}$、$\boldsymbol{C}_{\mathrm{inv}i}$、$\boldsymbol{D}_{\mathrm{inv}i}$、$\boldsymbol{E}_{\mathrm{inv}i}$、$\boldsymbol{F}_{\mathrm{inv}ij}$ 和 $\boldsymbol{H}_{\mathrm{inv}i}$ 的详细构成请见附录 D，其中 $\boldsymbol{F}_{\mathrm{inv}ij}$ 反映了在分布式控制中 DGi 和其邻近 DG 之间的信息交互。

$\Delta\boldsymbol{X}_{\mathrm{inv}i}$ 表示 DGi 的状态变量，由式（4-58）给出

$$\Delta\boldsymbol{X}_{\mathrm{inv}i}=\begin{cases}[\Delta P_1,\Delta Q_1,\Delta\Omega_1,\Delta\lambda_1,\Delta h_1,\Delta i_{\mathrm{o}d1},\Delta i_{\mathrm{o}q1}]^{\mathrm{T}},i=1\\ [\Delta\delta_i,\Delta P_i,\Delta Q_i,\Delta\Omega_i,\Delta\lambda_i,\Delta h_i,\Delta i_{\mathrm{o}di},\Delta i_{\mathrm{o}qi}]^{\mathrm{T}},i=2,3,\cdots,M-1\\ [\Delta\delta_M,\Delta P_M,\Delta Q_M,\Delta\Omega_M,\Delta\lambda_M,\Delta i_{\mathrm{o}dM},\Delta i_{\mathrm{o}qM}]^{\mathrm{T}},i=M\end{cases} \tag{4-58}$$

由式（4-58）可知，$\Delta\boldsymbol{X}_{\mathrm{inv}1}$ 中不包含 $\Delta\delta_1$，这是由于 DG1 的本地坐标系设置为了全局 DQ 坐标系；$\Delta\boldsymbol{X}_{\mathrm{inv}M}$ 中不包含 Δh_M，这是由于 h_M 的状态方程已删去。

4.5.3 PCC 电压控制器模型

令 ψ 表示式（4-24）中 PI 控制器的积分状态变量，即

$$\dot{\psi}=V_{\mathrm{PCCref}}-V_{\mathrm{PCC}} \tag{4-59}$$

其中

$$V_{\mathrm{PCC}}=\sqrt{V_{\mathrm{PCC}D}^2+V_{\mathrm{PCC}Q}^2} \tag{4-60}$$

线性化式（4-60）可得

$$\Delta V_{\mathrm{PCC}}=\boldsymbol{A}_{\mathrm{PCC}}[\Delta\boldsymbol{V}_{\mathrm{PCC}DQ}],\boldsymbol{A}_{\mathrm{PCC}}=\begin{bmatrix}\dfrac{V_{\mathrm{PCC}D0}}{V_{\mathrm{PCC0}}} & \dfrac{V_{\mathrm{PCC}Q0}}{V_{\mathrm{PCC0}}}\end{bmatrix} \tag{4-61}$$

式中：$V_{\mathrm{PCC}D0}$、$V_{\mathrm{PCC}Q0}$ 和 V_{PCC0} 分别是 $V_{\mathrm{PCC}D}$、$V_{\mathrm{PCC}Q}$ 和 V_{PCC} 的稳态值。线性化式（4-24）和式（4-59）并结合式（4-61）可得 PCC 电压控制器的小信号模型，如下所示

$$\Delta\dot{\psi} = -\boldsymbol{A}_{\mathrm{PCC}}[\Delta\boldsymbol{V}_{\mathrm{PCC}DQ}] \tag{4-62}$$

$$\Delta V_{\mathrm{fref}} = -k_{\mathrm{P}}\boldsymbol{A}_{\mathrm{PCC}}[\Delta\boldsymbol{V}_{\mathrm{PCC}DQ}] + k_{\mathrm{I}}\Delta\psi \tag{4-63}$$

4.5.4　网络与负荷模型

网络与负荷模型考虑串联 RL 类型线路的动态微分方程以及 RL 类型恒阻抗负荷的动态微分方程，具体模型[18]如下

$$[\Delta\dot{\boldsymbol{i}}_{\mathrm{line}DQ}] = \boldsymbol{A}_{\mathrm{NET}}[\Delta\boldsymbol{i}_{\mathrm{line}DQ}] + \boldsymbol{B}_{\mathrm{NET}}[\Delta\boldsymbol{v}_{\mathrm{b}DQ}] + \boldsymbol{C}_{\mathrm{NET}}\Delta\omega_{\mathrm{g}} \tag{4-64}$$

$$[\Delta\dot{\boldsymbol{i}}_{\mathrm{load}DQ}] = \boldsymbol{A}_{\mathrm{Load}}[\Delta\boldsymbol{i}_{\mathrm{load}DQ}] + \boldsymbol{B}_{\mathrm{Load}}[\Delta\boldsymbol{v}_{\mathrm{b}DQ}] + \boldsymbol{C}_{\mathrm{Load}}\Delta\omega_{\mathrm{g}} \tag{4-65}$$

式中：$\Delta\boldsymbol{i}_{\mathrm{line}DQ}$、$\Delta\boldsymbol{i}_{\mathrm{load}DQ}$ 和 $\Delta\boldsymbol{v}_{\mathrm{b}DQ}$ 分别表示所有线路上的电流、所有负荷电流以及所有节点电压的偏差量。需要说明的是，在低压微电网中，线路电阻不可忽略。令 $\Delta\boldsymbol{i}_{\mathrm{o}DQ}$ 表示所有 DG 的 $\Delta\boldsymbol{i}_{\mathrm{o}DQi}$，则 $\Delta\boldsymbol{v}_{\mathrm{b}DQ}$ 可以表示为

$$[\Delta\boldsymbol{v}_{\mathrm{b}DQ}] = \boldsymbol{R}_{\mathrm{N}}(\boldsymbol{M}_{\mathrm{inv}}[\Delta\boldsymbol{i}_{\mathrm{o}DQ}] + \boldsymbol{M}_{\mathrm{NET}}[\Delta\boldsymbol{i}_{\mathrm{line}DQ}] + \boldsymbol{M}_{\mathrm{Load}}[\Delta\boldsymbol{i}_{\mathrm{load}DQ}]) \tag{4-66}$$

式（4-64）、式（4-65）和式（4-66）的详细推导过程请见文献［18］。

4.5.5　所有 DG 模型

由于 $\Delta\boldsymbol{v}_{\mathrm{b}DQ}$ 表示所有节点电压的偏差量，且 $\Delta\boldsymbol{V}_{\mathrm{PCC}DQ}$ 是 PCC 电压的偏差量，基于式（4-66）可知，$\Delta\boldsymbol{V}_{\mathrm{PCC}DQ}$ 可由 $\Delta\boldsymbol{i}_{\mathrm{o}DQ}$、$\Delta\boldsymbol{i}_{\mathrm{line}DQ}$ 和 $\Delta\boldsymbol{i}_{\mathrm{load}DQ}$ 表示，具体公式如下

$$\Delta\boldsymbol{V}_{\mathrm{PCC}DQ} = \boldsymbol{R}_{\mathrm{PN}}(\boldsymbol{M}_{\mathrm{Po}}[\Delta\boldsymbol{i}_{\mathrm{o}DQ}] + \boldsymbol{M}_{\mathrm{Pnet}}[\Delta\boldsymbol{i}_{\mathrm{line}DQ}] + \boldsymbol{M}_{\mathrm{Pload}}[\Delta\boldsymbol{i}_{\mathrm{load}DQ}]) \tag{4-67}$$

式中：$\boldsymbol{R}_{\mathrm{PN}}$、$\boldsymbol{M}_{\mathrm{Po}}$、$\boldsymbol{M}_{\mathrm{Pnet}}$ 和 $\boldsymbol{M}_{\mathrm{Pload}}$ 分别是 $\boldsymbol{R}_{\mathrm{N}}$、$\boldsymbol{M}_{\mathrm{inv}}$、$\boldsymbol{M}_{\mathrm{NET}}$ 和 $\boldsymbol{M}_{\mathrm{Load}}$ 中与 PCC 电压对应的部分。

DG*i* 的本地坐标系被设置为全局 *DQ* 坐标系，因此有

$$\Delta\omega_{\mathrm{g}} = \Delta\omega_{1} = \boldsymbol{D}_{\mathrm{inv1}}\Delta\boldsymbol{X}_{\mathrm{inv1}} \tag{4-68}$$

通过将式（4-63）、式（4-67）和式（4-68）代入式（4-57），以及综合所有单台 DG 的小信号模型，可得所有 DG 的综合小信号模型，如下所示

$$[\Delta\dot{\boldsymbol{X}}_{\mathrm{inv}}] = \boldsymbol{A}_{\mathrm{inv}}[\Delta\boldsymbol{X}_{\mathrm{inv}}] + \boldsymbol{B}_{\mathrm{inv}}[\Delta\boldsymbol{v}_{\mathrm{b}DQ}] + \boldsymbol{J}_{\mathrm{net}}[\Delta\boldsymbol{i}_{\mathrm{line}DQ}] + \boldsymbol{J}_{\mathrm{load}}[\Delta\boldsymbol{i}_{\mathrm{load}DQ}] + \boldsymbol{J}_{\psi}\Delta\psi \tag{4-69}$$

$$[\Delta\boldsymbol{i}_{\mathrm{o}DQ}] = \boldsymbol{E}_{\mathrm{inv}}[\Delta\boldsymbol{X}_{\mathrm{inv}}] \tag{4-70}$$

$$\Delta\omega_{\mathrm{g}} = \boldsymbol{D}_{\mathrm{inv}}[\Delta\boldsymbol{X}_{\mathrm{inv}}] \tag{4-71}$$

式中：$\Delta\boldsymbol{X}_{\mathrm{inv}}$ 表示所有 DG 的状态变量，即 $\Delta\boldsymbol{X}_{\mathrm{inv}} = [\Delta\boldsymbol{X}_{\mathrm{inv1}}^{\mathrm{T}}, \Delta\boldsymbol{X}_{\mathrm{inv2}}^{\mathrm{T}}, \cdots, \Delta\boldsymbol{X}_{\mathrm{inv}M}^{\mathrm{T}}]^{\mathrm{T}}$；$\boldsymbol{A}_{\mathrm{inv}}$ 可以拆分成三部分 $\boldsymbol{G}_{\mathrm{inv}}$、$\boldsymbol{F}_{\mathrm{inv}}$ 和 $\boldsymbol{J}_{\mathrm{inv}}$（$\boldsymbol{A}_{\mathrm{inv}} = \boldsymbol{G}_{\mathrm{inv}} + \boldsymbol{F}_{\mathrm{inv}} + \boldsymbol{J}_{\mathrm{inv}}$），$\boldsymbol{F}_{\mathrm{inv}}$ 由所有 $\boldsymbol{F}_{\mathrm{inv}ij}$ 构成，即 $\boldsymbol{F}_{\mathrm{inv}} = [\boldsymbol{F}_{\mathrm{inv}ij}]$；$\boldsymbol{G}_{\mathrm{inv}}$、$\boldsymbol{J}_{\mathrm{inv}}$、$\boldsymbol{B}_{\mathrm{inv}}$、$\boldsymbol{D}_{\mathrm{inv}}$、$\boldsymbol{E}_{\mathrm{inv}}$、$\boldsymbol{J}_{\mathrm{net}}$、$\boldsymbol{J}_{\mathrm{load}}$ 和 $\boldsymbol{J}_{\psi}$ 的详细构成请见附录 D。

4.5.6 完整的微电网模型

完整的微电网小信号模型可经过以下四步推导得到：①将式（4-66）和式（4-70）代入至式（4-69）；②将式（4-66）、式（4-70）、式（4-71）代入至式（4-64）和式（4-65）；③将式（4-67）代入至式（4-62）；④综合所有 DG、线路、负荷以及 PCC 电压控制器状态 $\Delta\psi$ 的小信号模型，有

$$\begin{bmatrix} \Delta\dot{\boldsymbol{X}}_{\mathrm{inv}} \\ \Delta\dot{\boldsymbol{i}}_{\mathrm{line}DQ} \\ \Delta\dot{\boldsymbol{i}}_{\mathrm{load}DQ} \\ \Delta\dot{\psi} \end{bmatrix} = \boldsymbol{A}_{\mathrm{mg}} \begin{bmatrix} \Delta\boldsymbol{X}_{\mathrm{inv}} \\ \Delta\boldsymbol{i}_{\mathrm{line}DQ} \\ \Delta\boldsymbol{i}_{\mathrm{load}DQ} \\ \Delta\psi \end{bmatrix} \tag{4-72}$$

式中：$\boldsymbol{A}_{\mathrm{mg}}$ 是系统的状态矩阵。若系统中 H 个负荷和 T 条线路，则 $\boldsymbol{A}_{\mathrm{mg}}$ 的维度是 $(8M+2T+2H-1)\times(8M+2T+2H-1)$，具体表达式如下

$$\boldsymbol{A}_{\mathrm{mg}} = \begin{bmatrix} \boldsymbol{A}_{\mathrm{inv}} + \boldsymbol{B}_{\mathrm{inv}}\boldsymbol{R}_{\mathrm{N}}\boldsymbol{M}_{\mathrm{inv}}\boldsymbol{E}_{\mathrm{inv}} & \boldsymbol{B}_{\mathrm{inv}}\boldsymbol{R}_{\mathrm{N}}\boldsymbol{M}_{\mathrm{NET}} + \boldsymbol{J}_{\mathrm{net}} & \boldsymbol{B}_{\mathrm{inv}}\boldsymbol{R}_{\mathrm{N}}\boldsymbol{M}_{\mathrm{load}} + \boldsymbol{J}_{\mathrm{load}} & \boldsymbol{J}_{\psi} \\ \boldsymbol{B}_{\mathrm{NET}}\boldsymbol{R}_{\mathrm{N}}\boldsymbol{M}_{\mathrm{inv}}\boldsymbol{E}_{\mathrm{inv}} + \boldsymbol{C}_{\mathrm{NET}}\boldsymbol{D}_{\mathrm{inv}} & \boldsymbol{A}_{\mathrm{NET}} + \boldsymbol{B}_{\mathrm{NET}}\boldsymbol{R}_{\mathrm{N}}\boldsymbol{M}_{\mathrm{NET}} & \boldsymbol{B}_{\mathrm{NET}}\boldsymbol{R}_{\mathrm{N}}\boldsymbol{M}_{\mathrm{load}} & 0 \\ \boldsymbol{B}_{\mathrm{load}}\boldsymbol{R}_{\mathrm{N}}\boldsymbol{M}_{\mathrm{inv}}\boldsymbol{E}_{\mathrm{inv}} + \boldsymbol{C}_{\mathrm{load}}\boldsymbol{D}_{\mathrm{inv}} & \boldsymbol{B}_{\mathrm{load}}\boldsymbol{R}_{\mathrm{N}}\boldsymbol{M}_{\mathrm{NET}} & \boldsymbol{A}_{\mathrm{load}} + \boldsymbol{B}_{\mathrm{load}}\boldsymbol{R}_{\mathrm{N}}\boldsymbol{M}_{\mathrm{load}} & 0 \\ -\boldsymbol{A}_{\mathrm{PCC}}\boldsymbol{R}_{\mathrm{PN}}\boldsymbol{M}_{\mathrm{Po}}\boldsymbol{E}_{\mathrm{inv}} & -\boldsymbol{A}_{\mathrm{PCC}}\boldsymbol{R}_{\mathrm{PN}}\boldsymbol{M}_{\mathrm{Pnet}} & -\boldsymbol{A}_{\mathrm{PCC}}\boldsymbol{R}_{\mathrm{PN}}\boldsymbol{M}_{\mathrm{Pload}} & 0 \end{bmatrix} \tag{4-73}$$

为构建 $\boldsymbol{A}_{\mathrm{mg}}$，首先需要进行潮流计算以获得系统的平衡点信息。通过分析 $\boldsymbol{A}_{\mathrm{mg}}$ 的特征结构可对系统的动态性能和小干扰稳定性进行分析，相关结果在 4.6.2 节中给出。

4.6 算 例 分 析

4.6.1 算例系统

图 4-4 给出了所研究的 4 机 9 节点微电网算例系统拓扑图。该微电网的

电压等级是0.38kV，额定频率为50Hz。每台DG单元通过耦合电感L_c接入到本地母线上。整个微电网通过一个断路器（QF）和一台10kV/0.38kV △/Y_g类型的变压器接入到上级电网。微电网运行在离网运行模式，即断路器QF断开。负荷为恒阻抗负荷，馈线使用阻抗支路表示。

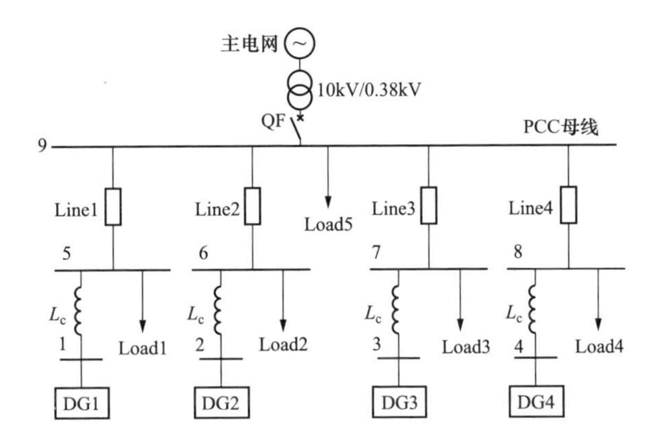

图4-4 4机9节点算例系统拓扑图

表4-1和表4-2分别给出了系统的电气参数和各DG单元的一次控制参数。由表4-2可知，四台DG的容量之比为3:3:2:2，各台DG的下垂系数设计为与DG容量成反比例。当DG输出有功功率按照运行经济性分配时，各台DG的发电成本函数式（4-6）中α_i、β_i和γ_i的取值使用文献［22］中的参数。

表4-1　　4机9节点微电网系统的电气参数

类型	电气参数
线路	Z_{Line1}=0.18Ω+j0.09Ω，Z_{Line2}=0.2Ω+j0.31Ω，Z_{Line3}=0.17Ω+j0.22Ω，Z_{Line4}=0.19Ω+j0.19Ω
负荷	Load1=15kW+5kvar，Load2=20kW+10kvar，Load3=10kW+5kvar，Load4=12kW+7.5kvar，Load5=75kW+20kvar

表4-2　　各台DG的一次控制参数

参数描述	参数符号	单位	DG1、DG2	DG3、DG4
有功下垂系数	m_i	rad/（s·kW）	0.209	0.314
式（4-20）中的标量系数	k	—	0.1	0.1
无功下垂系数	n_i	kV/kvar	0.389×10^{-3}	0.585×10^{-3}

续表

参数描述	参数符号	单位	DG1、DG2	DG3、DG4
额定有功功率	P_i^*	kW	30	20
最大输出有功功率	$P_{i\max}$	kW	45	30
最大输出无功功率	$Q_{i\max}$	kvar	20	13.33

假设各台 DG 的二次控制参数相同，如表 4-3 所示。图 4-5 给出了算例系统的通信网络拓扑及相应的邻接矩阵 $\mathcal{A}=[a_{ij}]$。由图 4-5 可知，DG1 从 DG4 接收信息，DG2 从 DG1 接收信息，DG3 从 DG2 接收信息，DG4 从 DG3 接收信息。此外，DG1～DG4 全部是根节点，DG1 是唯一获得参考值的根节点并且其旋转增益 $g_1=1$。

表 4-3　　　　DG 的二次控制参数和虚拟阻抗参数

参数符号	参数值	参数符号	参数值
c_{wi}	400	$k_{\rm I}$	32.2
c_{Pi}	400	$\omega_{\rm ref}$	2π×50 rad/s
c_{vi}	150	$V_{\rm PCCref}$	1（标幺值）
c_{Qi}	25	R_{0i}	0Ω
$k_{\rm P}$	1.6	X_{0i}	0.25Ω

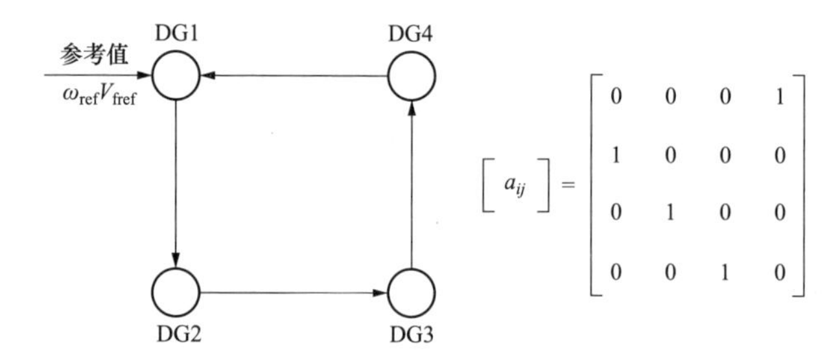

图 4-5　算例系统的通信网络拓扑及相应的邻接矩阵 $\mathcal{A}=[a_{ij}]$

4.6.2　小干扰稳定分析结果

本节基于 4.5 节中构建的小信号动态模型，对分布式二次频率电压控制作用下微电网的小干扰稳定性进行分析。

4.6.2.1 参与因子分析

表 4-4 对比了是否使用二次控制时系统的主导振荡模式大小。文献［18］中的参与因子分析结果表明，在仅含有一次控制的情况下（情况Ⅱ），系统的主导振荡模式（模式 1～3）主要受有功下垂控制器式（4-3）的状态 $\Delta\delta_i$ 和 ΔP_i 影响。而由表 4-4 可知，二次控制给系统引入了新的模式，即模式 4 和 5，其中模式 4 靠近实轴并且阻尼较弱，容易导致系统的动态响应不够理想。各台 DG 的状态变量（$\Delta\delta_i$、ΔP_i、ΔQ_i、$\Delta\Omega_i$、$\Delta\lambda_i$、Δh_i）和 PCC 电压控制器状态 $\Delta\psi$ 对情况Ⅰ中模式 1～5 的参与因子大小如图 4-6 所示。模式 2 的参与因子和模式 1 类似，因此其结果在图 4-6 中不再给出。

表 4-4 一次控制+二次控制和仅有一次控制时系统的主导振荡模式

虚/实部	情况Ⅰ					情况Ⅱ		
	模式（一次控制+二次控制）					模式（一次控制）		
	1	2	3	4	5	1	2	3
实部（1/s）	−47.4	−47.8	−37.0	−10.4	−8.3	−47.8	−47.5	−48.1
虚部（rad/s）	±65.7	±81.1	±60.1	±16.3	0	±73.5	±83.3	±62.1

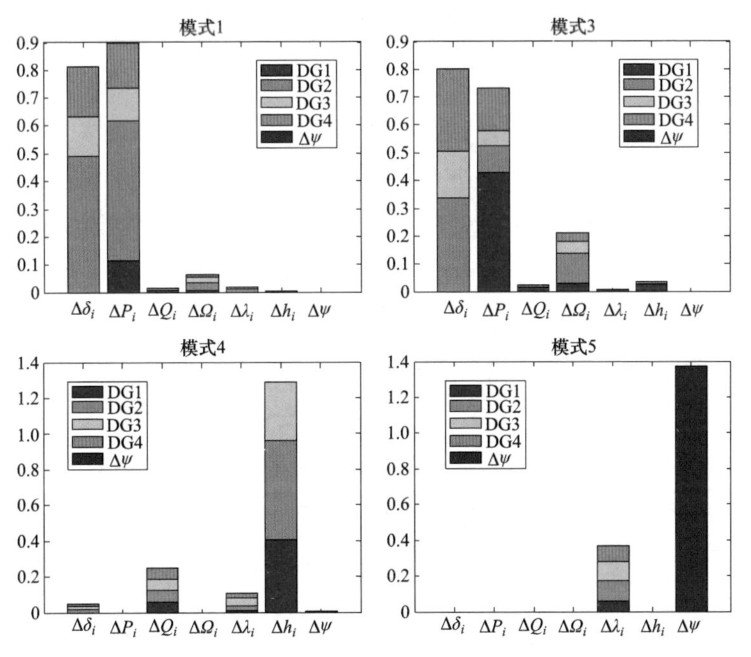

图 4-6 使用二次控制时（Case Ⅰ）模式 1～5 的参与因子大小

与图 4-6 中模式 1～5 强相关的状态变量和控制器如表 4-5 中的第 2 列和第 3 列所示。需要说明的是，当 $c_{\omega i}$ 降低或 c_{Pi} 增加时，$\Delta\Omega_i$ 对模式 1～3 的参与因子会显著增加。以上分析结果表明，系统的主导振荡模式和所提出的分布式二次控制器式（4-20）、式（4-21）、式（4-27）、式（4-24）以及虚拟电抗 X_{0i} 强相关，因此有必要详细分析表 4-5 中第 4 列相应控制参数对系统稳定性的影响。

表 4-5 微电网的小干扰稳定性分析结果

模式	强相关状态	强相关控制器	对应的控制参数	控制参数对模式阻尼的影响
1～3	$\Delta\delta_i$、ΔP_i、$\Delta\Omega_i$	分布式二次频率控制器式（4-20）和式（4-21）	c_{Pi}	增加 c_{Pi} 时模式 1～3 阻尼降低
			$c_{\omega i}$	增加 $c_{\omega i}$ 时模式 1～3 阻尼增加
4	Δh_i、ΔQ_i	分布式二次无功功率控制器式（4-27）	c_{Qi}	增加 c_{Qi} 时模式 4 阻尼降低
		虚拟阻抗式（4-28）和式（4-29）	X_{0i}	增加 X_{0i} 时模式 4 阻尼增加
5	$\Delta\psi$	分布式二次 PCC 电压控制器式（4-24）	k_P	增加 k_P 时模式 5 阻尼降低
			k_I	增加 k_I 时模式 5 阻尼降低

4.6.2.2 二次控制参数对系统稳定性影响分析

当 $c_{\omega i}$、c_{Pi}、c_{Qi} 和 X_{0i} 分别变化时，系统主导振荡模式的根轨迹如图 4-7 所示。表 4-5 中最后一列总结了图 4-7 的结果。由图 4-7 和表 4-5 可知，尽管引入虚拟电抗 X_{0i} 起初是用于使 $P/f\text{–}Q/V$ 下垂控制在有损物理网络中依然有效，然而图 4-7（d）表明，虚拟电抗还能够增加与二次控制器强相关的模式的阻尼；分布式二次频率控制器式（4-20）和式（4-21）与分布式二次电压控制器式（4-24）和式（4-27）影响不同的模式。

当 c_{Pi} 和 $c_{\omega i}$ 均从 100 变化到 2500 时，系统阻尼最弱模式的阻尼大小变化情况如图 4-8（a）和（c）所示。c_{Pi} 和 $c_{\omega i}$ 的变化主要影响模式 1～3。图 4-8（c）是图 4-8（a）的二维图形。由图 4-8（a）和（c）可知，对于一个给定的 c_{Pi} 取值，当 $c_{\omega i}$ 增加时阻尼增加；对于一个小于 1000 的 $c_{\omega i}$ 取值，当 c_{Pi} 增加时阻尼降低；对于一个大于 1000 的 $c_{\omega i}$ 取值，随着 c_{Pi} 的变化，阻尼大小始终较为理想且变化不大。类似地，当 c_{Qi} 从 0 变化到 200，且 X_{0i} 从 0Ω变化到 0.4Ω时，系统阻尼最弱模式的阻尼大小变化情况如图 4-8（b）和（d）所示。

c_{Qi} 和 X_{0i} 的变化主要影响模式 4。图 4-8（d）是图 4-8（b）的二维图形。由图 4-8（b）和（d）可知，对于一个给定的 c_{Qi} 取值，当 X_{0i} 增加时阻尼增加；对于一个给定的 X_{0i} 取值，当 c_{Qi} 增加时阻尼降低。

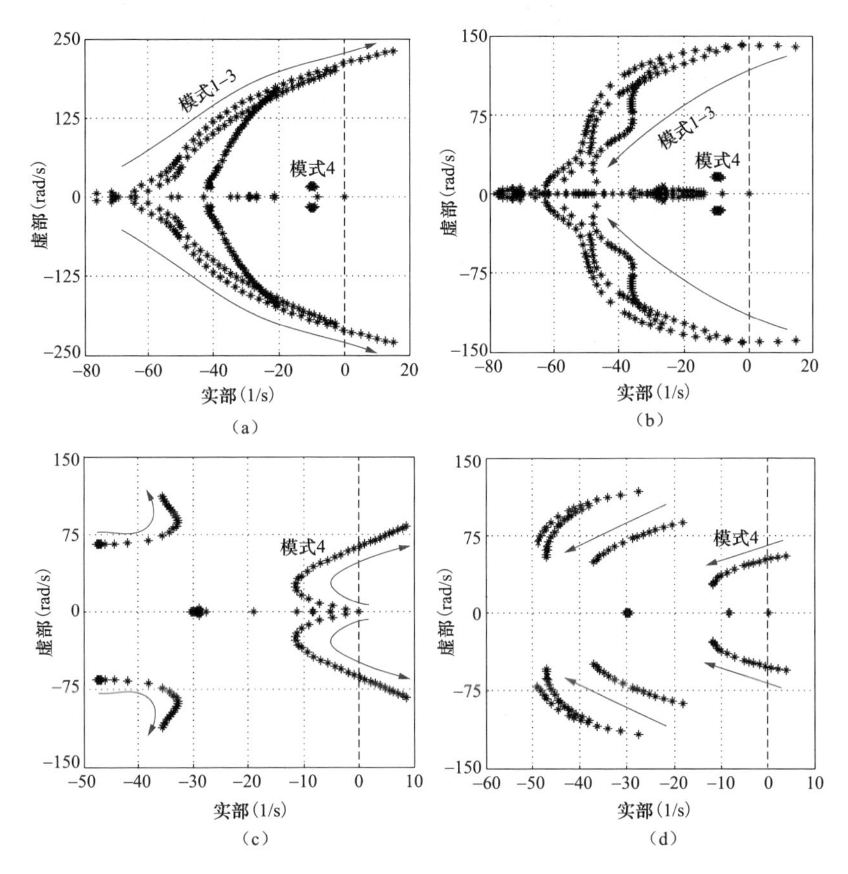

图 4-7　系统主导振荡模式随 c_{Pi}、$c_{\omega i}$、c_{Qi} 和 X_{0i} 变化的根轨迹

（a）c_{Pi} 从 100 增加到 2500；（b）$c_{\omega i}$ 从 100 增加到 2500；

（c）c_{Qi} 从 0 增加到 200；（d）X_{0i} 从 0 增加到 0.4Ω

综上，本小节的分析结果可为分布式二次控制器的参数设计提供重要参考。

4.6.3　时域仿真结果

基于 PSCAD/EMTDC 仿真软件对所提出的分布式二次频率电压控制器进行测试，分别给出 DG 输出电压是否达到限幅时的时域仿真结果，具体分述如下。

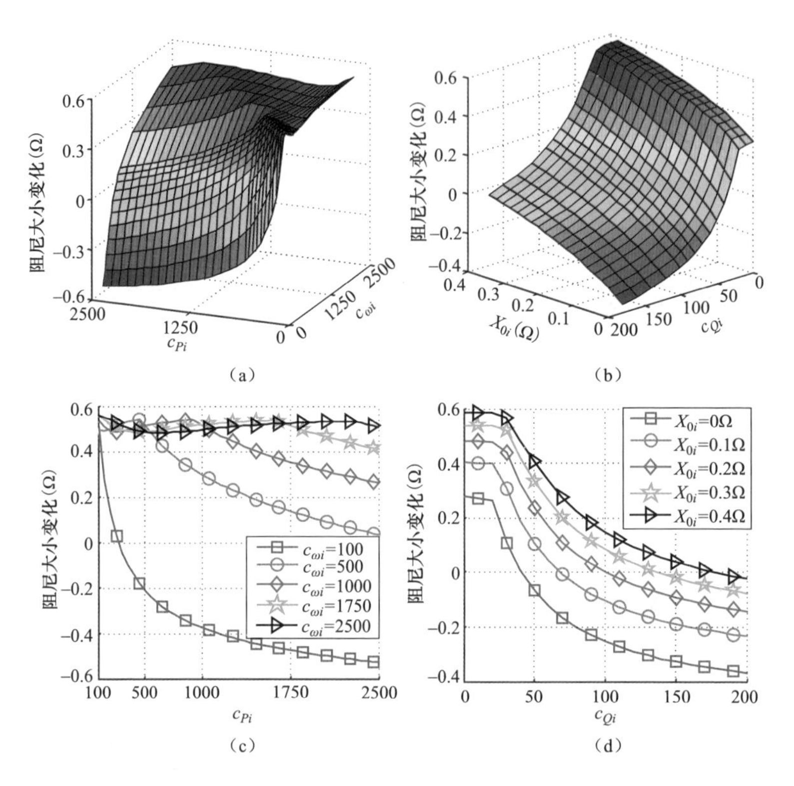

图 4-8 当两个参数同时变化时，阻尼最弱模式的阻尼大小变化情况

（a）c_{Pi} 和 $c_{\omega i}$ 同时变化（三维图）；（b）c_{Qi} 和 X_{0i} 同时变化（三维图）；

（c）c_{Pi} 和 $c_{\omega i}$ 同时变化（二维图）；（d）c_{Qi} 和 X_{0i} 同时变化（二维图）

4.6.3.1 DG 输出电压未达到限幅值 1.05（标幺值）

系统初始运行在一次下垂控制状态，当 t=0.8s 时，分布式二次频率电压控制启动。仿真结果如图 4-9 所示。

目标（1）验证：图 4-9（a）表明，在一次控制下，系统频率存在 0.85Hz 的偏差。当二次控制启动后，系统频率恢复至额定值 50Hz。

目标（2）验证：图 4-9（b）和（c）分别给出了 DG 输出有功功率按照容量比例分配和按照运行经济性分配的结果。由图 4-9（b）可知，二次控制启动前后四台 DG 的输出有功功率之比均为 3:3:2:2，说明二次控制启动后并没有改变一次控制下的有功功率分配方式。需要说明的是，仿真中负荷类型为恒阻抗负荷，在二次控制启动后系统电压发生了微小变化，导致总负荷功率略有增加，因此 DG 的输出有功也相应有所增加。由图 4-9（c）可知，启动二次控制后四台 DG 的微增率依然保持相等。

目标（3）验证：图 4-9（d）表明，在一次控制下，PCC 电压存在 0.08（标幺值）的偏差。当二次控制启动后，PCC 电压恢复至额定标幺值 1。

目标（4）验证：由图 4-9（e）可知，在一次控制下，各台 DG 输出的无功功率无法精确分配。在 t=0.8s 后，二次控制能够使各台 DG 输出的无功功率按照 DG 容量之比 3:3:2:2 进行分配。然而需要注意的是，在小干扰稳定分析中模式 4 靠近实轴并且阻尼较弱，因此此时无功功率的动态响应不理想。关于系统动态性能的详细分析与改善方法将在第 5 章阐述。

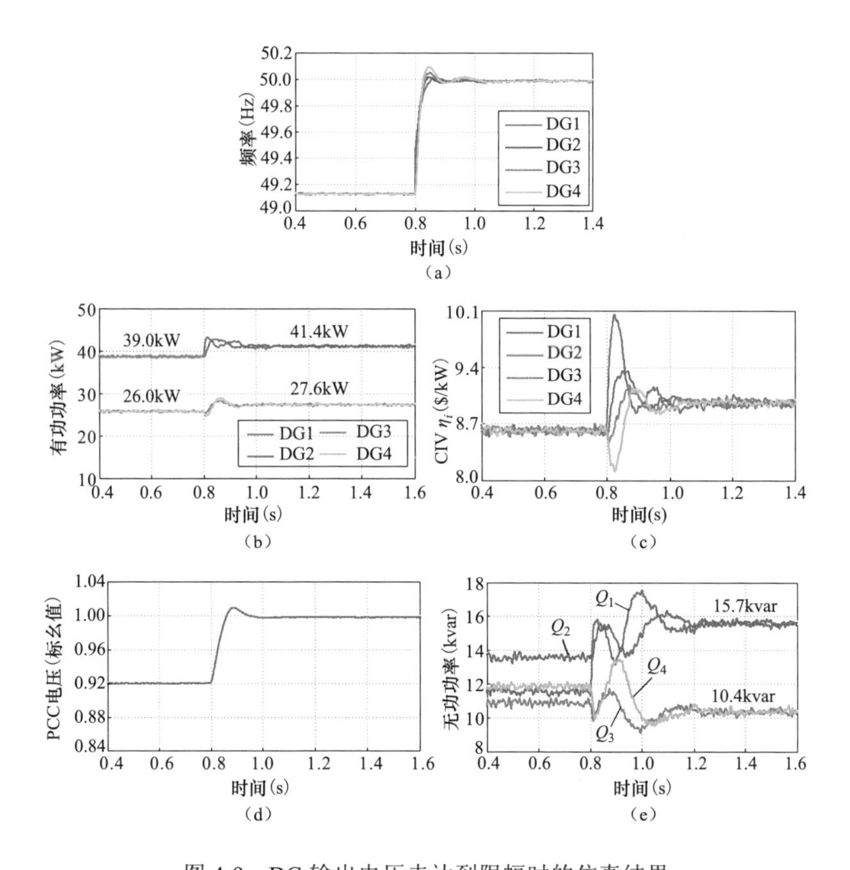

图 4-9　DG 输出电压未达到限幅时的仿真结果

（a）DG 频率；（b）DG 输出有功功率；（c）DG 发电成本微增率 η_i；

（d）PCC 电压；（e）DG 输出无功功率

综上，在 DG 输出电压未达到限幅值的情况下，所提出的分布式二次频率电压控制能够同时实现目标（1）～目标（4）。

4.6.3.2 DG 输出电压达到限幅值 1.05（标幺值）

在 t=0.8s 启动二次控制后，当 t=1.8s 时切除 DG2 的本地负荷 Load2，随后 DG2 的输出电压 V_{o2} 不断增加并达到限幅值 1.05（标幺值）。

当 v_{PI_s} 和 h_{i_s} 按照 4.4.2 节中限幅值选取方法 A 选取以优先保证 PCC 电压恢复时，相应仿真结果如图 4-10 所示。由图 4-10 可知，在 Load2 切除、V_{o2} 达到限幅后，PCC 能够保持在额定值，而 DG 输出无功功率的分配不再精确。

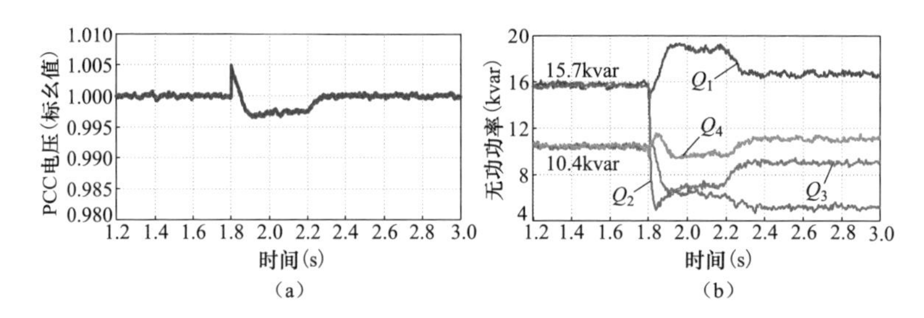

图 4-10 当 V_{o2} 达到限幅并使用限幅值选取方法 A 时的仿真结果

（a）PCC 电压；（b）DG 输出无功功率

当 v_{PI_s} 和 h_{i_s} 按照 4.4.2 节中限幅值选取方法 B 选取以优先保证无功功率精确分配时，相应仿真结果如图 4-11 所示。由图 4-11 可知，在 Load2 切除、V_{o2} 达到限幅后，DG 输出无功功率能够保持精确分配，然而 PCC 电压无法保持在额定值。

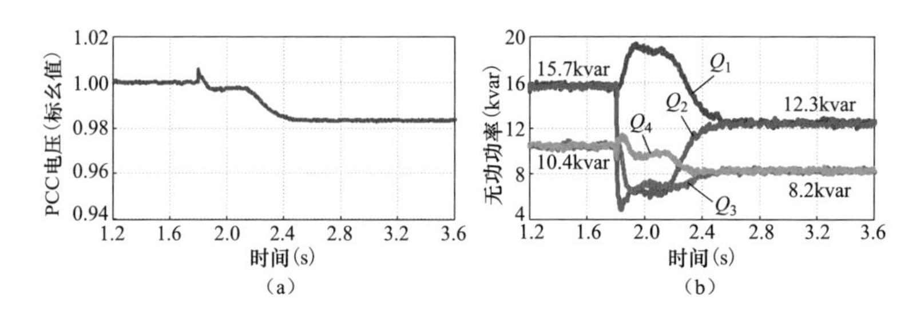

图 4-11 当 V_{o2} 达到限幅并使用限幅值选取方法 B 时的仿真结果

（a）PCC 电压；（b）DG 输出无功功率

综上结果可知，所提出的控制器限幅方法能够选择性地实现目标（3）

或目标（4）以优先满足微电网运行时的不同需求。

4.7　小　　结

为了弥补微电网一次控制存在的不足，本章在物理网络有损的前提条件下，提出了微电网的分布式二次频率电压控制方法，并通过特征分析以及时域仿真结果验证了所提方法的有效性，主要工作与结论如下：

（1）所提出的分布式二次频率电压控制方法以分布式合作控制理论为基础，能够同时实现目标（1）系统频率恢复至额定值、目标（2）一次控制下 DG 输出有功功率的分配方式保持不变、目标（3）PCC 电压恢复到额定值，以及目标（4）DG 输出无功功率达到精确分配。建立了在所提控制方法下微电网的潮流模型并以此对四项控制目标同时实现的可行性进行了分析。在假设微电网潮流有解以及系统稳定的条件下，对于有向通信网络，严格证明了所提控制方法能够同时实现四项控制目标。

（2）分析了 DG 输出电压限幅对系统控制性能的影响，结果表明，此时 PCC 电压恢复至额定值以及无功功率精确分配这两项控制目标至多只能实现一项。提出了控制器输出限幅方法以使得系统优先保证实现 PCC 电压恢复或无功功率精确分配。

（3）建立了微电网的小信号动态模型，该模型包括分布式二次频率电压控制下的 DG 模型、考虑阻抗线路的网络动态模型以及恒阻抗负荷的动态模型。特征分析结果表明，二次控制给系统引入了新的主导振荡模式，并且分布式二次频率控制器、分布式二次无功功率控制器以及分布式二次 PCC 电压控制器影响不同的主导振荡模式。

第5章

改善微电网动态性能的分布式最优附加控制方法

5.1 概述

第4章分析了分布式二次频率电压控制作用下微电网的小干扰稳定性。该分析主要侧重于从整个分布式二次控制的角度讨论不同分布式二次控制器对与其强相关的主导振荡模式的影响。分析结果表明，分布式二次无功功率控制器引入了一组新的主导振荡模式。该模式的动态性能较差，容易导致微电网的动态响应表现出阻尼弱、调整时间长以及稳定裕度差等问题。

然而，要想翔实地论证出“分布式二次控制下微电网动态性能不够理想以至于需要改善”这一命题却并非易事，主要原因在于微电网的动态性能会受到多种因素的影响，具体列举如下：

（1）第4章的特征分析结果（表4-4），是在一组特定的二次控制参数下计算得到。实际上，系统的特征根受控制参数影响极大，因此有必要对二次控制参数进行仔细选取，并研究在仔细选取的二次控制参数下微电网的动态性能是否理想。

（2）系统的运行平衡点以及DG之间的通信网络拓扑也有可能对系统的动态性能造成影响，因此有必要对这些因素进行详细分析。

（3）DG的数量以及微电网的物理拓扑也有可能对系统的动态性能造成影响。

本章的第一项工作是详细分析上述因素对微电网动态性能的影响[23]。为了使得微电网的动态性能分析结果更具一般性和普遍性，本章首先以CIGRE TF C6.04.02提出的标准低压微电网拓扑为参照，设计了一个具有代表性的6

机 40 节点微电网算例系统。基于该算例系统的分析结果表明，即便在使用仔细选取的二次控制参数、考虑多种运行工况以及考虑多种稀疏通信网络拓扑的情况下，系统的动态性能依然不够理想甚至有可能产生振荡现象，难以满足系统动态性能对于阻尼大小、调整时间以及稳定裕度等性能指标的要求。因此，有必要引入额外的附加控制方法以改善系统的动态响应、增强系统稳定性。然而，分布式二次控制的邻近通信特性使得 DG 之间的交互/耦合更加强烈，所有 DG 均有可能参与系统振荡响应。因此，相应的动态性能改善方法需要实现 DG 之间的协调控制。

鉴于此，本章的第二项工作是设计了分布式最优附加控制器以增强系统的稳定性并使得系统具有理想的动态性能，具体表现为响应速度快、阻尼强以及稳定裕度大等[23]。所提出的分布式最优附加控制器以可选择控制结构的部分输出量反馈最优协调控制方法为理论基础，其优势与特点如下：

（1）分布式最优附加控制器基于全系统模型以及全局性能指标设计，因而能够实现所有 DG 单元的协调控制。

（2）分布式最优附加控制器仅需本地 DG 以及邻近 DG 的部分输出反馈量即可完成控制，因此能够以分布式方式实施。进一步，当仅使用本地 DG 的反馈量时，能够灵活地退化为分散方式实施。

（3）分布式最优附加控制器在多种运行工况下均具有良好的鲁棒性。

（4）分布式最优附加控制器以附加控制形式实施，因而其不会影响分布式二次控制的稳态控制性能。

此外需要说明的是，第 4 章中微电网的小信号模型考虑了网络与负荷的动态微分方程（下文简称“详细小信号模型”）。该模型虽然精度较高，但是当系统中线路与负荷数量较多时，模型的阶数将急剧增加，不利于系统的动态性能分析与分布式最优附加控制器的设计。为此，本章将网络与负荷的动态微分方程简化为静态代数方程，以此为基础重新构建了分布式二次频率电压控制下微电网的小信号模型（下文简称“简化小信号模型”），并使用该模型分析系统动态性能以及设计分布式最优附加控制器。

本章的组织结构如下：5.2 节介绍所构建的 6 机 40 节点微电网算例系统；5.3 节考虑网络与负荷的静态代数方程，建立了微电网的简化小信号模型；5.4 节详细分析了多种影响因素对微电网动态性能的影响；5.5 节给出了分布式最优附加控制器的设计方法；5.6 节通过特征分析和 PSCAD/EMTDC 时域仿真验证了所提控制方法的有效性；5.7 节对本章进行总结。

5.2 算例系统构建

为了使微电网的动态性能分析结果更具一般性和普遍性，本章以 CIGRE TF C6.04.02 提出的标准低压微电网拓扑[24]为基础，设计了一个具有代表性的 6 机 40 节点的微电网算例系统，如图 5-1 所示。该微电网的电压等级为 0.38kV，额定频率为 50Hz，包含 3 条馈线、6 台 DG、33 条线路和 17 个负荷。每台 DG 的控制结构如图 4-2 所示，通过耦合电感 L_c 接入到本地母线上。各条馈线的长度如图 5-1 中所示，负荷使用恒阻抗负荷。整个微电网通过一个断路器（QF）和一台 10kV/0.38kV △/Y_g 类型的变压器接入到上级电网。微电网运行在离网运行模式，即断路器 QF 断开。

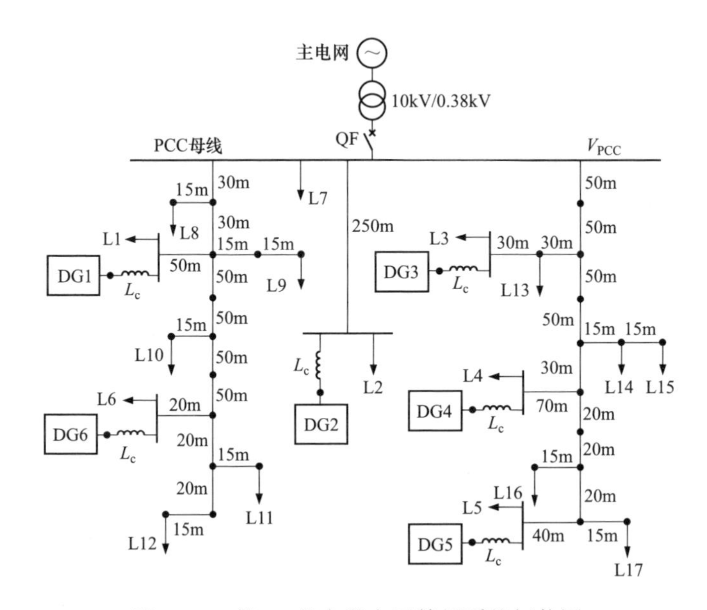

图 5-1 6 机 40 节点微电网算例系统拓扑图

表 5-1 和表 5-2 分别给出了系统的电气参数和各 DG 单元的一次控制参数。需要注意的是，低压微电网的线路 *X*/*R* 值较低；六台 DG 的容量之比为 3:3:3:2:2:2，各台 DG 的下垂系数设计为和 DG 容量成反比例。对于分布式二次控制器的参数，首先，$\omega_{ref} = 2\pi \times 50\text{rad/s}$，$V_{PCCref}=1$（标幺值），其他分布式二次控制参数的初始参数值由表 5-3 给出。表 5-3 还给出了各台 DG 的虚

拟电阻 R_{0i} 和虚拟电抗 X_{0i} 的初始参数值。算例系统的稀疏通信网络拓扑及相应的邻接矩阵 $\mathcal{A}=[a_{ij}]$ 如图 5-2 所示，其中 DG1 是唯一获得参考值的根节点并且其旋转增益 $g_1=1$。

表 5-1　　6 机 40 节点微电网系统的电气参数

类型	电 气 参 数
线路	$R_{\text{Line}}=0.41\Omega/\text{km}$, $X_{\text{Line}}=0.35\Omega/\text{km}$
负荷	L1：15kW+5kvar，L2：20kW+10kvar L3：15kW+5kvar，L4～L6：10kW+5kvar L7：55kW+5kvar，L8～L17：4kW+2kvar

表 5-2　　各台 DG 的一次控制参数

参数描述	参数符号	单位	DG1、DG2、DG3	DG4、DG5、DG6
有功下垂系数	m_i	rad /（s·kW）	0.209	0.314
无功下垂系数	n_i	kV/kvar	0.389×10^{-3}	0.585×10^{-3}
额定有功功率	P_i^*	kW	30	20
最大输出有功功率	P_{imax}	kW	45	30
最大输出无功功率	Q_{imax}	kW	20	13.33

表 5-3　　分布式二次控制器和虚拟阻抗的初始参数值

参数符号	参数值	参数符号	参数值
$c_{\omega i}$	400	k_{P}	2.2
c_{Pi}	400	k_{I}	25
c_{vi}	150	$R_{0\text{i}}$	0.1Ω
c_{Qi}	50	X_{0i}	0.25Ω

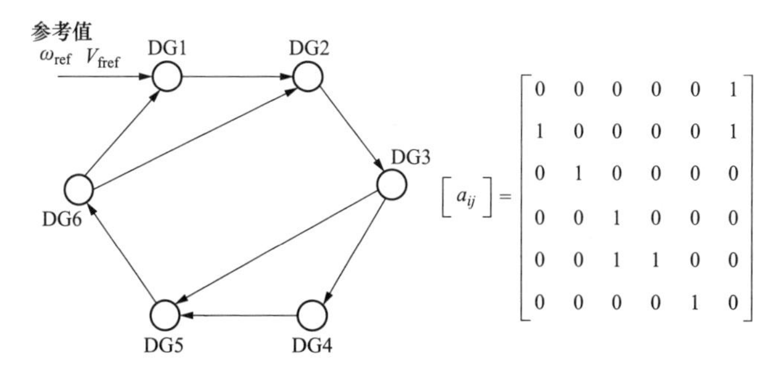

图 5-2　6 机 40 节点微电网系统的通信网络拓扑及相应的邻接矩阵 $\mathcal{A}=[a_{ij}]$

5.3 微电网的简化小信号动态模型

为降低模型阶数以便于系统动态性能分析以及分布式最优附加控制器设计，本节将 4.5 节中网络与负荷的动态微分方程简化为静态代数方程，以此为基础重新构建了分布式二次频率电压控制作用下微电网的小信号模型，具体详述如下。

5.3.1 单台 DG 模型

与 4.5 节不同的是，在本节的单台 DG 模型中，对耦合电感 L_c 的建模不再考虑其动态微分方程式（4-53），而是考虑其静态代数方程并将其转化到网络建模中。因此，每台 DG 的状态变量中不再含有 Δi_{odi} 和 Δi_{oqi}。

将式（4-52）代入式（4-46），并综合考虑式（4-40）、式（4-45）、式（4-47）、式（4-49）和式（4-50），可推导得到DGi的小信号模型，具体公式如下

$$\begin{gathered}\Delta\dot{\boldsymbol{X}}_{\mathrm{DG}i}=\boldsymbol{A}_{\mathrm{DG}i}\Delta\boldsymbol{X}_{\mathrm{DG}i}+\boldsymbol{B}_{\mathrm{DG}i}\Delta\boldsymbol{i}_{\mathrm{o}DQi}+\boldsymbol{C}_{\mathrm{DG}i}\Delta\omega_g+\sum_{j\in N_i}\boldsymbol{F}_{\mathrm{DG}ij}\Delta\boldsymbol{X}_{\mathrm{DG}j}+\boldsymbol{H}_{\mathrm{DG}i}\Delta V_{\mathrm{fref}}\\ \Delta\omega_i=\boldsymbol{D}_{\mathrm{DG}i}[\Delta\boldsymbol{X}_{\mathrm{DG}i}]\end{gathered}\tag{5-1}$$

式中：$\boldsymbol{A}_{\mathrm{DG}i}$、$\boldsymbol{B}_{\mathrm{DG}i}$、$\boldsymbol{C}_{\mathrm{DG}i}$、$\boldsymbol{D}_{\mathrm{DG}i}$、$\boldsymbol{F}_{\mathrm{DG}ij}$ 和 $\boldsymbol{H}_{\mathrm{DG}i}$ 的详细构成请见附录 E，其中 $\boldsymbol{F}_{\mathrm{DG}ij}$ 反映了在分布式控制中 DGi 和其邻近 DG 之间的信息交互。$\Delta\boldsymbol{X}_{\mathrm{DG}i}$ 表示 DGi 的状态变量，由式（5-2）给出

$$\Delta\boldsymbol{X}_{\mathrm{DG}i}=\begin{cases}[\Delta P_1,\Delta Q_1,\Delta\Omega_1,\Delta\lambda_1,\Delta h_1]^{\mathrm{T}},i=1\\ [\Delta\delta_i,\Delta P_i,\Delta Q_i,\Delta\Omega_i,\Delta\lambda_i,\Delta h_i]^{\mathrm{T}},i=2,3,\cdots,M-1\\ [\Delta\delta_M,\Delta P_M,\Delta Q_M,\Delta\Omega_M,\Delta\lambda_M]^{\mathrm{T}},i=M\end{cases}\tag{5-2}$$

由式（5-2）可知，$\Delta\boldsymbol{X}_{\mathrm{DG1}}$ 中不包含 $\Delta\delta_1$，这是由于 DG1 的本地坐标系被设置为全局 DQ 坐标系；$\Delta\boldsymbol{X}_{\mathrm{DG}M}$ 中不包含 Δh_M，这是因为在 4.5.1 节中 h_M 的状态方程已被删去。

5.3.2 所有 DG 模型

DG1 的本地坐标系被设置为全局 DQ 坐标系，因此有

$$\Delta\omega_{\mathrm{g}}=\Delta\omega_1=\boldsymbol{D}_{\mathrm{DG1}}\Delta\boldsymbol{X}_{\mathrm{DG1}}\tag{5-3}$$

将式（5-3）代入式（5-1），并综合所有单台 DG 的小信号模型后可得所有

DG 的综合小信号模型，如下所示

$$[\Delta\dot{\boldsymbol{X}}_{\mathrm{DG}}]=\boldsymbol{A}_{\mathrm{DG}}[\Delta\boldsymbol{X}_{\mathrm{DG}}]+\boldsymbol{B}_{\mathrm{DG}}[\Delta\boldsymbol{i}_{\mathrm{o}DQ}]+\boldsymbol{H}_{\mathrm{DG}}\Delta V_{\mathrm{fref}} \tag{5-4}$$

式中：$\Delta\boldsymbol{X}_{\mathrm{DG}}$ 表示所有 DG 的状态变量，即 $\Delta\boldsymbol{X}_{\mathrm{DG}}=[\Delta\boldsymbol{X}_{\mathrm{DG1}}^{\mathrm{T}},\Delta\boldsymbol{X}_{\mathrm{DG2}}^{\mathrm{T}},\cdots,\Delta\boldsymbol{X}_{\mathrm{DG}M}^{\mathrm{T}}]^{\mathrm{T}}$；$\boldsymbol{A}_{\mathrm{DG}}$ 可以拆分成两部分 $\boldsymbol{G}_{\mathrm{DG}}$、$\boldsymbol{F}_{\mathrm{DG}}$（$\boldsymbol{A}_{\mathrm{DG}}=\boldsymbol{G}_{\mathrm{DG}}+\boldsymbol{F}_{\mathrm{DG}}$），$\boldsymbol{F}_{\mathrm{DG}}$ 由所有 $\boldsymbol{F}_{\mathrm{DG}ij}$ 构成，即 $\boldsymbol{F}_{\mathrm{DG}}=[\boldsymbol{F}_{\mathrm{DG}ij}]$；$\boldsymbol{G}_{\mathrm{DG}}$、$\boldsymbol{B}_{\mathrm{DG}}$、$\boldsymbol{H}_{\mathrm{DG}}$ 的详细构成请见附录 E。

5.3.3　DG 输出电压接口模型

结合式（5-2）并将 $\Delta\boldsymbol{i}_{\mathrm{o}dqi}$ 和 $\Delta\boldsymbol{v}_{\mathrm{o}dqi}$ 变换到全局 DQ 坐标系后，DG 的输出电压表达式（4-52）可以表示为

$$[\Delta\boldsymbol{v}_{\mathrm{o}DQi}]=\boldsymbol{L}_{\mathrm{inv}i}[\Delta\boldsymbol{X}_{\mathrm{DG}i}]+\boldsymbol{A}_{\mathrm{dgv}i}[\Delta\boldsymbol{i}_{\mathrm{o}DQi}] \tag{5-5}$$

式中：$\boldsymbol{L}_{\mathrm{inv}i}$ 和 $\boldsymbol{A}_{\mathrm{dgv}i}$ 的详细表达式请见附录 E。综合所有 DG 的输出电压表达式（5-5）可得

$$[\Delta\boldsymbol{v}_{\mathrm{o}DQ}]=\boldsymbol{L}_{\mathrm{inv}}[\Delta\boldsymbol{X}_{\mathrm{DG}}]+\boldsymbol{A}_{\mathrm{dgv}}[\Delta\boldsymbol{i}_{\mathrm{o}DQ}] \tag{5-6}$$

式中：$\boldsymbol{L}_{\mathrm{inv}}$ 和 $\boldsymbol{A}_{\mathrm{dgv}}$ 的详细表达式请见附录 E。

5.3.4　网络与负荷模型

网络与负荷模型考虑的是串联 RL 类型线路以及 RL 类型恒阻抗负荷的静态代数方程，可通过将系统节点导纳方程 $\boldsymbol{I}=\boldsymbol{YU}$ 进行线性化后得到，即

$$\begin{bmatrix}\Delta\boldsymbol{i}_{\mathrm{o}DQ}\\0\end{bmatrix}=\underbrace{\begin{bmatrix}\boldsymbol{Y}_A & \boldsymbol{Y}_B\\\boldsymbol{Y}_C & \boldsymbol{Y}_D\end{bmatrix}}_{:=\boldsymbol{Y}_{\mathrm{aug}}}\begin{bmatrix}\Delta\boldsymbol{v}_{\mathrm{o}DQ}\\\Delta\boldsymbol{v}_{\mathrm{NL}DQ}\end{bmatrix} \tag{5-7}$$

式中：$\boldsymbol{Y}_{\mathrm{aug}}$ 表示节点导纳矩阵；$\Delta\boldsymbol{v}_{\mathrm{NL}DQ}$ 是所有网络与负荷节点电压的偏差量。需要说明的是，负荷使用恒阻抗类型负荷，因此网络与负荷节点的注入电流为零。将式（5-7）中节点注入电流的零分量消去后可得

$$\begin{aligned}\Delta\boldsymbol{v}_{\mathrm{o}DQ}&=\boldsymbol{Y}_M^{-1}\Delta\boldsymbol{i}_{\mathrm{o}DQ}\\\boldsymbol{Y}_M&=\boldsymbol{Y}_A-\boldsymbol{Y}_B\boldsymbol{Y}_D^{-1}\boldsymbol{Y}_C\end{aligned} \tag{5-8}$$

5.3.5　完整的微电网模型

将式（5-8）代入式（5-6）后可得

$$
\begin{aligned}
\Delta \boldsymbol{i}_{oDQ} &= \boldsymbol{W}_{\text{DG}} \Delta \boldsymbol{X}_{\text{DG}} \\
\boldsymbol{W}_{\text{DG}} &= (\boldsymbol{Y}_M^{-1} - \boldsymbol{A}_{\text{dgv}})^{-1} \boldsymbol{L}_{\text{inv}}
\end{aligned} \tag{5-9}
$$

由于 $\Delta \boldsymbol{v}_{\text{NL}DQ}$ 表示所有网络与负荷节点电压的偏差量，且 $\Delta \boldsymbol{V}_{\text{PCC}DQ}$ 是 PCC 电压的偏差量，基于式（5-7）可知，$\Delta \boldsymbol{V}_{\text{PCC}DQ}$ 可由 $\Delta \boldsymbol{i}_{oDQ}$ 表示为

$$
\Delta \boldsymbol{V}_{\text{PCC}DQ} = \boldsymbol{Z}_{\text{PCC}} \Delta \boldsymbol{i}_{oDQ} \tag{5-10}
$$

式中：$\boldsymbol{Z}_{\text{PCC}}$ 可由 $\boldsymbol{Y}_{\text{aug}}$ 推导得到。

通过将式（5-9）、式（4-63）和式（5-10）代入式（5-4），将式（5-9）和式（5-10）代入式（4-62），并对所得结果进行整理后，可得完整的微电网模型如下

$$
\begin{bmatrix} \Delta \dot{\boldsymbol{X}}_{\text{DG}} \\ \Delta \dot{\psi} \end{bmatrix} = A \begin{bmatrix} \Delta \boldsymbol{X}_{\text{DG}} \\ \Delta \psi \end{bmatrix} \tag{5-11}
$$

式中：$\boldsymbol{A} \in \mathbb{R}^{(6M-1)\times(6M-1)}$ 是系统状态矩阵，具体表达式如下

$$
\boldsymbol{A} = \begin{bmatrix} \boldsymbol{A}_{\text{DG}} + \boldsymbol{B}_{\text{DG}} \boldsymbol{W}_{\text{DG}} - k_{\text{P}} \boldsymbol{H}_{\text{DG}} \boldsymbol{A}_{\text{PCC}} \boldsymbol{Z}_{\text{PCC}} \boldsymbol{W}_{\text{DG}} & k_{\text{I}} \boldsymbol{H}_{\text{DG}} \\ -\boldsymbol{A}_{\text{PCC}} \boldsymbol{Z}_{\text{PCC}} \boldsymbol{W}_{\text{DG}} & 0 \end{bmatrix} \tag{5-12}
$$

与模型式（4-72）相比，模型式（5-11）中总状态变量数目从 $8M+2T+2H-1$ 减少至 $6M-1$，模型阶数大为降低。

5.3.6 简化模型的精度检验

本节对比了微电网简化小信号模型与第 4 章详细小信号模型的特征根计算结果以检验简化小信号模型的精度。

基于 5.2 节所构建的算例系统及相应参数，对于由分布式二次控制器引入的主导振荡模式，简化小信号模型和详细小信号模型的计算结果对比如表 5-4 所示。由表 5-4 可知，简化小信号模型与详细小信号模型之间的计算结果误差很小。进一步，当 c_{Qi} 从 10 变化到 100 时，由简化小信号模型和详细小信号模型所计算得到的主导振荡模式根轨迹对比结果如图 5-3 所示。图 5-3 中箭头所指示的特征根表示 c_{Qi}=50 时的计算结果，即表 5-4 所示的结果。由图 5-3 可知，两种模型得到的根轨迹之间的误差很小。上述结果表明，简化小信号模型的精度能够满足分析分布式二次控制器对系统动态性能影响的要求。因此，下文将使用简化小信号模型进行分析。

表 5-4　简化小信号模型和详细小信号模型的主导振荡模式计算结果对比（c_{Qi}=50）

模式	简化小信号模型	详细小信号模型
主导振荡模式	−3.59±j40.95	−4.01±j40.23

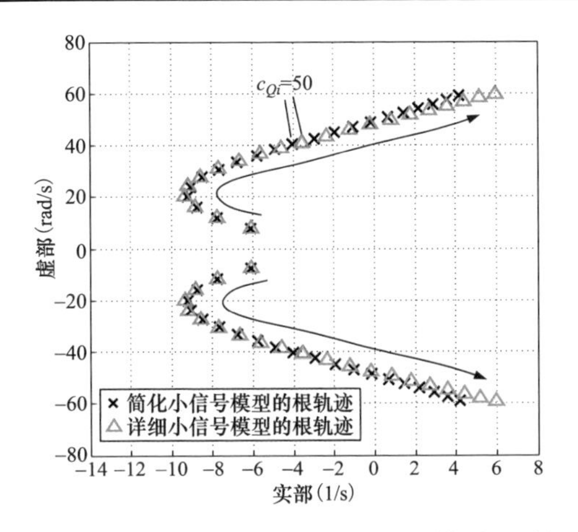

图 5-3　当 c_{Qi} 从 10 变化到 100 时，简化小信号模型和详细小信号模型的主导振荡模式根轨迹对比结果

5.4　考虑多种影响因素时微电网的动态性能分析

针对 5.2 节中构建的 6 机 40 节点微电网算例系统，基于 5.3 节建立的微电网简化小信号动态模型，本节详细分析多种因素对微电网动态性能的影响。

5.4.1　参与因子分析

图 5-4 对比了是否使用二次控制时系统的低频模式频谱图。由图 5-4 可知，对于所研究的代表性 6 机 40 节点系统，二次控制显著改变了特征根在复平面上的分布并且仍然引入了一组新的弱阻尼模式（即模式 1，−4.01+j40.23）。因此，系统的动态性能和稳定性受二次控制影响极大。

图 5-5 给出了各 DG 状态变量对模式 1 和 2 的参与因子图。

由图 5-5（a）可知，每台 DG 的状态变量 Δh_i 和 ΔQ_i 均和弱阻尼模式 1 强相关，表明各台 DG 在模式 1 上存在交互/耦合，均显著地参与到了由模式 1 所诱发的振荡响应中。由于 Δh_i 是分布式二次无功功率控制器式（4-27）的状态变量并且ΔQ_i受虚拟电抗X_{0i}影响很大，可推断模式 1 与式（4-27）和X_{0i}强相关。因此，下文将主要详细分析X_{0i}和式（4-27）中控制参数c_{Qi}对模式 1 的影响。

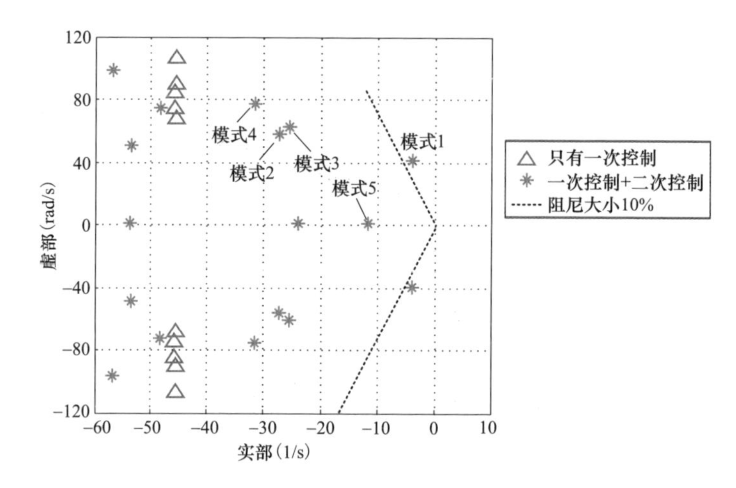

图 5-4　是否使用二次控制时微电网的低频模式频谱图

图 5-5（b）表明，分布式二次频率控制器的状态$\Delta\delta_i$、ΔP_i和分布式二次电压控制器的状态Δh_i、ΔQ_i都与模式 2 强相关。

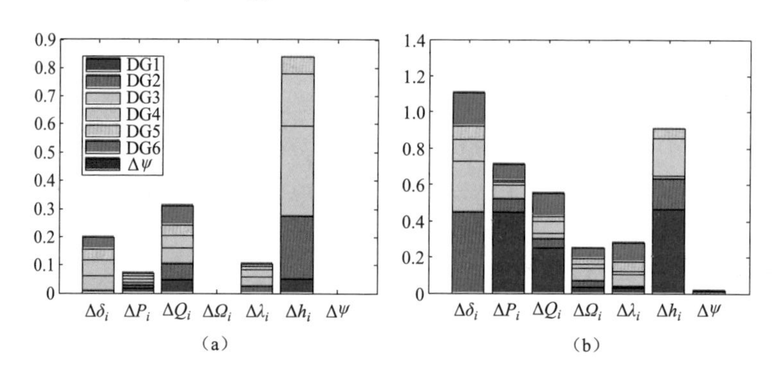

图 5-5　二次控制下模式 1 和模式 2 的参与因子图

（a）模式 1；（b）模式 2

以上分析结果基本和第 4 章的结果保持一致。

5.4.2　控制参数选取对动态性能的影响

5.4.1 节的分析结果表明，在表 5-3 的初始参数值下，系统的动态响应可能会发生弱阻尼振荡现象。然而，系统的动态性能受控制参数影响极大。因此，本节将分析控制参数对系统动态性能的影响，仔细选取控制参数，并且评估在仔细选取的控制参数下系统的动态性能是否理想。

5.4.2.1　经典控制理论中对系统动态性能的评估方法

假设系统的特征根为 $-a+\mathrm{j}b(a>0)$，其中 a 是特征根的实部的绝对值。$-a+\mathrm{j}b$ 的阻尼定义为

$$\zeta=\frac{a}{\sqrt{a^2+b^2}} \tag{5-13}$$

系统的动态性能由 a 和 ζ 决定：①ζ 越大表示系统的阻尼性能越强；②对于某一个固定的 ζ，a 越大表示特征根距离虚轴越远，因而系统的响应速度越快、稳定裕度越大。

5.4.2.2　控制参数的仔细选取

由第 5.4.1 节可知，弱阻尼模式 1 主要受 c_{Qi} 和 X_{0i} 影响，因此下面首先仔细选取这两个控制参数。

当 c_{Qi} 从 10 变化到 150 并且其他参数固定在如表 5-3 所示的初始值时，系统主导振荡模式的根轨迹如图 5-6（a）所示。其中，紫色圆圈表示 c_{Qi} 取初始值（c_{Qi}=50）时对应的特征根，蓝色方框表示仔细选取的 c_{Qi} 值（c_{Qi}=24）所对应的特征根。图 5-6（b）给出了图 5-6（a）中模式 1 根轨迹的放大图。由图 5-6（b）可知，当 c_{Qi} 从 10 增加到 24 时，模式 1 的实部的绝对值不断增加，系统的响应速度加快、稳定裕度提高。然而，当 c_{Qi} 进一步从 24 增加到 150 时，模式 1 的阻尼不断降低并最终移动到了右半平面的不稳定区域。直观地看，模式 1 的根轨迹在拐点 c_{Qi}=24 改变了方向。因此，综合考虑模式 1 的阻尼和实部后，将 c_{Qi}=24 作为仔细选取的参数值。

注：上述 c_{Qi} 变化对系统动态性能的影响可简单直观地解释如下。由式（4-27）可知，c_{Qi} 的大小决定了 h_i 的调节速度，而 h_i 用于调节 DG 输出的无功功率。因此，c_{Qi} 将显著影响 DG 输出无功功率的调节速度。当 c_{Qi} 较低时，h_i 的调节速度较慢，此时 DG 输出无功功率的调整时间较长。增加 c_{Qi} 有助于加快 DG 输出无功功率的调节速度，然而却有可能导致超调量过大。c_{Qi} 的初始值 50 正是选在了一个较大的数值以期望 DG 具有较快的无功调节速度，然而

结果却使系统阻尼明显变弱。过大的 c_{Qi} 值将导致系统失稳。

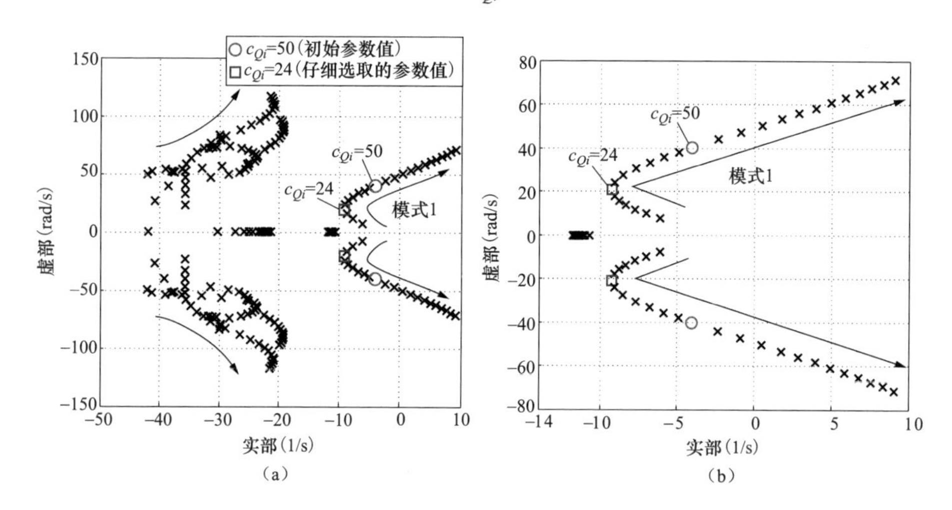

图 5-6 当 c_{Qi} 从 10 变化到 150 并且其他参数固定在初始值时系统主导振荡模式的根轨迹

（a）完整视图；（b）在（a）中模式 1 根轨迹的放大视图

随后，将 c_{Qi} 固定在 24，下面仔细选取虚拟电抗 X_{0i}。当 X_{0i} 从 0.05Ω 变化到 0.8Ω，c_{Qi}=24，并且其他参数固定如表 5-3 所示的初始值时，系统主导振荡模式的根轨迹如图 5-7（a）所示。图 5-7（b）给出了图 5-7（a）中模式 1 根轨迹的放大图，其中，紫色圆圈表示 X_{0i} 取初始值（X_{0i}=0.25Ω）时对应的特征根，蓝色方框表示仔细选取的 X_{0i} 值（X_{0i}=0.31Ω）所对应的特征根。由图 5-7（b）可知，当 X_{0i} 从 0.05Ω 增加到 0.31Ω 时，模式 1 阻尼不断增加并且从右半平面不稳定区域移动到了左半平面稳定区域。然而，当 X_{0i} 进一步从 0.31Ω 增加到 0.8Ω 时，模式 1 实部的绝对值不断降低，系统响应速度变慢，稳定裕度下降。直观地看，模式 1 的根轨迹在拐点 X_{0i}=0.31Ω 改变了方向。因此，综合考虑模式 1 的阻尼和实部后，将 X_{0i}=0.31Ω 作为仔细选取的参数值。

至此，基于模式 1 的根轨迹，并综合考虑其阻尼和实部的大小，经过仔细选取后，c_{Qi} 和 X_{0i} 分别为 24 和 0.31Ω。对于其他分布式二次控制参数 c_{vi}、c_{Pi}、$c_{\omega i}$、k_{P}、k_{I} 以及虚拟电阻 R_{0i}，根据第 4 章的分析可知，它们对模式 1 影响不大，然而需要说明的是，这些参数可能显著影响其他低频模式。通过类似的分析方法，最终将 c_{vi}、c_{Pi}、$c_{\omega i}$、k_{P}、k_{I} 和 R_{0i} 的取值保持在初始值不变以达到模式 1 与其他低频模式动态性能的折中。

最后，表 5-5 总结了经过仔细选取后分布式二次控制器和虚拟阻抗的参数值。

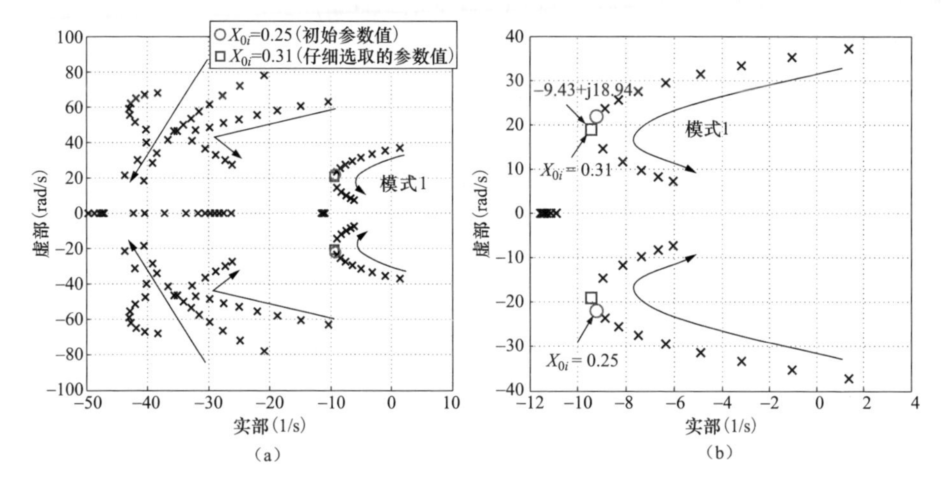

图 5-7　当 X_{0i} 从 0.05Ω 变化到 0.8Ω，c_{Qi}=24，并且其他参数固定在初始值时系统主导振荡模式的根轨迹

（a）完整视图；（b）在（a）中模式 1 根轨迹的放大视图

表 5-5　　仔细选取后分布式二次控制器和虚拟阻抗的参数值

参数符号	参数值	参数符号	参数值
c_{wi}	400	k_P	2.2
c_{Pi}	400	k_I	25
c_{vi}	150	R_{0i}	0.1Ω
c_{Qi}	24	X_{0i}	0.31Ω

5.4.2.3　仔细选取的控制参数下系统动态性能评估

在表 5-5 中仔细选取的控制参数下，模式 1 的结果为−9.43±j18.94。此时，模式 1 仍然靠近虚轴，因此系统的动态性能仍不够理想，尤其在响应速度和稳定裕度两方面。此外，系统的动态响应有可能出现较大的超调，相关结果将在 5.6 节中给出。

上述分析结果表明，仅通过调节控制参数无法使系统的动态性能满足快速的响应速度、充分的阻尼以及合适的稳定裕度等要求。

5.4.3　运行平衡点对动态性能的影响

系统的负荷工况决定了系统的运行平衡点，因此本节主要关注负荷大小以及负荷分布对系统动态性能的影响。

将表 5-1 中所示的负荷工况设定为“基本负荷工况”并将其重新列写在表 5-6，基本负荷工况下系统的总负荷为 175kW+60kvar。由表 5-2 可知，所有 DG 单元的最大发电容量总和为 225kW+100kvar。因此，在基本负荷工况下系统的有功和无功负载率分别为 77.8%和 60%。将基本负荷工况视作额定负荷工况并以此构建如表 5-6 所示的其他三种负荷工况：①工况 1（轻载工况）：将基本负荷工况下的负荷均降低 50%；②工况 2（重载工况）：将基本负荷工况下的负荷均增加 25%；③工况 3：改变负荷分布情况。在基本负荷工况下，PCC 母线上的负荷较大。与之相比，工况 3 显著降低了 PCC 母线上的负荷并适当增加其他负荷以维持总负荷不变。

表 5-6　　不同的负荷工况

负荷	基本工况	工况 1（轻载）	工况 2（重载）	工况 3（改变负荷分布）
L1	15kW+5kvar	7.5kW+2.5kvar	18.75kW+6.25kvar	25kW+10kvar
L2	20kW+10kvar	10kW+5kvar	25kW+12.5kvar	25kW+5kvar
L3	15kW+5kvar	7.5kW+2.5kvar	18.75kW+6.25kvar	20kW+5kvar
L4～L6	10kW+5kvar	5kW+2.5kvar	12.5kW+6.25kvar	15kW+5kvar
L7	55kW+5kvar	27.5kW+2.5kvar	68.75kW+6.25kvar	10kW+5kvar
L8～L17	4kW+2kvar	2kW+1kvar	5kW+2.5kvar	5kW+2kvar

随后，基于 5.4.2 节的方法，在工况 1、工况 2 和工况 3 下，经过仔细选取后 c_{Qi} 和 X_{0i} 的大小以及此时模式 1 的结果如表 5-7 所示（基本负荷工况下的结果已在 5.4.2 节得到）。由表 5-7 中模式 1 的结果可知，在所设计的 4 种负荷工况下，即使 c_{Qi} 和 X_{0i} 经过仔细选取，系统的动态性能仍然不够理想。

表 5-7　　在多种负荷工况下经过仔细选取后 c_{Qi} 和 X_{0i} 的大小以及相应的模式 1 的结果

工况	c_{Qi}	X_{0i}	模式 1
基本工况	24	0.31Ω	−9.43±j18.94
工况 1	24	0.29Ω	−9.49±j18.83
工况 2	22	0.28Ω	−9.24±j18.47
工况 3	23	0.28Ω	−9.29±j19.01

5.4.4　通信网络拓扑对动态性能的影响

将图 5-2 所示的通信网络拓扑视为“基本拓扑”。为了研究通信网络拓扑对系统动态性能的影响，构建如图 5-8 所示的其他 5 种通信网络拓扑。对于每种通信网络拓扑，基于 5.4.2 节的方法，表 5-8 给出了当 c_{Qi} 和 X_{0i} 经过仔细选取后模式 1 的结果。此外，表 5-8 还给出了每种通信网络拓扑的通信线路数量以及通信图密度。通信图密度（下文简称“图密度”）定义为实际通信线路数量与最大可能通信线路数量的比值。对于所研究的 6-DG 系统，最大可能通信线路数量为 $6\times5=30$。

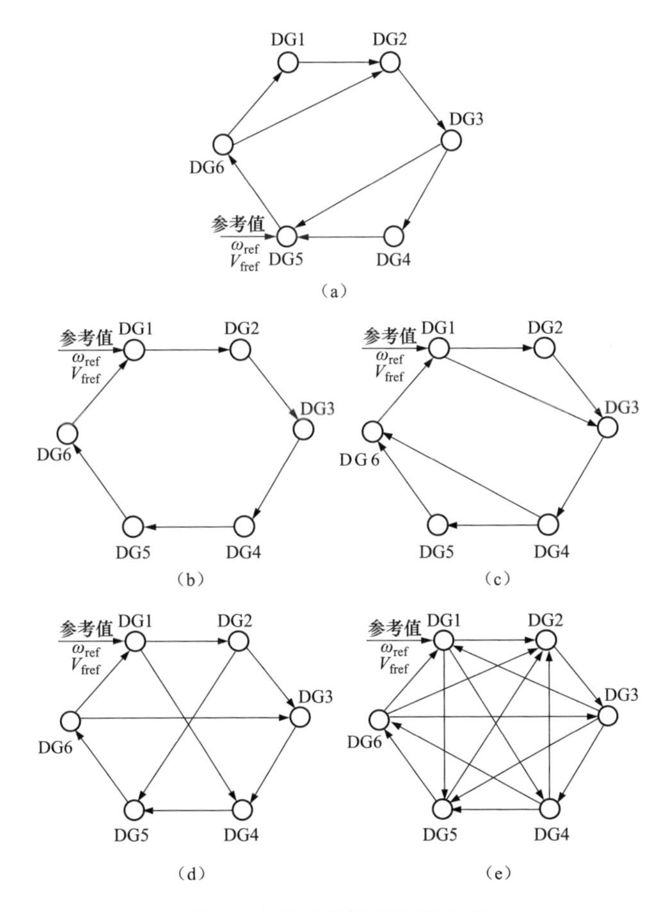

图 5-8　不同的通信网络拓扑

（a）拓扑 1；（b）拓扑 2；（c）拓扑 3；（d）拓扑 4；（e）拓扑 5

由表 5-8 的结果可知，系统的动态性能主要受图密度大小影响。对于图密度较低的基本拓扑和拓扑 1～拓扑 4，即使 c_{Qi} 和 X_{0i} 经过仔细选取，系统的动态性能依然不够理想，具体表现为模式 1 仍然靠近虚轴并且阻尼较弱。特别地，对于图密度最低的拓扑 2，系统动态性能最差。而对于图密度最高的拓扑 5，与其他拓扑的结果相比，拓扑 5 下系统的动态性能有所改善。然而，高通信密度将导致通信网络更为复杂并且实施成本更高。实际上，微电网的分布式二次控制通常基于稀疏通信网络实施，以简化通信网络并降低实施成本。

综合以上分析结果能够推断出，在各种不同的稀疏通信网络拓扑下，系统的动态性能依然不够理想。

表 5-8　　不同通信网络拓扑下的结果

拓扑	通信线路数量	图密度	模式 1
基本拓扑	8	26.7%	−9.43±j18.94
拓扑 1	8	26.7%	−10.84±j21.64
拓扑 2	6	20%	−4.34±j13.55
拓扑 3	8	26.7%	−10.55±j20.83
拓扑 4	9	30%	−13.70±j29.57
拓扑 5	15	50%	−19.12±j25.48

5.4.5　分析结果小结

本节基于 CIGRE TF C6.04.02 的标准微电网拓扑，详细分析了多种因素对微电网动态性能的影响。分析结果表明：

（1）分布式二次控制可能给系统引入新的弱阻尼模式，导致系统的动态性能较差。

（2）即便在使用仔细选取的二次控制参数、考虑多种运行工况以及考虑多种稀疏通信网络拓扑的情况下，系统的动态性能依然不够理想。

产生这种现象的原因是在已有的分布式二次控制结构下，系统的关键特征根总是位于靠近虚轴的区域。因此，有必要引入额外的附加控制器以改变系统的控制结构、增加反馈控制变量，从而显著地将关键特征根移动到远离虚轴的位置并且同时增加关键特征根的阻尼。

5.5　分布式最优附加控制器设计方法

由 5.4.1 节的参与因子分析结果可知，微电网中所有 DG 单元在模式 1 上存在显著的交互/耦合。如果对每台 DG 分别设计附加控制器，则有可能造成 DG 之间相互影响甚至系统失稳。为解决这一问题，本节提出了一种分布式最优附加控制器。该控制器的特点是能够实现 DG 之间的协调控制并以分布式的实施方式改善系统动态性能、增强系统稳定性。

5.5.1　附加控制变量的引入

为保留已有控制结构并避免更换全部控制器带来的风险，分布式最优附加控制器使用并联附加控制结构，如图 5-9 所示。

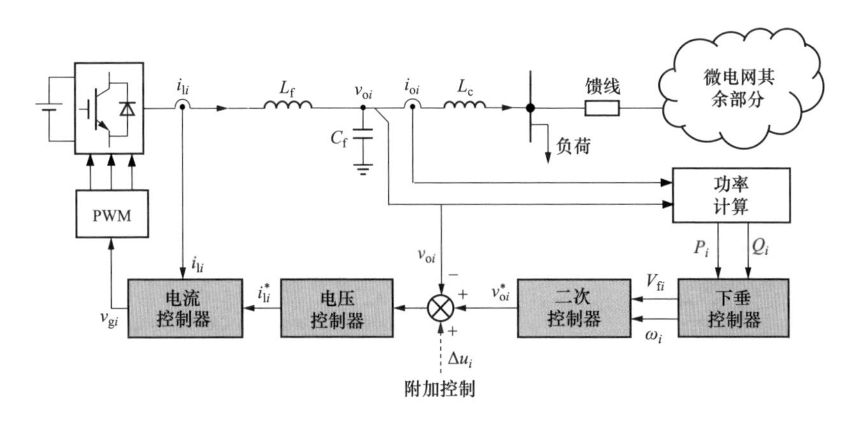

图 5-9　附加控制变量引入位置示意图

图 5-9 中，下垂控制器、电压控制器、电流控制器属于一次控制，在第 3 章中已经介绍；而二次控制器在第 4 章中已经介绍；附加控制变量 Δu_i 叠加在电压控制器的参考值 v^*_{oi} 上。基于式（4-51）和式（4-52），引入 Δu_i 后 DGi 的输出电压表达式为

$$[\Delta \boldsymbol{v}_{odqi}] = \boldsymbol{C}_{PV}\begin{bmatrix}\Delta\delta_i \\ \Delta P_i \\ \Delta Q_i\end{bmatrix} + \boldsymbol{D}_{PV1}\Delta\lambda_i + \boldsymbol{D}_{PV2}\Delta h_i + \boldsymbol{E}_{PV}[\Delta \boldsymbol{i}_{odqi}] + \begin{bmatrix}1 \\ 0\end{bmatrix}\Delta u_i \quad (5\text{-}14)$$

式中：参数矩阵 $\boldsymbol{C}_{PV}$、$\boldsymbol{D}_{PV1}$、$\boldsymbol{D}_{PV2}$ 和 $\boldsymbol{E}_{PV}$ 与式（4-52）中一致。经过与 5.3 节

中类似的推导过程，最终可得到引入附加控制变量后微电网的小信号动态模型，即

$$\Delta\dot{\boldsymbol{X}} = \boldsymbol{A}\Delta\boldsymbol{X} + \boldsymbol{B}\Delta\boldsymbol{U} \tag{5-15}$$

式中：$\Delta\boldsymbol{X} = [\Delta\boldsymbol{X}_{\mathrm{DG}}, \Delta\psi]^{\mathrm{T}}$，$\Delta\boldsymbol{X} \in \mathbb{R}^{s\times 1}$，$s = 6M - 1$；$\Delta\boldsymbol{U} = [\Delta u_1, \Delta u_2, \cdots, \Delta u_M]^{\mathrm{T}}$，$\Delta\boldsymbol{U} \in \mathbb{R}^{M\times 1}$。

5.5.2 分布式最优附加控制器设计

5.5.2.1 分布式最优附加控制器设计问题描述

对于系统的状态空间方程式（5-15），相应的输出方程为

$$\Delta\boldsymbol{Y} = \boldsymbol{C}\Delta\boldsymbol{X} \tag{5-16}$$

分布式最优附加控制器设计问题是求解控制律

$$\Delta\boldsymbol{U} = \boldsymbol{K}_{\mathrm{d}}\Delta\boldsymbol{Y} \tag{5-17}$$

亦即求输出反馈增益 $\boldsymbol{K}_{\mathrm{d}}$，使得二次型性能指标

$$J_{\mathrm{opt}} = \int_0^{\infty} (\Delta\boldsymbol{X}^{\mathrm{T}}\boldsymbol{Q}\Delta\boldsymbol{X} + \Delta\boldsymbol{U}^{\mathrm{T}}\boldsymbol{R}\Delta\boldsymbol{U})\mathrm{d}t \tag{5-18}$$

为极小。式（5-18）中，$\boldsymbol{Q}$ 是一个半正定矩阵，$\boldsymbol{R}$ 是一个正定矩阵。$\boldsymbol{Q}$ 和 $\boldsymbol{R}$ 分别是对应于状态变量和控制变量的权重系数对角矩阵。需要说明的是，分布式最优附加控制器基于全系统模型式（5-15）和全局性能指标式（5-18）进行设计，因此能够实现所有 DG 单元的协调控制。

5.5.2.2 输出反馈变量选取

输出反馈变量 $\Delta\boldsymbol{Y}$ 可以表示为 $\Delta\boldsymbol{Y} = [\Delta\boldsymbol{Y}_1^{\mathrm{T}}, \Delta\boldsymbol{Y}_2^{\mathrm{T}}, \cdots, \Delta\boldsymbol{Y}_M^{\mathrm{T}}]^{\mathrm{T}}$，其中 $\Delta\boldsymbol{Y}_i \in \mathbb{R}^{r_i\times 1}$ 表示 DGi 的输出反馈变量。$\Delta\boldsymbol{Y}_i$ 的选取方法基于以下三项原则：

（1）反馈变量的数目，即 r_i，应当尽可能小以简化控制系统。

（2）反馈变量应当对弱阻尼模式具有良好的可控可观性。

（3）考虑到控制器是分布式实施的，因此各台 DG 仅能从本地状态变量和邻近 DG 的状态变量中选取反馈变量。

由图 5-5（a）可知，弱阻尼模式 1 的强相关状态变量为各台 DG 的 Δh_i 和 ΔQ_i。因此，DGi 的输出反馈变量 $\Delta\boldsymbol{Y}_i$ 可由 Δh_i 和 ΔQ_i，以及所有邻近 DG 的 Δh_j 和 ΔQ_j 构成，即

$$\Delta \boldsymbol{Y}_i = [\Delta Q_i, \Delta h_i, \Delta Q_j, \Delta h_j]^{\mathrm{T}}, j \in N_i \tag{5-19}$$

每台 DG 在分布式最优附加控制中仅需要自身的输出反馈变量 $\Delta \boldsymbol{Y}_i$，因此式（5-17）中反馈增益 $\boldsymbol{K}_{\mathrm{d}}$ 的结构是一个分块对角矩阵。于是，式（5-17）可以写为

$$\begin{bmatrix} \Delta u_1 \\ \Delta u_2 \\ \vdots \\ \Delta u_M \end{bmatrix} = \underbrace{\begin{bmatrix} \boldsymbol{K}_1 & & & \\ & \boldsymbol{K}_2 & & \\ & & \ddots & \\ & & & \boldsymbol{K}_N \end{bmatrix}}_{\boldsymbol{K}_{\mathrm{d}}} \begin{bmatrix} \Delta \boldsymbol{Y}_1 \\ \Delta \boldsymbol{Y}_2 \\ \vdots \\ \Delta \boldsymbol{Y}_M \end{bmatrix} \tag{5-20}$$

由式（5-20）可知，$\Delta u_i = \boldsymbol{K}_i \Delta \boldsymbol{Y}_i$。令 $r = \sum_{i=1}^{M} r_i$，并定义 $\mathcal{K}$ 表示具有与 $\boldsymbol{K}_{\mathrm{d}}$ 同样分块对角结构的矩阵的集合，即

$$\mathcal{K} = \{\boldsymbol{K} \in \mathbb{R}^{M \times r}; \boldsymbol{K} = \mathrm{blockdiag}(\boldsymbol{K}_1, \boldsymbol{K}_2, \cdots, \boldsymbol{K}_M), \boldsymbol{K}_i \in \mathbb{R}^{1 \times r_i}\} \tag{5-21}$$

5.5.2.3　最优反馈增益求解

基于文献［25］中的理论，分布式最优附加控制器设计问题的目标函数式（5-18）及其约束条件式（5-15）～式（5-17）能够转化为

$$\min J_{\mathrm{opt}} = \mathrm{tr}(\boldsymbol{P}) \tag{5-22}$$

式中：$\boldsymbol{P} \in \mathbb{R}^{s \times s}$，是如下李雅普诺夫矩阵方程的解

$$\boldsymbol{P}(\boldsymbol{A} + \boldsymbol{B}\boldsymbol{K}_{\mathrm{d}}\boldsymbol{C}) + (\boldsymbol{A} + \boldsymbol{B}\boldsymbol{K}_{\mathrm{d}}\boldsymbol{C})^{\mathrm{T}} \boldsymbol{P} + \boldsymbol{Q} + \boldsymbol{C}^{\mathrm{T}} \boldsymbol{K}_{\mathrm{d}}^{\mathrm{T}} \boldsymbol{R} \boldsymbol{K}_{\mathrm{d}} \boldsymbol{C} = 0 \tag{5-23}$$

并且 $\mathrm{tr}(\boldsymbol{P})$ 表示矩阵 $\boldsymbol{P}$ 的迹。经过转化后的优化问题变为：在约束式（5-23）下求取最优反馈增益 $\boldsymbol{K}_{\mathrm{d}} \in \mathcal{K}$ 以使得目标函数式（5-22）极小。

该优化问题仅包含等式约束，因此可采用拉格朗日乘子法求解。定义 $\boldsymbol{G}(\boldsymbol{P}, \boldsymbol{K}_{\mathrm{d}})$ 为

$$\boldsymbol{G}(\boldsymbol{P}, \boldsymbol{K}_{\mathrm{d}}) = \boldsymbol{P}(\boldsymbol{A} + \boldsymbol{B}\boldsymbol{K}_{\mathrm{d}}\boldsymbol{C}) + (\boldsymbol{A} + \boldsymbol{B}\boldsymbol{K}_{\mathrm{d}}\boldsymbol{C})^{\mathrm{T}} \boldsymbol{P} + \boldsymbol{Q} + \boldsymbol{C}^{\mathrm{T}} \boldsymbol{K}_{\mathrm{d}}^{\mathrm{T}} \boldsymbol{R} \boldsymbol{K}_{\mathrm{d}} \boldsymbol{C} = 0 \tag{5-24}$$

式中：$\boldsymbol{G} \in \mathbb{R}^{s \times s}$。

由此可构建拉格朗日函数 L_{ag}

$$L_{\mathrm{ag}} = \mathrm{tr}(\boldsymbol{P}) + \mathrm{tr}(\boldsymbol{V}^{\mathrm{T}} \boldsymbol{G}) \tag{5-25}$$

式中：$\boldsymbol{V} \in \mathbb{R}^{s \times s}$ 是拉格朗日乘子矩阵。根据优化理论可知，拉格朗日函数 L_{ag} 的极值条件为

$$\frac{\partial L_{\mathrm{ag}}}{\partial \boldsymbol{K}_{\mathrm{d}}}=0,\frac{\partial L_{\mathrm{ag}}}{\partial \boldsymbol{P}}=0,\frac{\partial L_{\mathrm{ag}}}{\partial \boldsymbol{V}}=0 \tag{5-26}$$

基于矩阵的迹的性质进行推导后，式（5-26）中的极值条件可以分别表示为

$$\begin{aligned}
&\boldsymbol{R}\boldsymbol{K}_{\mathrm{d}}(\boldsymbol{C}\boldsymbol{V}\boldsymbol{C}^{\mathrm{T}})_{\mathrm{d}}+(\boldsymbol{B}^{\mathrm{T}}\boldsymbol{P}\boldsymbol{V}\boldsymbol{C}^{\mathrm{T}})_{\mathrm{d}}=0\\
&(\boldsymbol{A}+\boldsymbol{B}\boldsymbol{K}_{\mathrm{d}}\boldsymbol{C})\boldsymbol{V}+\boldsymbol{V}(\boldsymbol{A}+\boldsymbol{B}\boldsymbol{K}_{\mathrm{d}}\boldsymbol{C})^{\mathrm{T}}+\boldsymbol{I}_{s}=0\\
&\boldsymbol{P}(\boldsymbol{A}+\boldsymbol{B}\boldsymbol{K}_{\mathrm{d}}\boldsymbol{C})+(\boldsymbol{A}+\boldsymbol{B}\boldsymbol{K}_{\mathrm{d}}\boldsymbol{C})^{\mathrm{T}}\boldsymbol{P}+\boldsymbol{Q}+\boldsymbol{C}^{\mathrm{T}}\boldsymbol{K}_{\mathrm{d}}^{\mathrm{T}}\boldsymbol{R}\boldsymbol{K}_{\mathrm{d}}\boldsymbol{C}=0
\end{aligned} \tag{5-27}$$

式中：$\boldsymbol{I}_s$ 是一个 $s\times s$ 阶单位矩阵，$(\boldsymbol{CVC}^{\mathrm{T}})_{\mathrm{d}}$ 和 $(\boldsymbol{B}^{\mathrm{T}}\boldsymbol{PVC}^{\mathrm{T}})_{\mathrm{d}}$ 分别是对应于 $\boldsymbol{CVC}^{\mathrm{T}}$ 和 $\boldsymbol{B}^{\mathrm{T}}\boldsymbol{PVC}^{\mathrm{T}}$ 的分块对角矩阵，$(\boldsymbol{CVC}^{\mathrm{T}})_{\mathrm{d}}$ 和 $(\boldsymbol{B}^{\mathrm{T}}\boldsymbol{PVC}^{\mathrm{T}})_{\mathrm{d}}$ 的分块结构与 $\boldsymbol{K}_{\mathrm{d}}$ 的分块结构保持一致。式（5-27）即为在可选择控制结构约束下的“Levine-Athans”方程组，该方程组的未知量是 $\boldsymbol{P}$、$\boldsymbol{V}$ 以及 $\boldsymbol{K}_{\mathrm{d}}$。本章使用直接迭代算法[25]求解式（5-27）以得到最优反馈增益 $\boldsymbol{K}_{\mathrm{d}}$。与其他算法例如梯度法和共轭梯度法相比，直接迭代算法具有速度快、精度高的优点。

5.6 算例分析

基于 5.2 节设计的 6 机 40 节点微电网算例系统及其相应参数，本节给出补偿系统的动态性能分析以及 PSCAD/EMTDC 时域仿真结果以验证所提出的分布式最优附加控制器的有效性。

5.6.1 补偿系统的动态性能分析

基于 5.5 节中介绍的控制器设计方法，应用直接迭代算法对基本负荷工况和初始控制参数下的最优反馈增益 $\boldsymbol{K}_{\mathrm{d}}$ 进行求解。算法在第 14 次迭代时收敛。已知式（5-20）中 $\boldsymbol{K}_{\mathrm{d}}$ 的分块对角结构以及图 5-2 中的通信网络拓扑，各台 DG 输出反馈变量 $\Delta\boldsymbol{Y}_i$ 的详细构成及其相应的最优反馈增益求解结果如表 5-9 所示。在求解 $\boldsymbol{K}_{\mathrm{d}}$ 时，$\boldsymbol{Q}$ 和 $\boldsymbol{R}$ 中对应于各状态变量和控制变量的权重系数大小如表 5-10 所示。权重系数反映了对应状态变量或控制变量的重要程度，具体数值大小根据主观偏好进行选取。在本书的研究中，由于 ΔQ_i 和 Δh_i 是弱阻尼模式的强相关状态变量，因此将其权重系数（即 $Q_{\Delta Q_i}$ 和 $Q_{\Delta h_i}$）选取为较大的数值，而对于其他变量则将其权重系数选取为较小的数值。

表 5-9　　各台 DG 的ΔY_i以及最优反馈增益 $\boldsymbol{K}_i$ 求解结果

DG	输出反馈变量$\Delta \boldsymbol{Y}_i$和最优反馈增益 $\boldsymbol{K}_i$					
DG1	$\Delta \boldsymbol{Y}_1$	ΔQ_1	Δh_1	ΔQ_6	Δh_6		
	$\boldsymbol{K}_1$	−0.78	0.16	0.12	0.21		
DG2	$\Delta \boldsymbol{Y}_2$	ΔQ_2	Δh_2	ΔQ_1	Δh_1	ΔQ_6	Δh_6
	$\boldsymbol{K}_2$	−0.35	−0.01	0.24	−0.06	0.12	−0.09
DG3	$\Delta \boldsymbol{Y}_3$	ΔQ_3	Δh_3	ΔQ_2	Δh_2		
	$\boldsymbol{K}_3$	−0.93	−0.4	0.18	−0.46		
DG4	$\Delta \boldsymbol{Y}_4$	ΔQ_4	Δh_4	ΔQ_3	Δh_3		
	$\boldsymbol{K}_4$	−0.92	−0.11	−0.32	−0.26		
DG5	$\Delta \boldsymbol{Y}_5$	ΔQ_5	Δh_5	ΔQ_3	Δh_3	ΔQ_4	Δh_4
	$\boldsymbol{K}_5$	−0.77	−0.06	0.34	−0.05	−0.46	−0.44
DG6	$\Delta \boldsymbol{Y}_6$	ΔQ_6	Δh_6	ΔQ_5	Δh_5		
	$\boldsymbol{K}_6$	−0.65	−0.39	0.48	−0.56		

表 5-10　　$\boldsymbol{Q}$ 和 $\boldsymbol{R}$ 中的权重系数值

参数符号	参数值	参数符号	参数值
$Q_{\Delta\delta_i}$	1	$Q_{\Delta\lambda_i}$	1
$Q_{\Delta P_i}$	1	$Q_{\Delta h_i}$	50
$Q_{\Delta Q_i}$	100	$Q_{\Delta\psi}$	0
$Q_{\Delta\Omega_i}$	0	$Q_{\Delta u_i}$	20

5.6.1.1　补偿系统的特征根结果

将式（5-16）和式（5-17）代入式（5-15）后可得到补偿系统的小信号动态模型，即

$$\Delta\dot{\boldsymbol{X}}=(\boldsymbol{A}+\boldsymbol{B}\boldsymbol{K}_{\mathrm{d}}\boldsymbol{C})\Delta\boldsymbol{X} \tag{5-28}$$

分布式最优附加控制器的有效性可以通过分析 $\boldsymbol{A}+\boldsymbol{B}\boldsymbol{K}_{\mathrm{d}}\boldsymbol{C}$ 的特征根进行检验。图 5-10（a）给出了补偿系统式（5-28）在优化前（即 $\boldsymbol{K}_{\mathrm{d}}$ 为零）、优化过程中以及优化后（即 $\boldsymbol{K}_{\mathrm{d}}$ 为表 5-9 中的最优反馈增益）其主导振荡模式在复平面上的轨迹。由图 5-10（a）可知，在优化过程中，模式 1 不断向左半平面移动并且阻尼显著加强，表明系统的动态性能有明显改善，其他主导振荡

模式的阻尼也有所增强。图 5-10（b）给出了优化过程中目标函数式（5-22）的结果，可知在迭代过程中目标函数值不断下降并最终收敛。

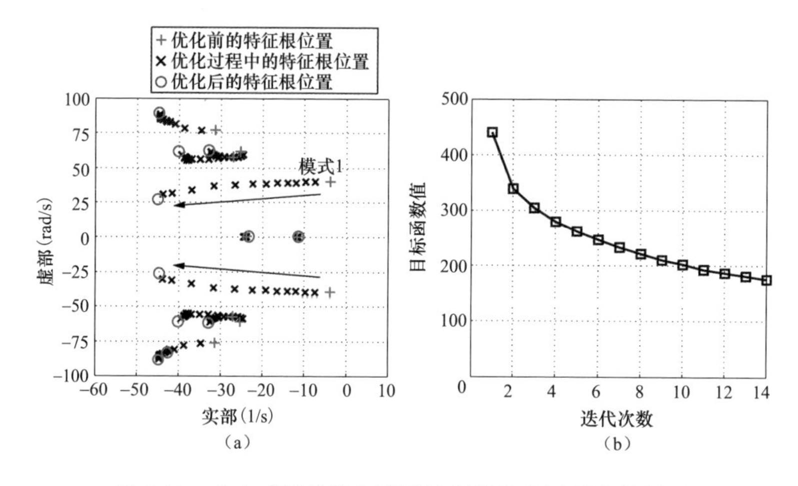

图 5-10　分布式最优附加阻尼控制器优化过程中的结果

（a）优化过程中主导振荡模式在复平面上的轨迹；（b）优化过程中的目标函数值

5.6.1.2　不同控制器的动态性能改善效果对比

若 DGi 的输出反馈量 $\Delta \boldsymbol{Y}_i$ 仅包含本地状态变量，即 $\Delta \boldsymbol{Y}_i=[\Delta Q_i,\Delta h_i]^{\mathrm{T}}$，则此时原分布式最优附加控制器退化为分散最优附加控制器。分散最优附加控制器仅需本地变量即可完成控制，因而具有无须通信以及实施简便的优点。分散最优附加控制器的最优反馈增益 $\boldsymbol{K}_{\mathrm{d}}$ 同样可以通过求解相应的“Levine- Athans”方程组得到。图 5-11 对比了算例系统在不同控制器下模式 1 的结果。图 5-11 中红色叉号、紫色圆圈、黑色加号和蓝色方框所表示的结果分别对应于在算例系统中使用表 5-3 所示初始控制参数下的分布式二次控制器、使用表 5-5 所示经过仔

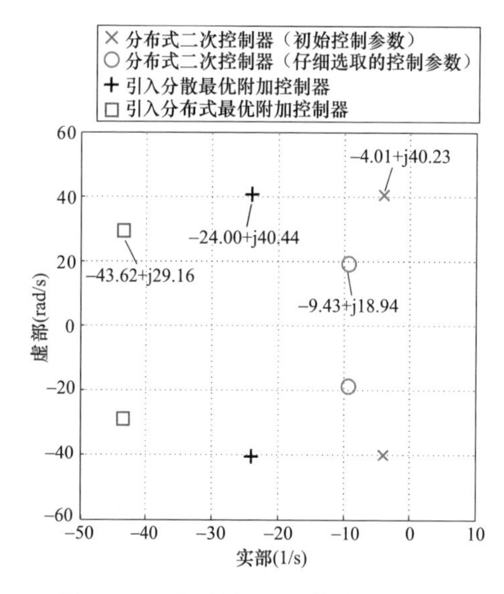

图 5-11　不同控制器下模式 1 的结果

细选取的控制参数下的分布式二次控制器、引入分布式最优附加控制器，以及引入分散最优附加控制器。

图 5-11 的结果表明：

（1）引入分布式最优附加控制器能够显著地将模式 1 移动到远离虚轴的位置并且同时增加模式 1 的阻尼。

（2）引入分散最优附加控制器能在一定程度上增加模式 1 的阻尼与其实部的绝对值，然而由于缺乏邻近 DG 的反馈变量，其效果不如分布式最优附加控制器理想。

5.6.1.3　多种负荷工况下的鲁棒性检验

分布式二次控制器使用表 5-3 所示的初始控制参数。在表 5-6 所示的不同负荷工况下，表 5-11 对比了引入和不引入分布式最优附加控制器时模式 1 的结果，其中所使用的分布式最优附加控制器均基于基本负荷工况设计。由表 5-11 可知，在不同的负荷工况下，分布式最优附加控制器都能使系统获得理想的动态性能，说明其具有对负荷工况变化的鲁棒性。

表 5-11　不同负荷工况下引入和不引入分布式最优附加控制器时模式 1 的结果

负荷工况	不引入分布式最优附加控制器	引入分布式最优附加控制器（均基于基本负荷工况设计）
基本负荷工况	$-4.01\pm j40.23$	$-43.62\pm j29.16$
负荷工况 1	$-4.61\pm j39.61$	$-43.16\pm j28.01$
负荷工况 2	$-3.71\pm j40.54$	$-43.84\pm j29.66$
负荷工况 3	$-4.02\pm j40.02$	$-42.90\pm j27.15$

5.6.2　PSCAD/EMTDC 时域仿真结果

基于 PSCAD/EMTDC 仿真平台对所提出的分布式最优附加控制器进行测试。算例系统的负荷工况使用表 5-6 中的基本负荷工况。本节内容分为如下四项测试：测试 1 评估分布式最优附加控制器在正常运行工况下的性能，测试 2、3 和 4 分别检验分布式最优附加控制器在通信线路故障、DG 即插即用以及 70%负荷投切等非正常运行工况下的鲁棒性。

5.6.2.1 测试 1：改善效果评估

1. Case 1：仅有一次控制

系统运行在一次控制，当 t=2s 时 DG2 的本地负荷 L2 切除。各台 DG 的输出无功功率响应波形如图 5-12 所示。可知无功功率的动态响应性能良好，该时域仿真结果与图 5-4 中具有良好阻尼的特征根结果一致。然而，此时 DG 输出无功功率的分配却存在较大误差。

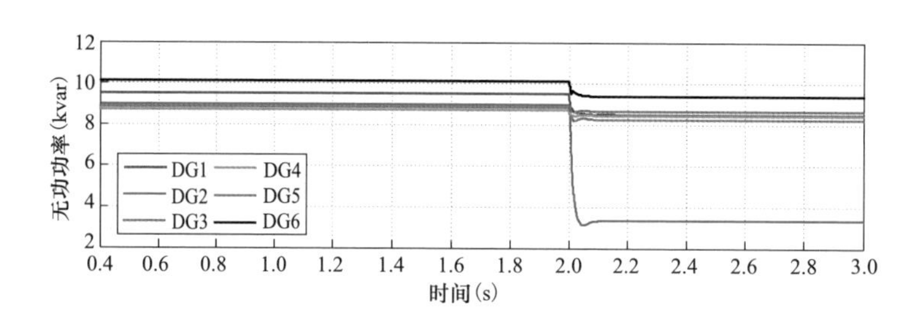

图 5-12　仅有一次控制下各 DG 输出的无功功率—Case 1

2. Case 2：一次控制+二次控制（初始控制参数）

系统起初运行在一次控制下，当 t=0.8s 时分布式二次控制器（初始控制参数）启动，随后 t=2s 时 L2 切除。各台 DG 输出的无功功率响应波形如图 5-13 所示。由图 5-13 可知，t=0.8s 后在分布式二次控制器的作用下，各台 DG 输出的无功功率能够按照容量比例达到精确分配，具体比值为 $Q_1:Q_2:Q_3:Q_4:Q_5:Q_6$= 3:3:3:2:2:2。然而，同 Case 1 相比，此时无功功率的动态响应呈现出非常明显的振荡现象。该仿真结果验证了图 5-4 中的特征根分析结果，即分布式二次控制器给系统引入了新的弱阻尼模式并可能诱发振荡响应。

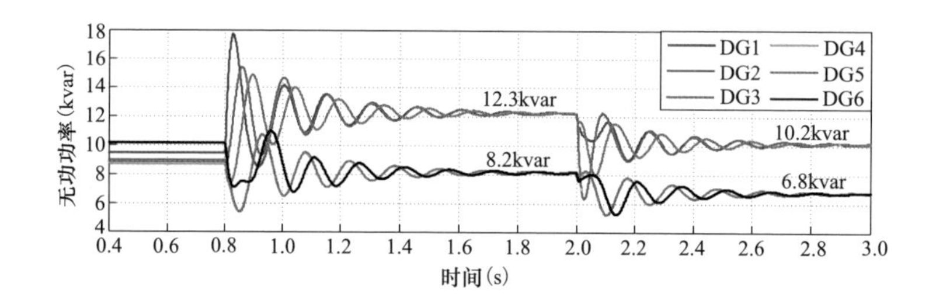

图 5-13　在一次控制和二次控制（初始控制参数）下

各 DG 输出的无功功率—Case 2

3. Case 3：一次控制+二次控制（仔细选取的控制参数）

Case 3 的运行工况与 Case 2 基本相同，只是在 Case 3 中分布式二次控制器使用表 5-5 中经过仔细选取的控制参数值。各台 DG 输出的无功功率响应波形如图 5-14 所示。图 5-14 表明，此时无功功率响应的振荡现象虽然与 Case 2 相比有所缓解，然而其超调量仍然较大、调整时间也较长，因此系统的动态性能依然不够理想，有待改善。

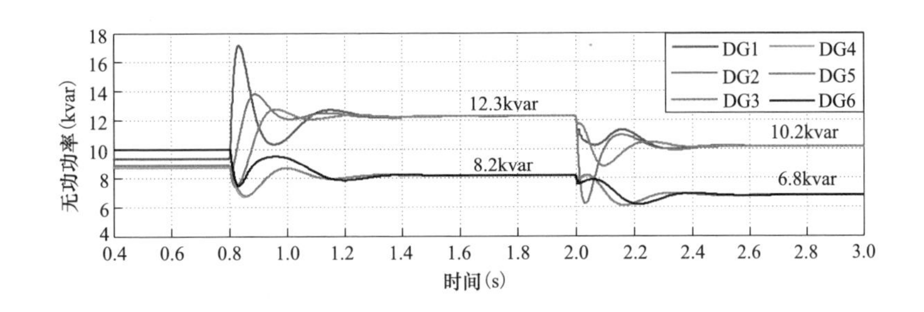

图 5-14 在一次控制和二次控制（仔细选取的控制参数）下各 DG 输出无功功率—Case 3

4. Case 4：一次控制+二次控制+分布式最优附加控制器

在 Case 2 的运行工况基础上，Case 4 引入了分布式最优附加控制器以改善系统的动态响应性能。所使用的最优反馈增益 $\boldsymbol{K}_{\mathrm{d}}$ 如表 5-9 所示。仿真结果如图 5-15 所示。图 5-15（a）给出了各台 DG 输出无功功率的响应波形。对比分析图 5-15（a）、图 5-13 和图 5-14 可知，引入分布式最优附加控制器后无功功率的动态响应过程有明显改善。具体地，无功功率动态响应的超调量大幅减少并且在负荷变化后其调整时间低于 0.3s。

此外，图 5-15 的结果表明，引入分布式最优附加控制器后，分布式二次控制器仍然能够实现第 4 章中提出的四项控制目标，即目标（1）——系统频率恢复到额定值 50Hz，图 5-15（c）；目标（2）——保持在一次控制下 DG 输出有功功率的分配方式 $P_1:P_2:P_3:P_4:P_5:P_6$=3:3:3:2:2:2，图 5-15（b）；目标（3）——PCC 电压恢复至额定值 1p.u.，图 5-15（d）；目标（4）——DG 输出的无功功率按照其容量比例进行分配，图 5-15（a）。由此可知，分布式最优附加控制器不会影响分布式二次控制器的稳态控制性能。

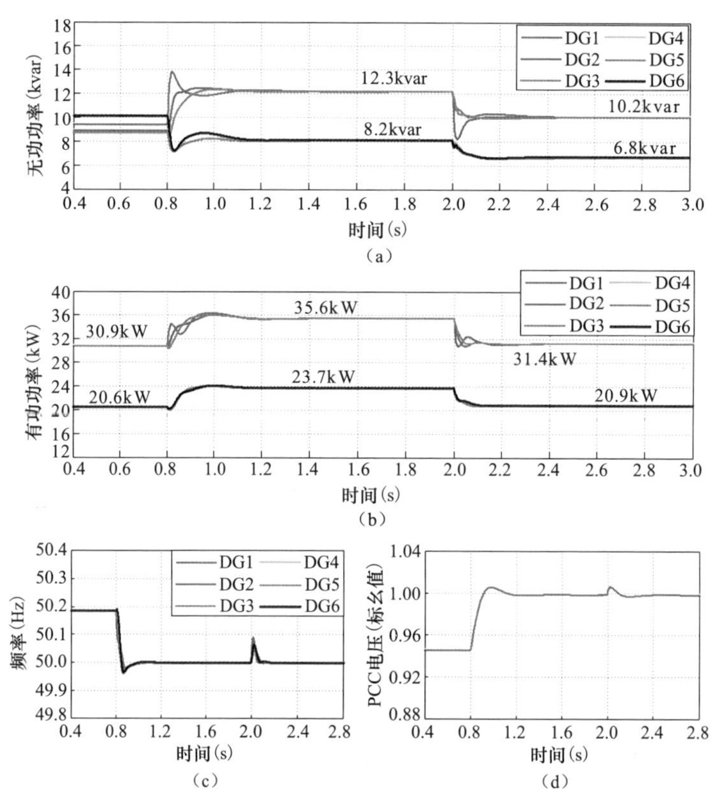

图 5-15 在一次控制和二次控制基础上引入分布式最优附加控制器后的仿真结果—Case 4

(a）各台 DG 输出的无功功率；(b）各台 DG 输出的有功功率；

(c）DG 频率；(d）PCC 电压

5.6.2.2 测试 2：通信线路故障

在 t=0.8s 分布式二次控制器启动后，t=2s 时从 DG3 到 DG5 之间的通信线路故障，随后 t=2.5s 时 L2 切除。图 5-16 对比了如下三种情况的各台 DG 输出无功功率响应波形，即分布式二次控制器使用初始控制参数、分布式二次控制器使用经过仔细选取的控制参数、引入分布式最优附加控制器。需要说明的是，通信线路故障后，剩余通信网络仍包含生成树，因此三种情况下系统的稳态控制性能（即无功功率精确分配）没有受到影响。在通信线路故障后，DG5 失去了从 DG3 传输过来的反馈变量，因此在这种情况下，分布式最优附加控制器的控制效果已不再是最优的。然而图 5-16（c）的结果表明，此时系统的动态响应性能仍然明显优于图 5-16（a）和图 5-16（b）的结果，说明分布式最优附加控制器具有对通信线路故障的鲁棒性。

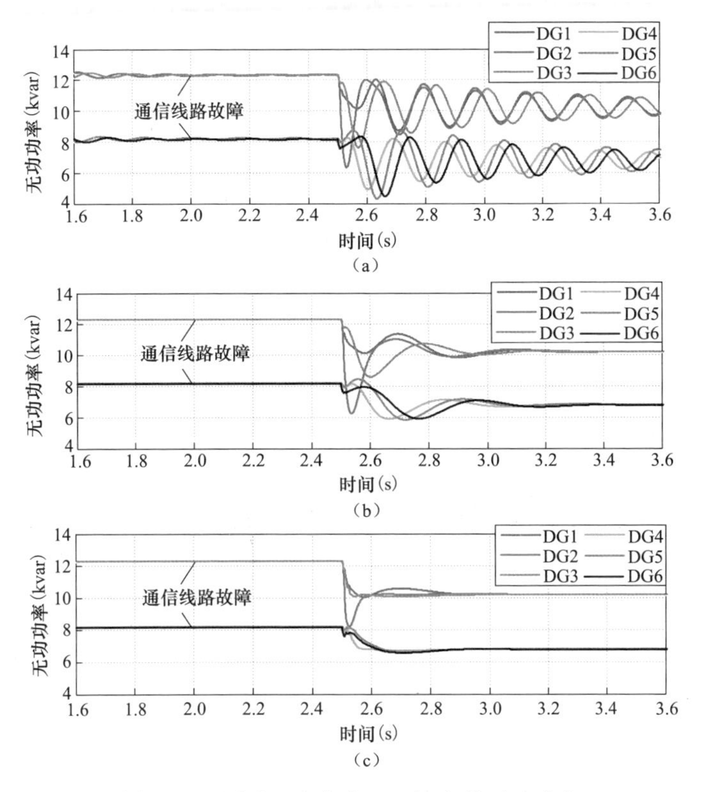

图 5-16 测试 2 中各台 DG 输出的无功功率

（a）当分布式二次控制器使用初始控制参数时各台 DG 输出的无功功率；（b）当分布式二次控制器使用经过仔细选取的控制参数时各台 DG 输出的无功功率；（c）引入分布式最优附加控制器后各台 DG 输出的无功功率

5.6.2.3 测试 3：即插即用性能

为测试分布式最优附加控制器在 DG 即插即用操作下的性能，在 t=0.8s 分布式二次控制器启动后，t=2s 时 DG4 退出系统，t=3.3s 时 DG4 重新接入系统运行。需要说明的是，DG4 退出后，所有与之相连的通信线路全部失效；在 DG4 重新接入后，失效的通信线路全部恢复；在 DG4 重新接入前，首先需要将其与系统进行同步，同步过程完成后 DG4 才能接入系统运行。图 5-17 对比了如下三种情况的各台 DG 输出无功功率响应波形，即分布式二次控制器使用初始控制参数、分布式二次控制器使用经过仔细选取的控制参数、引入分布式最优附加控制器。

（1）稳态性能评估：图 5-17（a）～（c）的结果均表明，在 DG4 退出系统后，剩余的 DG 单元仍能实现无功功率精确分配，这是由于剩余的通信网络仍然包含生成树。此外，DG4 重新接入系统后，能够马上参与到无功功率的调节，并与其他 DG 共同实现无功功率精确分配。

（2）动态性能对比：在 DG4 退出系统后，DG5 失去了从 DG4 传输过来的反馈变量，并且系统中 DG 单元数量从 6 个减少至 5 个。因此在这种情况下，分布式最优附加控制器的控制效果已不再是最优的。然而图 5-17（c）的结果表明，此时系统的动态响应性能仍然明显优于图 5-17（a）和图 5-17（b）的结果，说明分布式最优附加控制器具有对 DG 即插即用操作的鲁棒性。

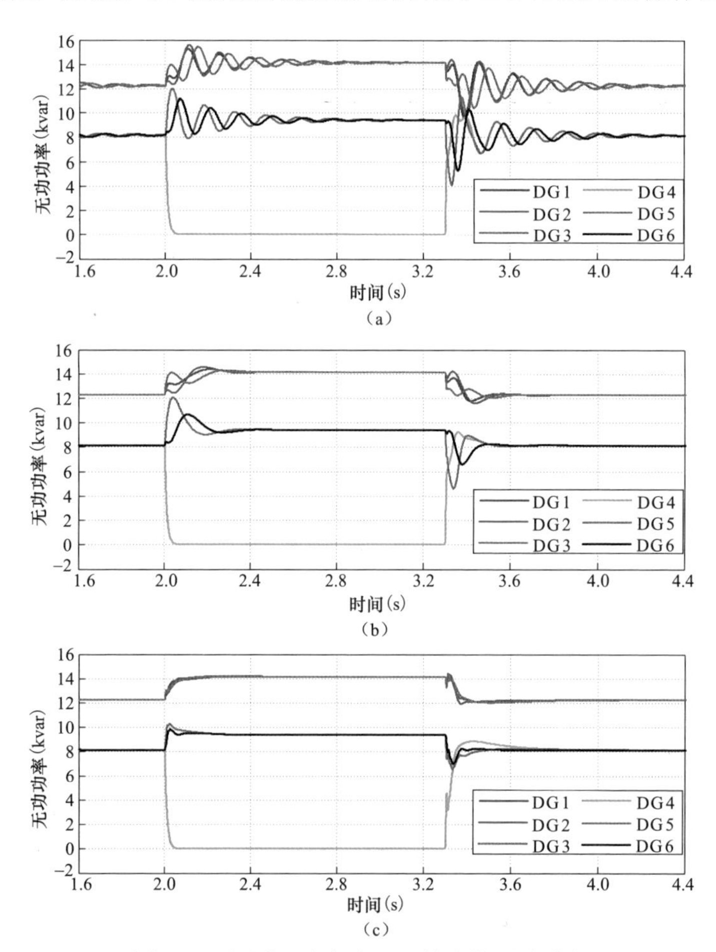

图 5-17　测试 3 中各台 DG 输出的无功功率

（a）当分布式二次控制器使用初始控制参数时各台 DG 输出的无功功率；（b）当分布式二次控制器使用经过仔细选取的控制参数时各台 DG 输出的无功功率；（c）引入分布式最优附加控制器后各台 DG 输出的无功功率

5.6.2.4　测试 4：70%的负荷投切

为了模拟显著的负荷变化，在 t=0.8s 分布式二次控制器启动后，t=2s 时切除系统中 70%的负荷，t=2.8s 时已切除的负荷又重新投入。图 5-18 对比了如下三种情况的各台 DG 输出无功功率响应波形，即分布式二次控制器使用初始控制参数、分布式二次控制器使用经过仔细选取的控制参数、引入分布式最优附加控制器。对比分析图 5-18（a）～（c）可知，在负荷投切后，分布式最优附加控制器能够显著抑制振荡并改善系统的动态响应性能，说明分布式最优附加控制器在负荷工况发生剧烈变化时仍然具有良好的鲁棒性。

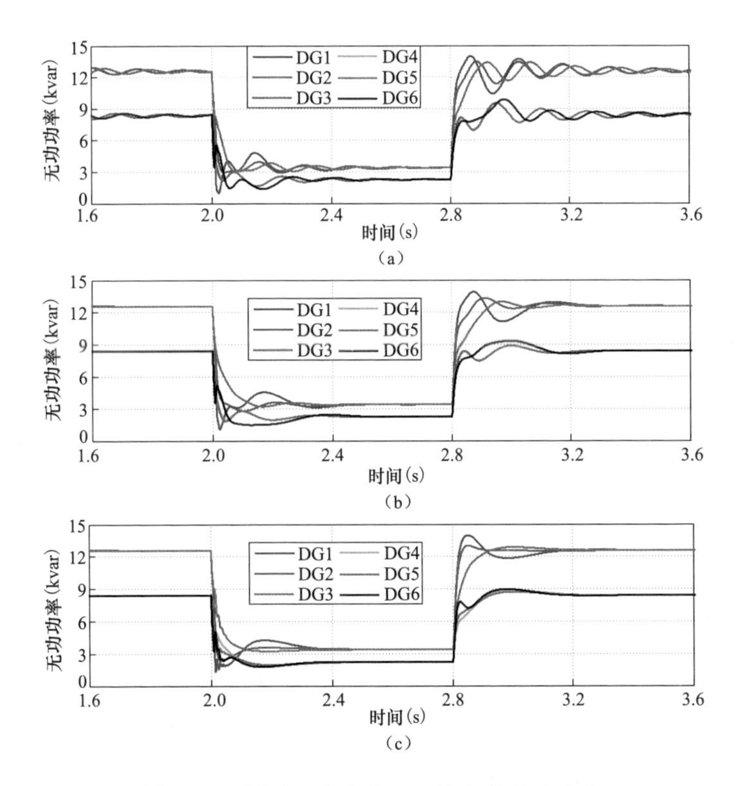

图 5-18　测试 4 中各台 DG 输出的无功功率

（a）当分布式二次控制器使用初始控制参数时各台 DG 输出的无功功率；（b）当分布式二次控制器使用经过仔细选取的控制参数时各台 DG 输出的无功功率；（c）引入分布式最优附加控制器后各台 DG 输出的无功功率

5.7 讨论与小结

5.7.1 讨论

本章所设计的分布式最优附加控制器基于可选择控制结构的部分输出量反馈最优协调控制理论。该控制理论在以同步发电机为主的大电网中已得到一定应用，主要用于设计同步发电机的最优分散协调控制器以抑制大电网的低频振荡[25]。下面从问题和方法两个角度详细比较本章工作同大电网中相关工作的区别。

1. *问题层面*

同电力系统低频振荡问题相比，本章研究的微电网动态性能改善问题主要包括以下三个方面特点：

（1）问题的产生机理。对于电力系统低频振荡问题最经典的解释：由于电网互联规模的扩大以及高放大倍数快速励磁控制器的广泛采用，当电力系统受到扰动时，发电机转子间阻尼不足从而引起持续低频功率振荡。而微电网自身规模和容量较小，其动态性能不理想这一问题主要是由于分布式二次控制器给系统引入了新的模式，该模式的动态性能较差。

（2）对阻尼和稳定裕度的要求。大型电力系统的容量、惯性非常大，负荷变化等扰动相对而言较小，因此大电网对阻尼大小的要求较为宽松，一般大于 5%即可。而微电网自身容量较小，采用电力电子接口的 DG 单元又缺乏惯性，相对而言微电网中负荷变化等扰动的影响更为显著，因此微电网对阻尼大小和稳定裕度的要求更为严格。

（3）多机耦合。传统电力系统多机之间在动态上也存在耦合，但是同步发电机的励磁和调速控制是通过分散的方式实现的。本书中微电网采用分布式控制，本地 DG 需要将邻近 DG 的频率、电压、有功、无功等信息用于自身控制，这一特点使得各台 DG 之间的耦合更为紧密。5.4.1 节的参与因子分析结果也表明，所有 DG 均显著地参与了弱阻尼振荡模式。因此，微电网的动态性能改善方法必须关注 DG 之间的协调控制。

2. *设计方法层面*

本章所提出的分布式最优附加控制器与同步发电机的最优分散协调控

制器相比具有如下特点：

（1）分布式/分散实施。同步发电机的最优分散协调控制器仅需要采用本地量测量，因此是分散实施。而每台 DG 的分布式最优附加控制器不仅需要采用本地量测量，还需要邻近 DG 的信息，属于分布式实施，两者在控制器输入变量的选取方式上是不同的。

（2）模型降阶处理。对于所使用的微电网分布式二次控制器，如 4.5.1 节所述，某一台 DG 的 h_i 可由其他 DG 的 h_i 线性表示，因此该台 DG 的 h_i 对应的状态空间方程是冗余的，这将导致系统小信号动态模型的状态矩阵奇异。而基于最优协调控制理论的控制器设计方法要求状态矩阵非奇异。为此，本书在 4.5.1 节中紧密结合分布式控制的特点，消除了导致状态矩阵奇异的不变子空间并得到了系统的降阶模型。基于降阶模型，可以进行后续的分布式最优附加控制器设计。

5.7.2　小结

分布式二次控制可能给系统引入新的弱阻尼模式，导致系统的动态性能不够理想甚至可能发生较为严重的振荡，对系统的安全稳定运行构成了较大的威胁。本章对这一问题进行了深入的分析与探讨并提出了分布式最优附加控制器以改善系统的动态性能、增强系统的稳定性，最后通过特征分析以及时域仿真结果验证了所提方法的有效性，主要工作与结论如下。

（1）基于 CIGRE TF C6.04.02 提出的标准低压微电网拓扑，设计了更具一般性和通用性的 6 机 40 节点微电网算例系统。考虑网络与负荷的静态代数方程，推导了分布式二次控制下微电网的简化小信号动态模型。和第 4 章的详细模型相比，该模型的精度仍然能够满足要求，但是其阶数大为降低，从而使得系统的动态性能分析和分布式最优附加控制器的设计更为简便。

（2）详细分析了控制参数选取方法、系统运行平衡点以及通信网络拓扑等因素对分布式二次控制作用下微电网动态性能的影响。结果表明，系统的关键特征根总是位于靠近虚轴的区域并且阻尼较弱，此外，所有 DG 的状态变量 ΔQ_i 和 Δh_i 均与这对弱阻尼模式强相关。

（3）基于可选择控制结构的部分输出量反馈最优协调控制理论提出了微电网分布式最优附加控制方法。设计了反馈控制的并联附加控制结构；基于参与因子分析结果选取了部分输出反馈量；通过拉格朗日乘子法将反馈变量控制增益的优化问题转化为"Levine-Athans"方程组的求解问题；基于直接迭代算法对"Levine-Athans"方程组进行了快速高效的求解。

（4）特征分析以及时域仿真结果表明，所提出的分布式最优附加控制器能够使系统的动态性能具有快速的响应速度、理想的阻尼特性以及充分的稳定裕度，从而显著地提升了系统的动态性能。此外，分布式最优附加控制器能够实现 DG 之间的协调运行、以分布式/分散方式实施、对多种运行工况变化均具有良好的鲁棒性，以及不影响二次控制的稳态控制性能。

第6章

微电网时滞稳定分析与延时补偿控制方法

6.1 概　　述

无论是集中式还是分布式二次控制，都需要通信网络的支持。通信延时是信号传输过程中不可避免的固有问题。研究表明，较大的通信延时会恶化系统的动态性能，降低系统的稳定裕度，甚至导致系统不稳定。因此，研究通信延时对系统稳定性的影响并研究相应的延时补偿方法对于系统稳定至关重要。

本章研究了孤岛微电网分布式二次频率和电压控制的通信时延相关稳定性问题，提出了综合的建模、分析和补偿方法[26]。本章的主要内容有以下三方面：

（1）提出了同时考虑分布式二次调频和电压控制器的微电网统一时滞小信号动态模型。

（2）基于所构建的小信号动态模型，对微电网的分布式二次频率和电压控制进行了全面的时滞相关稳定性分析，包括研究通信时滞对系统主导振荡模式阻尼和振荡频率的影响、辨识不同通信网络拓扑和控制参数下的时滞裕度等，为控制参数整定提供参考。

（3）提出了一种基于超前滞后补偿和增益调节的分布式二次控制时延补偿方法，以增强系统对通信时延的稳定性。

本章将通过理论分析、时域仿真和实验结果验证所提方法的有效性。

6.2 微电网的时滞小信号动态建模

本节构建微电网时滞小信号动态模型，包括含一次控制器和时滞分布式二次控制器的 DG 单元动态，以及网络和负荷动态。详细的建模过程和部分参数矩阵在附录 F 中给出。

6.2.1 考虑延时的 DG 建模

图 6-1 给出了 DGi 的一次控制和分布式二次控制结构。DGi 通过 LCL 滤波器、本地负荷 Load$i$ 和馈线连接到 MG 的其余部分。

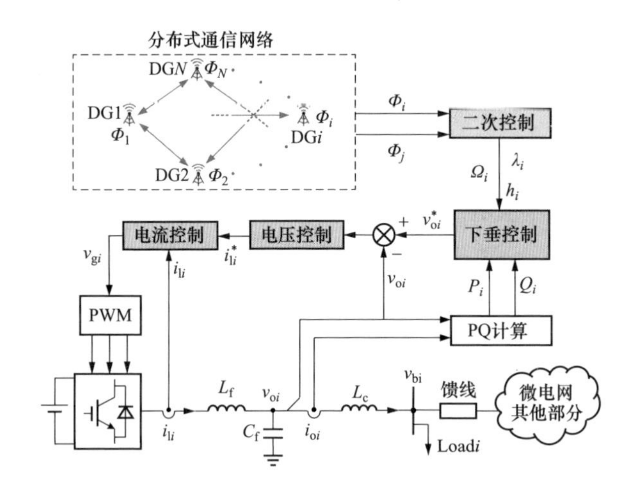

图 6-1 DGi 的一次控制和分布式二次控制结构

1. 一次控制

如图 6-1 所示，一次控制由下垂控制器、电压控制器和电流控制器组成。电压和电流控制器用于使 DG 单元输出电压 v_{oi} 跟踪其参考值 v_{oi}^*。v_{oi}、i_{oi} 和 v_{bi} 在 DGi 局部 dq 坐标系下可以表示为 $v_{odi}+\mathrm{j}v_{oqi}$、$i_{odi}+\mathrm{j}i_{oqi}$ 和 $v_{bdi}+\mathrm{j}v_{bqi}$。根据下垂特性，下垂控制器便于不同 DG 单元之间的功率均分，表达式如下

$$\omega_i(t)=\omega_{\mathrm{N}}-m_i[P_i(t)-P_i^*] \tag{6-1}$$

$$\left|v_{oi}^*(t)\right|=V_{\mathrm{N}}-n_iQ_i(t) \tag{6-2}$$

式中：m_i 和 n_i 分别为有功和无功功率下垂系数；P_i 和 Q_i 分别为 DGi 的输出有功和无功功率分量；ω_i 为 DGi 的频率；P_i^* 为额定有功功率；ω_{N} 为额定系统频率，2π×50rad/s；V_{N} 为额定系统电压，标幺值为 1。

2. 分布式二次控制

DG 单元的二次频率和电压控制方法基于第 4 章提出的分布式协同控制

策略，同时考虑了通信延时。与其他分布式二次控制方法[8，10，27，28]相比，第 4 章中的方法能够同时实现系统频率和 PCC 母线电压恢复，以及 DG 单元间精确的有功/无功功率均分，因此本章采用该方法。需要说明的是，本章的通信时滞相关建模、稳定性分析和补偿方法也可以应用于其他分布式二次控制方法，因为其基本方法不变。

假设 MG 中有 N 个 DG 单元。每个 DG 单元可以通过如图 6-1 所示的分布式通信网络与邻居进行通信。由图 6-1 可知，对于 DGi 的二次控制器，需要其自身信息（记为 Φ_i）和其邻居（记为 Φ_j）的信息来计算修正项 Ω_i、λ_i 和 h_i。DGi 的邻居集合记为 N_i。根据图论，分布式通信网络的关联邻接矩阵为 $\boldsymbol{\mathcal{A}}=[a_{ij}]\in\mathbb{R}^{N\times N}$，$a_{ij}$ 为 DGi 和 DGj 之间边的权重。

分布式二次频率控制器的作用是使系统频率恢复到额定值 ω_{ref}，以及维持一次控制中实现的 DG 单元间精确的有功功率均分。表达式如下

$$\omega_i(t)=\omega_{\text{N}}-m_i[P_i(t)-P_i^*]+\Omega_i(t) \tag{6-3}$$

式中：Ω_i 为二次频率控制变量，使式（6-1）描述的一次下垂曲线发生偏移。Ω_i 由式（6-4）确定

$$\dot{\Omega}_i(t)=-c_{\omega i}e_{\omega i}(t)-c_{pi}e_{pi}(t) \tag{6-4}$$

$$\dot{e}_{\omega i}(t)=\sum_{j\in N_i}a_{ij}[\omega_i(t)-\omega_j(t-\tau_{\text{d}})]+g_i[\omega_i(t)-\omega_{\text{ref}}] \tag{6-5}$$

$$\dot{e}_{pi}(t)=\sum_{j\in N_i}a_{ij}[m_iP_i(t)-m_jP_j(t-\tau_{\text{d}})] \tag{6-6}$$

式中：τ_{d} 表示 DGi 与其相邻 DG 单元之间的通信延时，$c_{\omega i}$ 和 c_{pi} 为正的控制增益，固定增益 $g_i\geqslant 0$ 为 DGi 与参考连接边的权重。式（6-5）和式（6-6）的动态过程将使得所有 DG 单元的 ω_i 收敛到 ω_{ref}，以及 DG 单元之间精确的有功功率均分，即 $m_1P_1=m_2P_2=\cdots=m_NP_N$。

分布式二次电压控制器的作用：①将公共连接点（point of common coupling，PCC）的电压（记为 V_{PCC}）恢复到其额定参考值 V_{PCCref}；②实现 DG 单元间基于容量比的精确无功分配。为了不失一般性，假设 PCC 为关键节点。分布式二次电压控制器为

$$v_{\text{od}i}^*(t)=\underbrace{V_{\text{N}}-n_iQ_i(t)+\lambda_i(t)}_{V_{\text{f}i}(t)}-h_i(t) \tag{6-7}$$

$$v_{\text{oq}i}^*(t)=0 \tag{6-8}$$

式中：v_{odi}^{*} 和 v_{oqi}^{*} 分别为 DGi 输出电压参考值 v_{oi}^{*} 的 d 轴和 q 轴分量。需要注意 v_{oqi}^{*} 被设置为零。λ_i 和 h_i 是二次电压控制变量，使式（6-2）描述的一次下垂曲线发生偏移。$V_{\mathrm{N}} - n_i Q_i + \lambda_i$ 记为 $V_{\mathrm{f}i}$。

λ_i 由式（6-9）确定

$$\dot{\lambda}_i(t) = -c_{vi}\left\{\sum_{j\in N_i} a_{ij}[V_{\mathrm{f}i}(t) - V_{\mathrm{f}j}(t-\tau_{\mathrm{d}})] + g_i[V_{\mathrm{f}i}(t) - V_{\mathrm{fref}}(t-\tau_{\mathrm{d}})]\right\} \tag{6-9}$$

$$V_{\mathrm{fref}}(t) = V_{\mathrm{N}} + k_{\mathrm{P}}[V_{\mathrm{PCCref}} - V_{\mathrm{PCC}}(t)] + k_{\mathrm{I}}\int[V_{\mathrm{PCCref}} - V_{\mathrm{PCC}}(t)]\mathrm{d}t \tag{6-10}$$

式中：c_{vi} 为正控制增益；k_{P} 和 k_{I} 分别为 PI 控制器的比例增益和积分增益。式（6-8）的动态过程将使得稳态时各 DG 单元的 $V_{\mathrm{f}i}$ 收敛到 V_{fref}。由式（6-9），V_{fref} 由一个 PI 控制器得到，使得 V_{PCC} 可以恢复到其参考值 V_{PCCref}。

h_i 由式（6-11）确定

$$\dot{h}_i = c_{Qi}\sum_{j\in N_i} a_{ij}[n_i Q_i(t) - n_j Q_j(t-\tau_{\mathrm{d}})] \tag{6-11}$$

式中：c_{Qi} 是一个正的控制增益。式（6-11）的动态过程将在稳态时实现 DG 单元间精确的无功功率分配，即 $n_1 Q_1 = n_2 Q_2 = \cdots = n_N Q_N$。本章将 n_i 与 DG 单元的无功容量 $Q_{i\max}$ 成反比设置，即 $n_1 : n_2 : \cdots : n_N = \dfrac{1}{Q_{1\max}} : \dfrac{1}{Q_{2\max}} : \cdots : \dfrac{1}{Q_{N\max}}$，可得 $\dfrac{Q_1}{Q_{1\max}} = \dfrac{Q_2}{Q_{2\max}} = \cdots = \dfrac{Q_N}{Q_{N\max}}$。

3. DG 单元的小信号动态模型

为了简化表示，下面省略了变量 $x(t)$ 的符号“(t)”。为了不失一般性，选取 DG1 的参考框架作为系统全局 DQ 坐标系框架，即 $\omega_{\mathrm{g}} = \omega_1$，其中 ω_{g} 为全局 DQ 坐标系框架的频率。记 δ_i 为 DGi 的局部 dq 坐标系与全局 DQ 坐标系的夹角。那么

$$\dot{\delta}_i = \omega_i - \omega_{\mathrm{g}} \tag{6-12}$$

本章主要关注二次控制器和下垂控制器的动态，没有关注内环电压电流控制器的快动态（图 6-1）。因此，假设

$$v_{odi} = v_{odi}^{*},\quad v_{oqi} = v_{oqi}^{*} \tag{6-13}$$

输出电流 i_{oi} 的动态方程为

$$\dot{i}_{odi} = \frac{1}{L_{\mathrm{c}}}v_{odi} - \frac{1}{L_{\mathrm{c}}}v_{bdi} + \omega_i i_{oqi} \tag{6-14}$$

$$\dot{i}_{oqi} = \frac{1}{L_{\mathrm{c}}}v_{oqi} - \frac{1}{L_{\mathrm{c}}}v_{bqi} - \omega_i i_{odi} \tag{6-15}$$

式中：L_c 为滤波电感，如图 6-1 所示。

然后，对式（6-3）～式（6-9）、式（6-11）、式（6-12）、式（6-14）、式（6-15）进行线性化，并对线性化结果重新整理，即可得到 DGi 的小信号动态模型，即

$$\begin{aligned}\Delta\dot{\boldsymbol{X}}_{\mathrm{DG}i} &= \boldsymbol{A}_{\mathrm{DG}i}\Delta\boldsymbol{X}_{\mathrm{DG}i} + \boldsymbol{B}_{\mathrm{DG}i}\Delta\boldsymbol{v}_{\mathrm{b}DQi} + \boldsymbol{C}_{\mathrm{DG}i}\Delta\omega_{\mathrm{g}} \\ &\quad + \sum_{j\in N_i}\boldsymbol{F}_{\mathrm{DG}ij}\Delta\boldsymbol{X}_{\mathrm{DG}j}(t-\tau_{\mathrm{d}}) + \boldsymbol{H}_{\mathrm{DG}i}\Delta V_{\mathrm{fref}}(t-\tau_{\mathrm{d}})\end{aligned} \tag{6-16}$$

$$\Delta\boldsymbol{i}_{\mathrm{o}DQi} = \boldsymbol{E}_{\mathrm{DG}i}\Delta\boldsymbol{X}_{\mathrm{DG}i} \tag{6-17}$$

式中：$\Delta\boldsymbol{i}_{\mathrm{o}DQi}$ 是 $i_{\mathrm{o}i}$ 在全局 DQ 坐标系中的偏差，$\boldsymbol{A}_{\mathrm{DG}i}$、$\boldsymbol{B}_{\mathrm{DG}i}$、$\boldsymbol{C}_{\mathrm{DG}i}$、$\boldsymbol{F}_{\mathrm{DG}ij}$、$\boldsymbol{H}_{\mathrm{DG}i}$ 和 $\boldsymbol{E}_{\mathrm{DG}i}$ 是参数矩阵。$\boldsymbol{F}_{\mathrm{DG}ij}$ 表示 DGi 和 DGj 之间由于通信而产生的相关性。附录 F 给出了式（6-16）、式（6-17）中的参数矩阵和第二节中其他方程的详细内容。DGi 有 8 个状态变量，由式（6-18）给出

$$\Delta\boldsymbol{X}_{\mathrm{DG}i} = [\Delta\delta_i,\ \Delta P_i,\ \Delta Q_i,\ \Delta\Omega_i,\ \Delta\lambda_i,\ \Delta h_i,\ \Delta i_{odi},\ \Delta i_{oqi}]^{\mathrm{T}} \tag{6-18}$$

为了得到式（6-16）中 $\Delta V_{\mathrm{fref}}(t-\tau_{\mathrm{d}})$ 的表达式，定义 ψ 为式（6-10）中积分分量的状态变量，即

$$\dot{\psi} = V_{\mathrm{PCCref}} - V_{\mathrm{PCC}} \tag{6-19}$$

式中：$V_{\mathrm{PCC}} = \sqrt{V_{\mathrm{PCC}D}^2 + V_{\mathrm{PCC}Q}^2}$，$V_{\mathrm{PCC}D}$ 和 $V_{\mathrm{PCC}Q}$ 分别为 V_{PCC} 的 D 轴和 Q 轴分量。然后，将式（6-19）和式（6-10）线性化，并在式（6-10）的两端加上时滞 τ_{d} 得

$$\Delta\dot{\psi} = -\boldsymbol{A}_{\mathrm{PCC}}\Delta\boldsymbol{V}_{\mathrm{PCC}DQ} \tag{6-20}$$

$$\Delta V_{\mathrm{fref}}(t-\tau_{\mathrm{d}}) = -k_{\mathrm{P}}\boldsymbol{A}_{\mathrm{PCC}}\Delta\boldsymbol{V}_{\mathrm{PCC}DQ}(t-\tau_{\mathrm{d}}) + k_{\mathrm{I}}\Delta\psi(t-\tau_{\mathrm{d}}) \tag{6-21}$$

式中：$\Delta\boldsymbol{V}_{\mathrm{PCC}DQ} = [\Delta\boldsymbol{V}_{\mathrm{PCC}D}, \Delta\boldsymbol{V}_{\mathrm{PCC}Q}]^{\mathrm{T}}$，$\boldsymbol{A}_{\mathrm{PCC}}$ 为参数矩阵。

由式（6-21）可知，ΔV_{fref} 由 $\Delta\boldsymbol{V}_{\mathrm{PCC}DQ}$ 和 $\Delta\psi$ 描述。由于 $\Delta\psi$ 是状态变量，下面主要对 $\Delta\boldsymbol{V}_{\mathrm{PCC}DQ}$ 的表达式进行推导。基于文献［18］可得

$$\Delta\boldsymbol{v}_{\mathrm{b}DQ} = \boldsymbol{R}_N(\boldsymbol{M}_{\mathrm{inv}}\Delta\boldsymbol{i}_{\mathrm{o}DQ} + \boldsymbol{M}_{\mathrm{NET}}\Delta\boldsymbol{i}_{\mathrm{Line}DQ} + \boldsymbol{M}_{\mathrm{Load}}\Delta\boldsymbol{i}_{\mathrm{Load}DQ}) \tag{6-22}$$

式中：$\Delta\boldsymbol{i}_{\mathrm{o}DQ}$ 表示所有 DG 单元的 $\Delta\boldsymbol{i}_{\mathrm{o}DQi}$，$\Delta\boldsymbol{i}_{\mathrm{Line}DQ}$、$\Delta\boldsymbol{i}_{\mathrm{Load}DQ}$ 和 $\Delta\boldsymbol{v}_{\mathrm{b}DQ}$ 分别为所有线路、负荷和母线电压的变量。式（6-22）的细节可参考文献［18］。结合式（6-17）可得所有 DG 机组出力

$$\Delta\boldsymbol{i}_{\mathrm{o}DQ} = \boldsymbol{E}_{\mathrm{DG}}\Delta\boldsymbol{X}_{\mathrm{DG}} \tag{6-23}$$

式中：$\Delta\boldsymbol{X}_{\mathrm{DG}} = [\Delta\boldsymbol{X}_{\mathrm{DG1}}^{\mathrm{T}}, \Delta\boldsymbol{X}_{\mathrm{DG2}}^{\mathrm{T}}, \cdots, \Delta\boldsymbol{X}_{\mathrm{DG}N}^{\mathrm{T}}]^{\mathrm{T}}$。由于 $\Delta\boldsymbol{V}_{\mathrm{PCC}DQ}$ 是 $\Delta\boldsymbol{v}_{\mathrm{b}DQ}$ 的一部分，根据式（6-22）和式（6-23），可以表示为

$$\Delta\boldsymbol{V}_{\mathrm{PCC}DQ} = \boldsymbol{W}_1\Delta\boldsymbol{X}_{\mathrm{DG}} + \boldsymbol{W}_2\Delta\boldsymbol{i}_{\mathrm{Line}DQ} + \boldsymbol{W}_3\Delta\boldsymbol{i}_{\mathrm{Load}DQ} \tag{6-24}$$

式中：$\boldsymbol{W}_1$、$\boldsymbol{W}_2$ 和 $\boldsymbol{W}_3$ 是相应的参数矩阵。

最后，将式（6-21）和式（6-24）代入式（6-16），并结合所有 DG 单元的模型，即可得到所有 DG 单元的小信号动态模型，即

$$\begin{aligned}\Delta\dot{\boldsymbol{X}}_{\mathrm{DG}} &= \boldsymbol{G}_{\mathrm{DG}}\Delta\boldsymbol{X}_{\mathrm{DG}} + \boldsymbol{B}_{\mathrm{DG}}\Delta\boldsymbol{v}_{\mathrm{b}DQ} + \boldsymbol{J}_{\psi}\Delta\psi(t-\tau_{\mathrm{d}}) \\ &\quad + \boldsymbol{J}_{\mathrm{Line}}\Delta\boldsymbol{i}_{\mathrm{Line}DQ}(t-\tau_{\mathrm{d}}) + \boldsymbol{J}_{\mathrm{Load}}\Delta\boldsymbol{i}_{\mathrm{Load}DQ}(t-\tau_{\mathrm{d}}) \\ &\quad + (\boldsymbol{F}_{\mathrm{DG}} + \boldsymbol{J}_{\mathrm{DG}})\Delta\boldsymbol{X}_{\mathrm{DG}}(t-\tau_{\mathrm{d}})\end{aligned} \tag{6-25}$$

式中：$\boldsymbol{G}_{\mathrm{DG}}$、$\boldsymbol{B}_{\mathrm{DG}}$、$\boldsymbol{F}_{\mathrm{DG}}$、$\boldsymbol{J}_{\mathrm{DG}}$、$\boldsymbol{J}_{\psi}$、$\boldsymbol{J}_{\mathrm{Line}}$ 和 $\boldsymbol{J}_{\mathrm{Load}}$ 为参数矩阵。$\boldsymbol{F}_{\mathrm{DG}}$ 由所有的 $\boldsymbol{F}_{\mathrm{DG}ij}$ 组成。

6.2.2 网络与负荷建模

网络模型考虑串联 RL 馈线的动态，负荷模型考虑恒阻抗 RL 型负荷的动态。基于文献［18］的建模方法，它们的动态模型分别由下式描述

$$\Delta\dot{\boldsymbol{i}}_{\mathrm{Line}DQ} = \boldsymbol{A}_{\mathrm{NET}}\Delta\boldsymbol{i}_{\mathrm{Line}DQ} + \boldsymbol{B}_{\mathrm{NET}}\Delta\boldsymbol{v}_{\mathrm{b}DQ} + \boldsymbol{C}_{\mathrm{NET}}\Delta\omega_{\mathrm{g}} \tag{6-26}$$

$$\Delta\dot{\boldsymbol{i}}_{\mathrm{Load}DQ} = \boldsymbol{A}_{\mathrm{Load}}\Delta\boldsymbol{i}_{\mathrm{Load}DQ} + \boldsymbol{B}_{\mathrm{Load}}\Delta\boldsymbol{v}_{\mathrm{b}DQ} + \boldsymbol{C}_{\mathrm{Load}}\Delta\omega_{\mathrm{g}} \tag{6-27}$$

6.2.3 完整的小信号模型

将式（6-22）和式（6-23）代入式（6-25）、式（6-26）和式（6-27），并将式（6-24）代入式（6-20），可得 MG 的完整时滞小信号动态模型

$$\Delta\dot{\boldsymbol{X}}_{\mathrm{MG}}(t) = \boldsymbol{A}_{\mathrm{MG}}\Delta\boldsymbol{X}_{\mathrm{MG}}(t) + \boldsymbol{A}_{\mathrm{MGd}}\Delta\boldsymbol{X}_{\mathrm{MG}}(t-\tau_{\mathrm{d}}) \tag{6-28}$$

式中：$\Delta\boldsymbol{X}_{\mathrm{MG}} = [\Delta\boldsymbol{X}_{\mathrm{DG}}, \Delta\boldsymbol{i}_{\mathrm{Line}DQ}, \Delta\boldsymbol{i}_{\mathrm{Load}DQ}, \Delta\psi]^{\mathrm{T}}$。在数学上，模型式（6-28）属于延时微分方程（DDE），$\boldsymbol{A}_{\mathrm{MG}}$ 和 $\boldsymbol{A}_{\mathrm{MGd}}$ 分别是无延时状态和有延时状态对应的状态矩阵。

6.3 时滞稳定分析

6.3.1 微电网分布式时滞控制系统特征根计算方法

通过计算时滞系统式（6-28）的特征根，可分析系统的小干扰稳定性。式（6-28）的特征根由如下特征方程的根决定

$$\det(s\boldsymbol{I}_0 - \boldsymbol{A}_{\mathrm{MG}} - \boldsymbol{A}_{\mathrm{MGd}}\mathrm{e}^{-s\tau_{\mathrm{d}}}) = 0 \tag{6-29}$$

式中：$\boldsymbol{I}_0$ 为和 $\boldsymbol{A}_{\mathrm{MG}}$ 同维的单位矩阵。由于（6-29）为超越方程，含有无数个特征根。因此，需要通过近似方法获得式（6-29）的近似解。

本章使用有限元方法，通过计算如下矩阵的特征根，可得到式（6-29）的近似解

$$\Theta=\begin{bmatrix} & & \hat{\boldsymbol{C}}\otimes\boldsymbol{I}_0 & & \\ \boldsymbol{A}_{\mathrm{MGd}} & 0 & \cdots & 0 & \boldsymbol{A}_{\mathrm{MG}} \end{bmatrix} \tag{6-30}$$

式中：$\hat{\boldsymbol{C}}$ 由矩阵 $\boldsymbol{C}$ 的前 M 行构成。$\boldsymbol{C}$ 为 $(M+1)\times(M+1)$ 维矩阵，定义为

$$\boldsymbol{C}=\frac{-2\boldsymbol{D}_M}{\tau_{\mathrm{d}}} \tag{6-31}$$

式中：$\boldsymbol{D}_M$ 为 M 阶切比雪夫微分矩阵。由此，矩阵 Θ 的特征根是式（6-29）的近似。

基于6.5节中介绍的4DG/9母线微电网算例系统，下文详细分析通信延时对系统小干扰稳定性的影响。为了更好地描述延时对系统稳定性的影响，定义延时裕度 τ_{lim} 为系统不失稳情况所能允许的最大通信延时，即当 $\tau_{\mathrm{d}}<\tau_{\mathrm{lim}}$ 时系统稳定，当 $\tau_{\mathrm{d}}>\tau_{\mathrm{lim}}$ 时系统失稳。

6.3.2 通信延时对主导振荡模式的影响

图6-2给出了当通信延时从0增加到150ms时系统主导振荡模式的根轨迹，其中蓝色圆圈和紫色三角分别表示无延时和150ms延时下的特征根。图6-2的结果表明随着通信延时 τ_{d} 的增加，主导振荡模式逐渐移动到不稳定区域；此时系统的延时裕度为91ms；当 τ_{d} 为46ms时，系统主导振荡模式的阻尼已经低于0.15，可能导致弱阻尼振荡现象；随着 τ_{d} 的增加，振荡频率显著降低，从17.02rad/s降低至4.98rad/s；当 $\tau_{\mathrm{d}}>\tau_{\mathrm{lim}}$ 后，主导振荡模式变化不大。

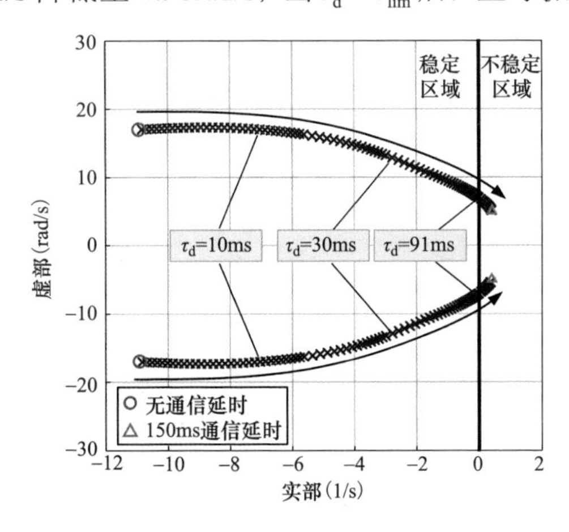

图6-2 通信延时从0增加到150ms时主导振荡模式的根轨迹

6.3.3 通信网络拓扑对延时裕度的影响

在 MG 运行过程中，由于通信线路故障或者在时变通信拓扑情况下，通信网络拓扑可能发生变化。因此需要分析通信网络拓扑对系统时滞稳定性的影响。

表 6-1 给出了在图 6-3 所示不同通信网络拓扑情况下系统的延时裕度。表 6-1 中的图密度定义为实际通信线路数量和最大可能通信线路数量的比值。对于 4DG 的 MG，最大可能的通信线路数量为 12。

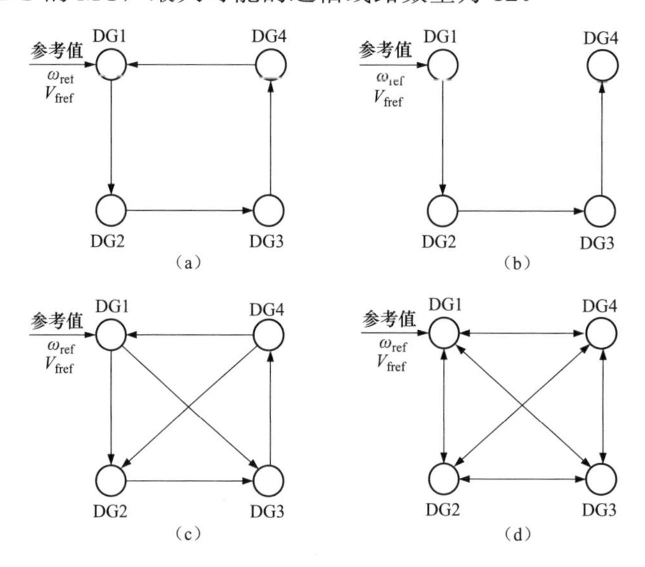

图 6-3 不同的通信网络拓扑

（a）基本拓扑（b）拓扑 1；（c）拓扑 2；（d）拓扑 3

表 6-1 的结果表明，随着图密度的增加，延时裕度逐渐增加。特别地，对于图密度很低的拓扑 1，延时裕度仅有 25ms。而对于完全通信的拓扑 3，延时裕度可增加至 370ms。然而，图密度的增加将带来更复杂的通信网络以及更高的实施成本。

表 6-1　　不同通信网络拓扑下的延时裕度

拓扑	通信线路数量	图密度	延时裕度 τ_{lim}
基本拓扑	4	33.3%	91ms
拓扑 1	3	25%	25ms
拓扑 2	6	50%	100ms
拓扑 3	12	100%	370ms

6.3.4　控制参数对延时裕度的影响

针对基本通信拓扑，图 6-4 给出了不同分布式控制参数变化时的延时裕度变化情况，其中延时裕度为 0 表示即使没有通信延时系统也已经失稳。

图 6-4（a）表明当 $c_{\omega i}$ 从 100 变化到 300 时，延时裕度迅速增加；而当 $c_{\omega i}$ 从 300 增加到 1000 时，延时裕度基本保持不变。

图 6-4（b）表明当 c_{pi} 小于 550 时，延时裕度维持在 91ms 左右。随后，当 c_{pi} 从 550 小幅增加到 600 时，延时裕度显著下降。当 c_{pi} 进一步增加到 1000 时，延时裕度逐渐下降。

图 6-4（c）表明当 c_{vi} 从 10 增加到 700 时，延时裕度首先增加，随后增加的速率逐渐变慢。

图 6-4（d）表明延时裕度和 c_{Qi} 之间的关系相对较为复杂。当 c_{Qi} 从 10 增加到 20 时，延时裕度迅速下降。然而当 c_{Qi} 进一步从 20 增加到 75 时，延时首先增加随后下降。尽管在 c_{Qi} 较小时延时裕度相对较大，然后根据基本的自动控制理论可知，较小的控制参数可能导致系统动态响应较慢。

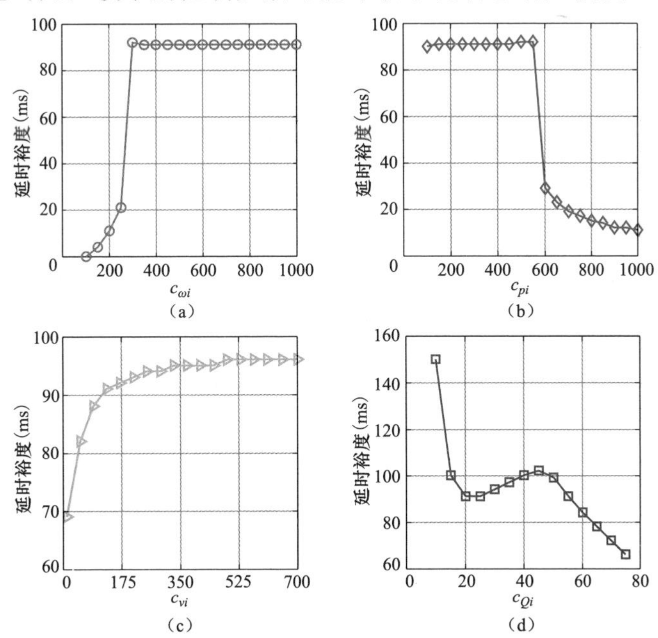

图 6-4　不同分布式控制参数单独变化情况下的延时裕度变化

（a）$c_{\omega i}$ 从 100 增加至 1000；（b）c_{pi} 从 100 增加至 1000；（c）c_{vi} 从 10 增加至 700；（d）c_{Qi} 从 10 增加至 75

图 6-5（a）给出了当分布式频率控制参数 $c_{\omega i}$ 和 c_{pi} 均从 100 变化到 1000 时的延时裕度变化情况。图 6-5（a）的结果表明 $c_{\omega i}$ 和 c_{pi} 对延时裕度有相反的影响效果，当 $c_{\omega i}$ 较大且 c_{pi} 较小时，延时裕度较大。类似地，图 6-5（b）给出了当分布式电压控制参数 c_{vi} 从 50 变化到 550、c_{Qi} 从 13 变化到 75 时的延时裕度变化情况。对于一个给定的 c_{Qi}，延时裕度的变化趋势和图 6-4（c）类似；对于一个给定的 c_{vi}，延时裕度的变化趋势和图 6-4（d）类似。

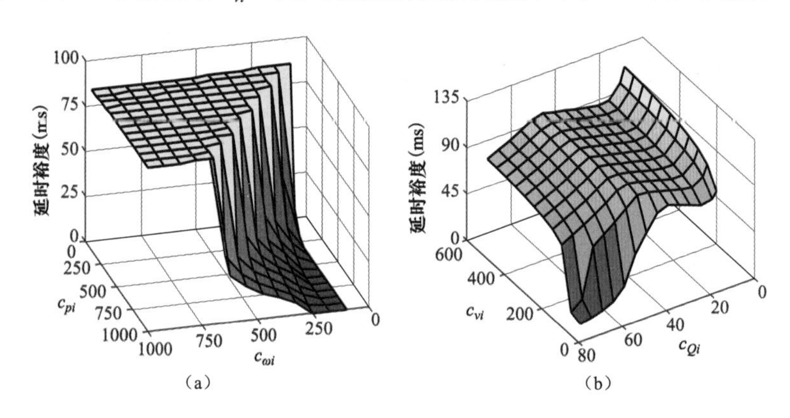

图 6-5　两个分布式控制参数同时变化情况下的延时裕度变化

（a）$c_{\omega i}$ 和 c_{pi} 同时变化；（b）c_{vi} 和 c_{Qi} 同时变化

注：由以上分析可知，延时裕度受分布式频率和电压控制器的多个控制参数共同影响。一组仔细选取的控制参数能够显著增加延时裕度。在已有研究中，微电网分布式控制参数的选取通常不考虑通信延时的影响。上述结果表明在考虑通信延时情况下，延时裕度可以作为选取控制参数的辅助性能指标。然而，较大的延时裕度可能造成系统动态性能恶化。因此，当选取控制参数时，系统动态性能仍应该是主要考虑因素。总结一下，当考虑通信延时情况下，控制参数选取应当在满足系统的动态性能要求前提下尽可能增加延时裕度。

6.4　延时补偿控制方法

6.2 节中的稳定分析结果表明一组合适的控制参数能够增加延时裕度。然而，随着通信延时的增加，系统仍然有可能发生失稳。因此，有必要研究延时的补偿控制方法以增强时滞系统的稳定性。然而，已有研究中大多仅关注微电网集中式频率控制的延时补偿方法。微电网分布式控制的延时补偿方法鲜有研究。为了填补这一空白，本节提出一种基于超前滞后补偿以及增益调节模块的延时补偿方法以增强含时滞分布式控制器的微电网稳定性。

从频域角度分析，延时将造成系统的相位滞后。过多的相位滞后可能导致系统相角裕度为负从而造成系统失稳。对于振荡频率为 ω_k 的振荡模式，由延时 τ_d 导致的相位滞后量 φ_k 为

$$\varphi_k = \omega_k \tau_d \tag{6-32}$$

例如，当振荡频率 ω_k 为 8rad/s，延时 τ_d 为 50ms 时，相位滞后量 φ_k 为 0.4rad（22.9°）。

因此，直观上可引入延时补偿环节，通过延时补偿环节提供的超前相位补偿延时导致的系统相位滞后。本章中使用的延时补偿环节包含两部分，即增益调节模块和超前滞后补偿模块，如下所示

$$H_c(s) = K_c \left(\frac{1 + sT_{c1}}{1 + sT_{c2}} \right)^2 \tag{6-33}$$

式中：K_c 为补偿增益；T_{c1} 和 T_{c2} 为超前滞后环节的时间常数，且 $T_{c1} > T_{c2}$。这里通过选取二阶超前滞后模块可比一阶模块提供更多的超前相位。

图 6-6 给出了式（6-33）中二阶超前滞后环节的波特图。对于相频特性图，最大超前相位 φ_m 和相应的频率 ω_m 为

$$\varphi_m = 2\arcsin\left(\frac{T_{c1}/T_{c2} - 1}{T_{c1}/T_{c2} + 1} \right) \tag{6-34}$$

$$\omega_m = \frac{1}{\sqrt{T_{c1}T_{c2}}} \tag{6-35}$$

φ_m 和 ω_m 的表达式可为 T_{c1} 和 T_{c2} 的参数选取提供指导。对于幅频特性图，可知超前滞后模块产生放大增益，最大增益量为 $M_m = 40\lg(T_{c1}/T_{c2})$。因此，$K_c$ 的选取应当考虑这一增益放大效果。此外，需要说明的是，可通过调节 K_c 取得已有研究中增益调度类方法的延时补偿效果。

注：增益调度类方法的补偿环节等价于 $H'_c(s) = K_c$。通过对比可知本章提出的延时补偿方法额外引入了超前滞后模块以提供超前相位。当不考虑超前滞后模块时，本章提出的延时补偿环节可退化至增益调度环节 $H'_c(s) = K_c$。

下面以分布式无功功率控制器式（6-11）为例阐述所提出的延时补偿控制方法的实施框图，如图 6-7 所示。$e^{-s\tau_d}$ 为通信延时的传递函数。类似的实

施框图可用于其他分布式控制器。

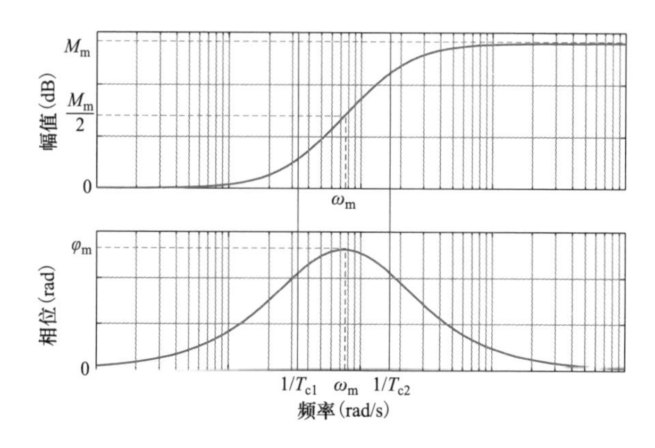

图 6-6　二阶超前滞后环节$\left(\frac{1+sT_{c1}}{1+sT_{c2}}\right)^2$的波特图

总结一下，和已有延时补偿方法相比，所提出的延时补偿方法的优势：①控制结构和实施方法便于实际应用；②物理意义简单直观，即提供超前相位以补偿延时造成的滞后相位；③可灵活地应用到复杂的控制系统上。

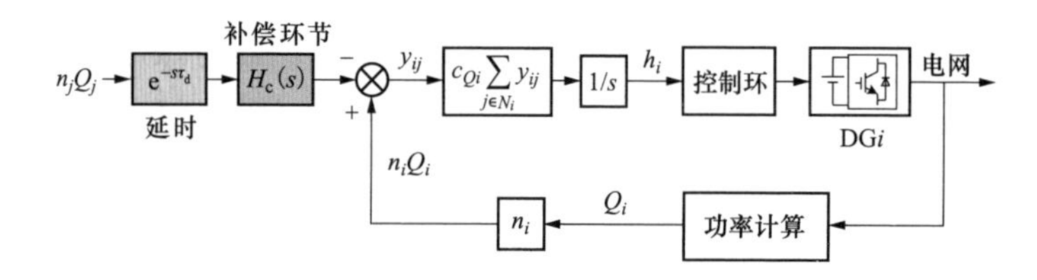

图 6-7　分布式无功控制器式（6-11）的延时补偿控制实施框图

6.5　时域仿真结果

本节给出 PSCAD/EMTDC 中的时域仿真结果验证时滞稳定分析与延时补偿控制方法的有效性。

6.5.1　算例系统

算例系统与 4.6.1 节的算例系统相比，除系统电气参数之外，其他一致，系统电气参数如表 6-2 所示。

表 6-2　　4 机 9 节点微电网系统的电气参数

类型	电　气　参　数
线路	Z_{Line1}=0.18Ω+0.5mH，Z_{Line2}=0.2Ω+1mH， Z_{Line3}=0.17Ω+0.7mH，Z_{Line4}=0.19Ω+0.6mH
负荷	Load1=15kW+5kvar，Load2=12kW+7.5kvar，Load3=10kW+5kvar， Load4=10kW+7.5kvar，Load5=55kW+10kvar

6.5.2　时滞稳定分析结果的仿真验证

微电网运行在一次控制和分布式二次控制作用下。当 t=4.2s 时发生负荷扰动，图 6-8 给出了在不同通信延时大小下的 PCC 电压响应。

对于没有通信延时的情况（蓝色点线），扰动后 PCC 电压很快能够恢复到原始状态。当通信延时为 84ms 时（红色实线），PCC 电压响应有明显振荡现象，但能逐渐衰减。当通信延时增加到 95ms 时（紫色虚线），PCC 电压响应呈现增幅振荡，系统失稳。基于上述仿真结果，可推断延时裕度在 84～95ms，该结果和图 6-2 通过特征根分析得到的延时裕度 91ms 相吻合。

此外，对于振荡频率，由图 6-8 可知：

通信延时为 84ms 时振荡频率约为 7.07rad/s，同样和特征根分析得到的理论结果 7.35rad/s 非常接近。

紫色线（通信延时 95ms）的振荡频率低于红色线（通信延时 84ms）的振荡频率，同样和图 6-8 的特征根分析结果一致。

总结一下，上述结果可验证 6.2 节中时滞稳定分析结果的有效性和准确性。

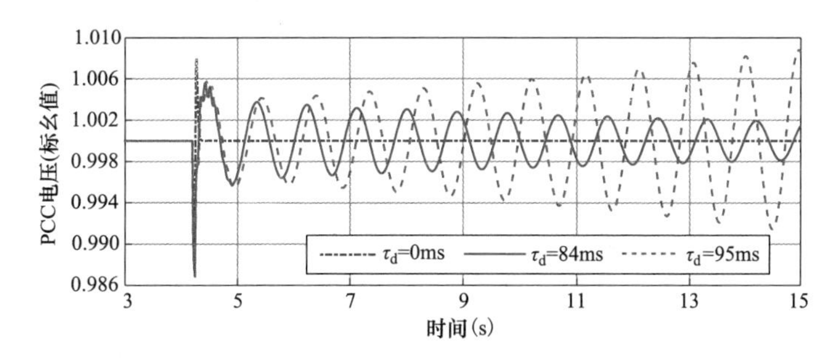

图 6-8　不同通信延时大小时的 PCC 电压响应

6.5.3　延时补偿控制方法的仿真验证

式（6-33）中的补偿控制参数值为 K_c=0.64，T_{c1}=0.0015，T_{c2}=0.0003。系

统运行在 DG 控制层和 MG 控制层作用下。

1. 场景 1：一致通信延时

场景 1 中所有通信线路的延时均为 65ms。t=4.2s 时发生负荷扰动。

图 6-9（a）、图 6-9（b）和图 6-9（c）分别给出了 PCC 电压、DG1 输出无功和系统频率的响应。由图 6-9 可知，在没有延时补偿的情况下，系统响应呈现显著振荡；当使用本章所提延时补偿控制方法后，系统响应的阻尼明显增强。由此可说明本章所提方法能够有效补偿延时对系统稳定性的负面影响。

图 6-9 还对比了已有研究中增益调度补偿方法对应的仿真结果。增益调度补偿方法中，通过仔细选取控制参数，将 K_c 设置为 0.82。图 6-9 的结果表明增益调度补偿方法同样能够增强系统的时滞稳定性，然而其性能不如本章所提方法优越。这是由于本章所提补偿方法额外地引入了超前滞后模块以进一步补偿通信延时。

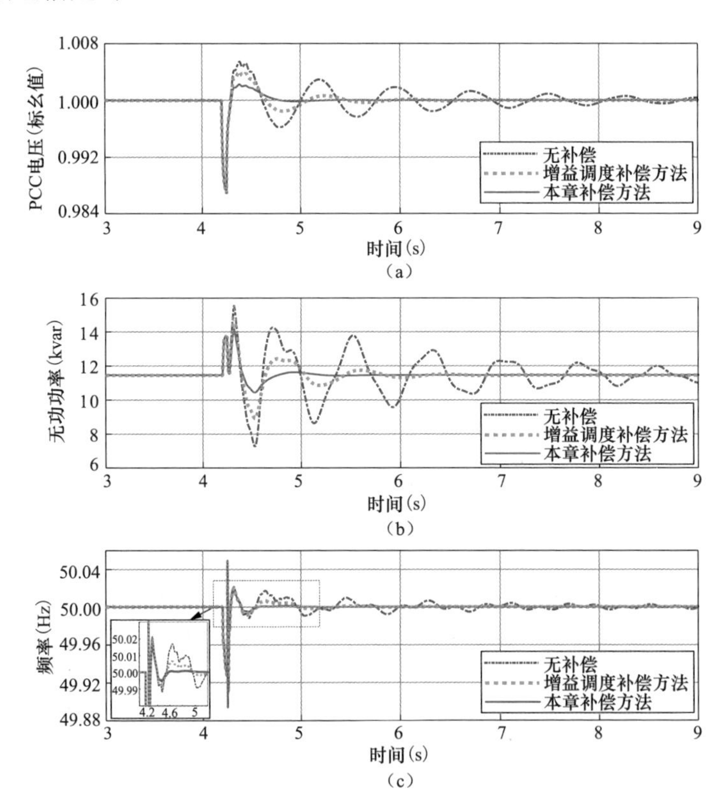

图 6-9 场景 1：一致通信延时下的仿真结果

（a）PCC 电压；（b）DG1 输出无功功率；（c）系统频率

2. 场景 2：非一致通信延时

场景 2 中，各条通信线路上的延时大小有所不同。具体为，DG4 到 DG 1：55ms、DG1 到 DG2：60ms、DG2 到 DG3：45ms、DG3 到 DG4：50ms。t=4.2s 时发生负荷扰动。

图 6-10 给出了 PCC 电压和 DG2 输出无功功率的响应结果。图 6-10 的结果表明尽管本章的延时补偿方法基于一致延时设计，然而在该场景下同样可以改善系统的时滞稳定性，由此可验证本章方法在非一致通信延时下的鲁棒性。

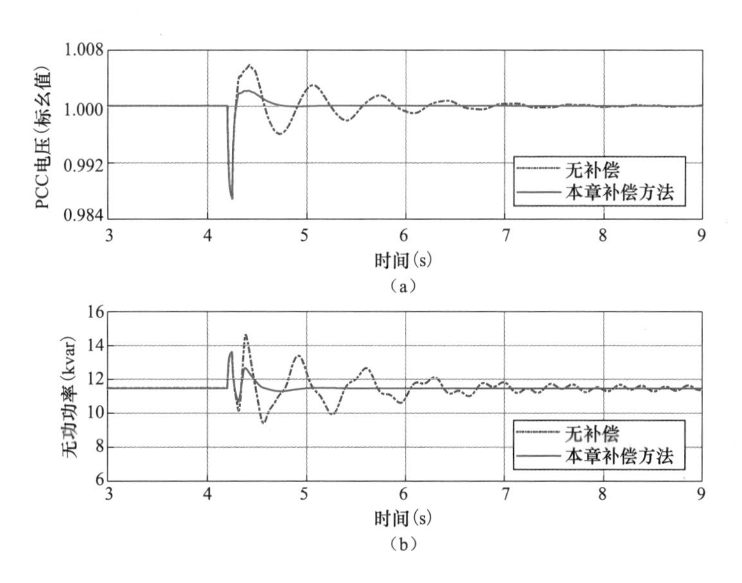

图 6-10　场景 2：非一致通信延时下的仿真结果

（a）PCC 电压；（b）DG2 输出无功功率

3. 场景 3：通信线路故障

场景 3 中，所有通信线路的延时为 15ms。在 t=4.5s 时，从 DG4 到 DG1 的通信线路发生故障，形成如图 6-3 所示的拓扑 1。随后，t=5s 时发生负荷扰动。需要说明的是，通信线路故障后，剩余通信网络中含有最小生成树，因此系统的稳态控制目标依然可以实现。图 6-11 对比了在无补偿和本章所提补偿方法情况下 PCC 电压和 DG4 输出无功功率的响应结果。结果表明本章所提延时补偿控制方法仍能取得满意的补偿效果，由此可验证其对于通信线路故障的鲁棒性。

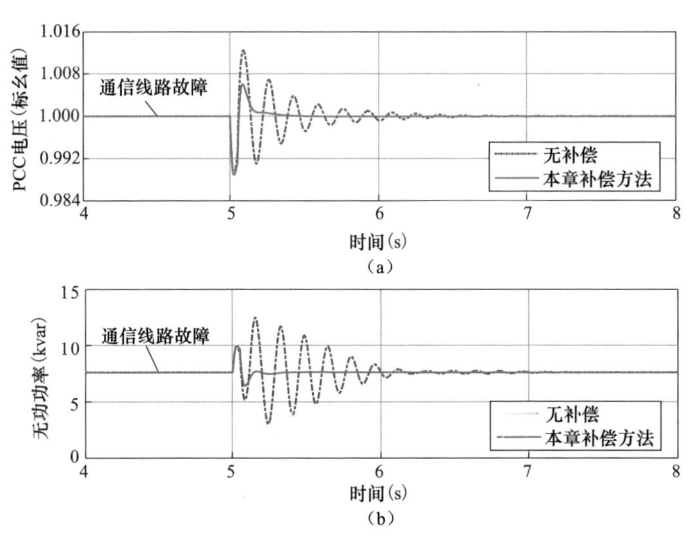

图 6-11　场景 3：通信线路故障时的仿真结果

（a）PCC 电压；（b）DG4 输出无功功率

4. 场景 4：通信噪声

场景 4 中，所有通信线路的延时均为 65ms，t=4.2s 时发生负荷扰动。该场景中考虑了通信线路上的噪声，噪声叠加在了邻居通信传递来的信号上。将噪声扰动建模为噪声强度和高斯白噪声的乘积。图 6-12 对比了有无补偿情况下的 PCC 电压和 DG1 输出无功功率的响应情况。结果表明，即便在考虑

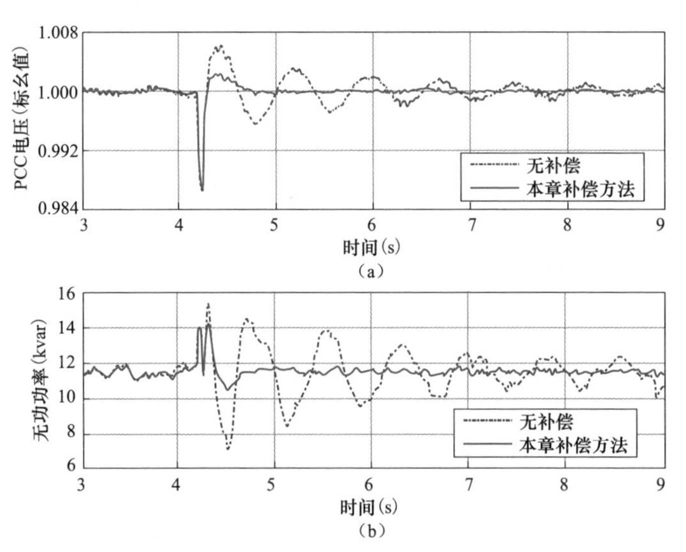

图 6-12　场景 4：考虑通信噪声时的仿真结果

（a）PCC 电压；（b）DG1 输出无功功率

通信噪声的情况下，本章所提方法仍然能取得满意的补偿效果，由此可验证其对于通信噪声的鲁棒性。

6.6 实 验 结 果

本节给出实验结果以验证所提出延时补偿控制方法的实施可行性。

6.6.1 实验平台

图 6-13 给出了实验室中实验微电网系统的外观图。实验平台包括一个 dSPACE DS1006 平台、四个 Danfoss 逆变器、阻感线路、阻性和感性负荷、控制继电器的开关以及控制台。电压和电流通过 LEM 量测板测量后反馈给 ADC 板处理，经过 ADC 板处理后信号反馈至 dSPACE DS1006 平台，由 dSPACE DS1006 平台实时执行控制策略。最后，dSPACE 产生 PWM 信号驱动逆变器，开关频率为 10kHz。控制台安装在个人计算机（PC）中，负责监测系统状态与量测信息。dSPACE 和 PC 之间的通信基于以太网完成。

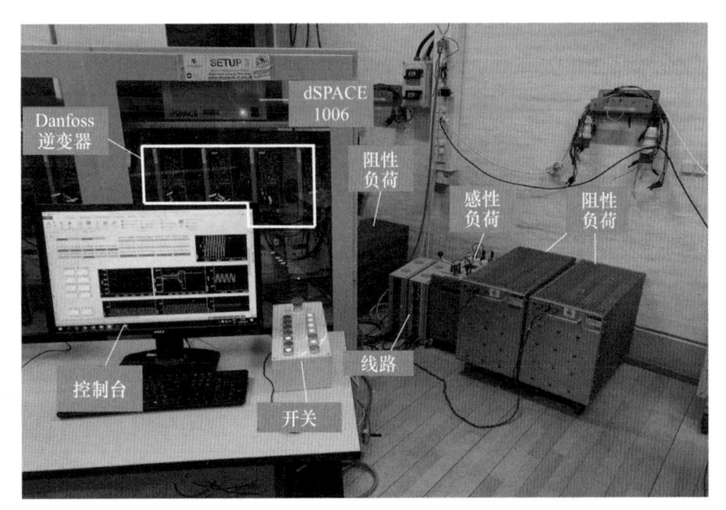

图 6-13　实验平台外观图

实验 MG 系统的物理拓扑图如图 6-14 所示，包含 4 个 DG、6 条线路和 3 个负荷。系统额定频率为 50Hz，额定线电压为 215V。分布式通信网络和图 4-5 一致。表 6-3～表 6-5 给出了实验 MG 系统的电气参数、一次控制参数和二次控制参数。

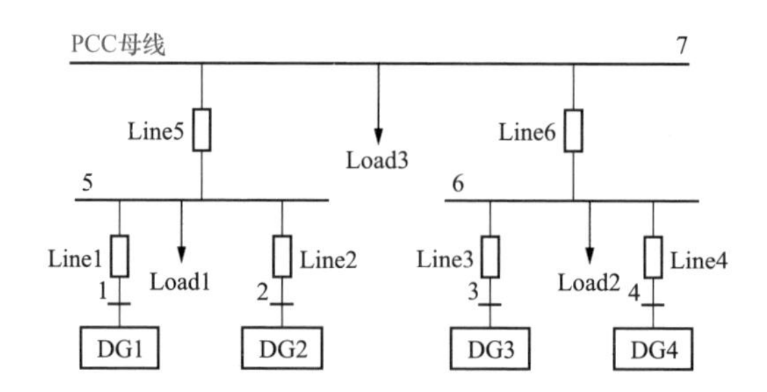

图 6-14　实验 MG 系统的物理拓扑图

表 6-3　MG 实验系统电气参数

类型	电　气　参　数
逆变器	滤波电感：1.8mH 滤波电容：27μF
线路	Line1=1.8mH，Line2=1.8mH， Line3=1.8mH，Line4=1.8mH， Line5=1.9Ω+2.5mH，Line6=1.6Ω+2.1mH
负荷	Load1=92Ω，Load2=153.3Ω， Load3=38.1Ω+j32.9Ω

表 6-4　MG 实验系统各台 DG 的一次控制参数

参数描述	参数符号	单位	DG1、DG2	DG3、DG4
有功下垂系数	m_i	Hz/W×10^{-3}	0.63	0.84
无功下垂系数	n_i	V/var×10^{-3}	6.48	12.96
最大输出有功功率	$P_{i\max}$	kW	1.8	1.35
最大输出无功功率	$Q_{i\max}$	kvar	1.2	0.6

表 6-5　MG 实验系统的二次控制参数

参数符号	参数值	参数符号	参数值
$c_{\omega i}$	400	k_{P}	1.2
c_{Pi}	400	k_{I}	42
c_{vi}	300	ω_{ref}	2π×50rad/s
c_{Qi}	10	V_{PCCref}	1（标幺值）

6.6.2　实验验证

对于实验系统，式（6-33）中的补偿控制参数值为控制增益 K_{c}=0.49，超前滞后时间常数 $T_{\mathrm{c1}}=9.5\times10^{-4}$，$T_{\mathrm{c2}}=1.8\times10^{-4}$。微电网运行在一次控制和分布

式二次控制作用下，通信延时为 30ms。

对于没有延时补偿的情况，当 t=9.75s，PCC 电压参考值发生扰动时，图 6-15 给出了 PCC 电压和 DG 输出有功功率的响应结果，可以看出在扰动后系统发生明显振荡。与之相比，图 6-16 给出了采用本章所提延时补偿方法时相应的仿真结果，此时相同的扰动在 t=21.4s 发生。结果表明系统动态响应良好，由此可验证本章所提方法能够有效增强系统的时滞稳定性。

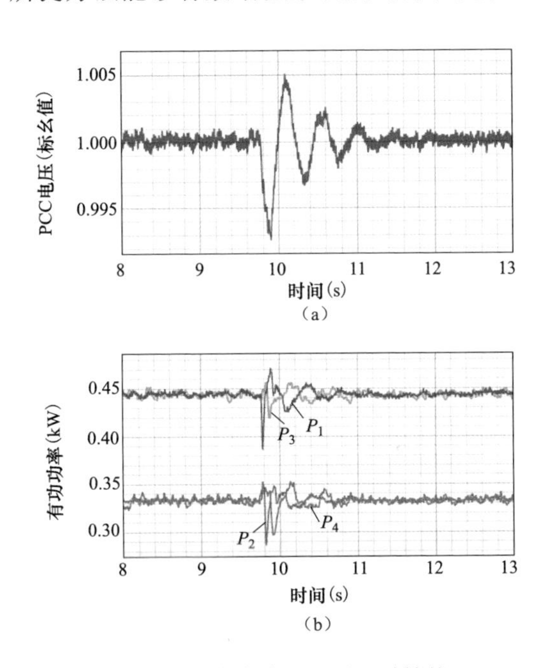

图 6-15　实验结果：无延时补偿

（a）PCC 电压；（b）DG 输出有功功率

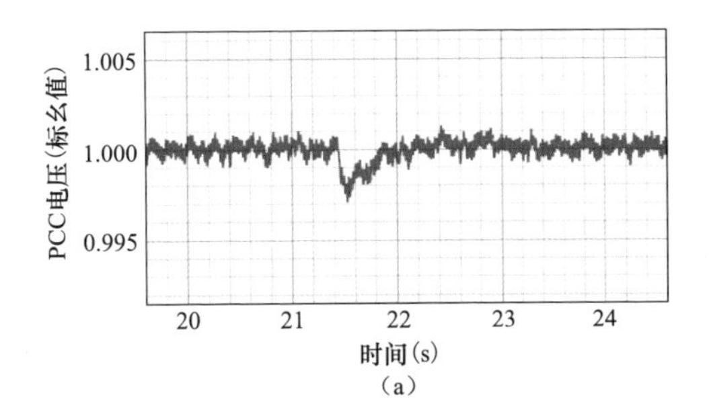

图 6-16　实验结果：本章所提延时补偿控制方法（一）

（a）PCC 电压

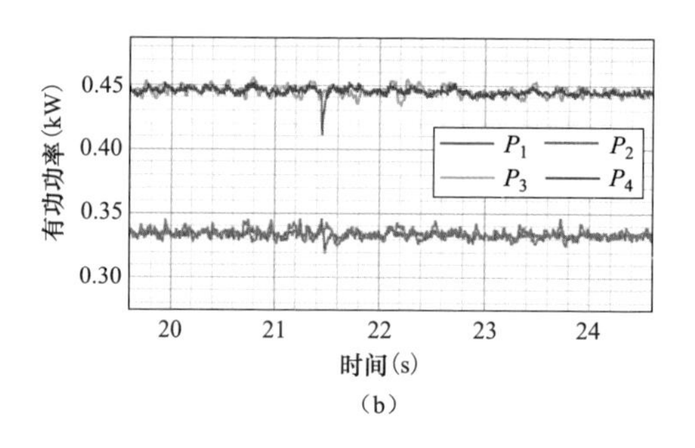

（b）

图 6-16　实验结果：本章所提延时补偿控制方法（二）

（b）DG 输出有功功率

6.7 小　　结

本章分析了考虑微电网分布式控制的通信延时后系统的时滞稳定性，并提出了延时补偿控制方法以增强系统的时滞稳定性。主要工作与结论如下：

（1）时滞稳定分析结果表明：①通信延时增大时会导致系统失稳；②通信网络拓扑和控制参数显著影响延时裕度；③控制参数选取可将时滞稳定性作为辅助性能指标。

（2）所提出的延时补偿控制具有物理意义直观、结构简单以及便于实施等特点，时域仿真和实验结果表明其能够显著增强系统的时滞稳定性。

第7章

抵御网络攻击的微电网分布式韧性控制

7.1 概　　述

合理的控制策略是实现微电网（MG）稳定运行的关键，主要有集中式控制和分布式控制两种方式。其中，分布式控制无须集中控制单元，能够避免集中式控制存在的“单点故障”问题。无论是集中式控制还是分布式控制，均需要依托通信网络。因此，微电网中的物理元件及其控制所依托的通信网络形成了一个典型的信息物理系统（CPS）。

近年来，电力系统韧性受到了广泛关注，具有良好韧性的电力系统应能够有效应对电网内外部的各类威胁和扰动。对于电力系统中的 CPS 而言，除了破坏电力系统物理设备的传统攻击，层出不穷的各种高级网络攻击手段对电力系统韧性也造成了巨大威胁。对于微电网，尤其在孤岛运行状态时，由于其容量小、抗扰动能力弱，在受到网络攻击后，更容易受到影响，甚至发生失稳。因此，研究微电网控制如何应对网络攻击具有重要意义。

对 CPS 的网络攻击主要是披露攻击、欺骗攻击和中断攻击。其中，欺骗攻击中的错误信息注入（false-data injection，FDI）攻击相比于其他攻击形式具有较高的灵活性和较强的导向性，是较典型也是攻击者常用的一种网络攻击手段，因此本书主要应对的是 FDI 攻击。

现有对网络攻击的研究主要在大电网和配电网中开展。而对微电网的相关研究总体上较少，主要以分布式控制方式下网络攻击的预防、检测和隔离为主。为解决已有研究存在的问题，本章针对交流孤岛微电网在分布式控制方式下受到 FDI 攻击的情况，首先详细分析了微电网控制受到攻击时的脆弱性，随后基于自适应控制原理提出了一种分布式韧性控制方法，能够有效抵御 FDI 攻击，使得微电网受攻击后依然可以实现既定控制目标，并具有良好的动态性能[29]。与已有研究相比，本章所提的分布式韧性控制器主要具有以下优势：

（1）同时考虑了有功/频率控制和无功/电压控制受到攻击的情形。

（2）考虑了有界恒值、有界时变和无界三种 FDI 攻击形式。

（3）所提分布式韧性控制器不存在分母过零点环节，因而不存在抖振和振荡现象，而且控制形式简单，更便于实施。

（4）与检测和隔离方法相比，无须对受攻击 DG 进行隔离，所有 DG 都可以在网运行，不存在因隔离 DG 导致控制目标无法实现的情况。

（5）不需要受攻击 DG 过半数邻居正常这一限制条件。

7.2 基础控制

微电网可以分为物理层和网络层。物理层由 N 台 DG（DGi 为第 i 台 DG）、电气网络和负荷等物理元件构成。每台 DG 设置一个代理，各个代理在网络层中进行通信，完成系统控制功能。微电网信息物理系统示意图及 DGi 控制结构图见图 7-1。

图 7-1 中，DGi 为第 i 台 DG；L_f 和 C_f 分别为滤波电感和滤波电容；i_{li} 为 DGi 逆变器端口输出电流；i_i 和 V_i 分别为 DGi 的负荷电流和负荷电压；i_{li}^* 为 DGi 的电压控制器输出的电流参考值；v_{gi} 为 DGi 的电流控制器输出的信号；P_i 和 Q_i 分别为 DGi 的有功功率和无功功率实际值；Ω_i 和 h_i 分别为二次频率和电压控制器的输出。

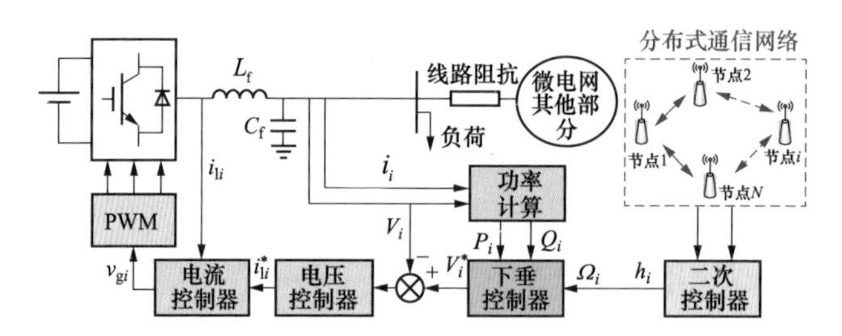

图 7-1 微电网信息物理系统示意图及 DGi 控制结构图

每台 DG 采用一次控制及分布式二次控制，DGi 通过馈线线路和微电网其他部分相连，其一次控制包括下垂控制器、电压和电流控制器，二次控制基于分布式通信网络，DGi 的代理通过通信网络与其邻居 DG 传输信息，分布式二次控制器基于 DGi 的信息及其邻居 DG 的信息，进行控制计算，其输出作为下垂控制的平移量，实现微电网的频率、电压和功率分配等控制目标。

7.2.1　一次下垂控制

DGi 采用下垂控制时，首先通过测量计算出 DGi 输出的实时功率，通过下垂曲线得到电压控制的参考值，再经过电压外环和电流内环生成 PWM 脉冲。如第 2 章所介绍，典型的有功/频率和无功/电压下垂控制方程式为

$$\begin{cases}\omega_i = \omega_{\mathrm{N}} - m_i(P_i - P_i^*) \\ V_i^* = V_0 - n_i Q_i\end{cases} \tag{7-1}$$

式中：m_i 和 n_i 分别为 DGi 频率下垂控制和电压下垂控制的下垂斜率；P_i^* 为 DGi 的有功功率额定值；ω_{N} 为 DGi 的额定频率；V_0 为空载电压；P_i 和 Q_i 分别为 DGi 的有功功率和无功功率实际值；ω_i 和 V_i^* 分别为 DGi 的频率和电压参考值。

7.2.2　分布式二次控制

下垂控制是有差调节，稳态下系统的频率和电压会偏离额定值，且由于存在线路压降的影响，使各 DG 输出的无功功率无法精确分配，为此引入分布式二次控制器，可分为分布式二次频率控制及分布式二次电压控制。

7.2.2.1　分布式二次频率控制

本章所使用的分布式二次频率控制器采用第 4 章的控制方法，即

$$\omega_i = \omega_{\mathrm{N}} - m_i(P_i - P_i^*) + \Omega_i \tag{7-2}$$

式中：Ω_i 为二次频率控制器的输出。基于分布式合作控制理论中的一致性算法，$\dot{\Omega}_i$ 为

$$\dot{\Omega}_i = c_{\omega i}\left[\sum_{j\in\mathcal{N}_i} a_{ij}(\omega_j - \omega_i) + g_i(\omega_{\mathrm{ref}} - \omega_i) + \sum_{j\in\mathcal{N}_i} a_{ij}(m_j P_j - m_i P_i)\right] \tag{7-3}$$

式中：$c_{\omega i}$ 为控制参数；$\mathcal{N}_i$ 为节点 i 的所有邻居集合；a_{ij} 为节点 i 和邻居 j 的通信关系；g_i 为领导节点到 DGi 的固定增益；ω_{ref} 为系统的参考频率。本书将系统的参考频率设置为额定频率，即 $\omega_{\mathrm{ref}} = \omega_{\mathrm{N}}$；为了使微电网内所有 DG 可以根据其容量比例分配负荷，通常设置 DG 间的下垂系数之比为 DG 容量之间的反比，因此当 $m_1P_1 = m_2P_2 = \cdots = m_NP_N$ 时，即可说明所有 DG 间是按容量比例分配负荷的。

根据第 4 章中的证明，当系统的通信网络至少包含一个生成树时，通过控制器式（7-2）和式（7-3），在系统进入稳态后可实现以下两个控制目标：①所有 DG 的频率都恢复到参考值 $\omega_{\rm ref}$，即 $\omega_1=\omega_2=\cdots=\omega_N=\omega_{\rm ref}=\omega_{\rm N}$；②各台 DG 按容量比例分担负荷，即 $m_1P_1=m_2P_2=\cdots=m_NP_N$。

7.2.2.2 分布式二次电压控制

所有 DG 电压控制在额定值和 DG 输出无功精确分配这两个目标无法同时实现，因此本书通过分布式二次电压控制器实现的是所有 DG 电压平均值控制在额定值及 DG 输出无功精确分配这两项控制目标。

为此，首先使用电压状态估计器对所有 DG 电压的平均值进行估计，即

$$\dot{\bar{V}}_i=\dot{V}_i^*+k_{Vi}\sum_{j\in\mathcal{N}_i}a_{ij}(\bar{V}_j-\bar{V}_i) \tag{7-4}$$

式中：$\bar{V}_i$ 为 DGi 估计的所有 DG 电压平均值；k_{Vi} 为控制参数。

由于电压电流控制的闭环调节作用，稳态下有 $V_i=V_i^*$，其中，V_i 为 DGi 的端口电压。由此，基于式（7-4），稳态下，有 $\bar{V}_1=\bar{V}_2=\cdots=\bar{V}_N=(1/N)\sum_{i=1}^N V_i$ [30]。

本书采用的分布式二次电压控制器为

$$V_i^*=V_0-n_iQ_i+h_i \tag{7-5}$$

式中：h_i 为二次电压控制器的输出。基于一致性算法，h_i 为

$$\dot{h}_i=c_{Vi}\left[g_i(V_{\rm ref}-\bar{V}_i)+\sum_{j\in\mathcal{N}_i}a_{ij}(n_jQ_j-n_iQ_i)\right] \tag{7-6}$$

式中：c_{Vi} 为控制参数；$V_{\rm ref}$ 为电压参考值，设置为额定电压。

当通信拓扑至少包含一个生成树时，通过采用控制器式（7-4）～式（7-6），在系统进入稳态后可实现：所有 DG 平均电压控制在额定值，即 $(1/N)\sum\limits_{i=1}^N V_i=V_{\rm ref}$；各台 DG 的无功功率按照下垂系数的比例分配，即 $n_1Q_1=n_2Q_2=\cdots=n_NQ_N$，相应的证明在下文中给出。

7.3 微电网网络攻击模型及脆弱性分析

7.3.1 网络攻击模型

本书主要研究 FDI 攻击对微电网控制的影响，基于攻击位置和攻击形式

的不同，可以分别建立不同的 FDI 攻击模型。为便于表示，令 $\xi_i = \dot{\Omega}_i$，$u_i = \dot{h}_i$。有功/频率控制器和无功/电压控制器受到不同位置攻击的示意图见图 7-2。其中，攻击位置 1 表示二次控制器输出受到攻击；攻击位置 2 表示下垂控制器输出受到攻击。

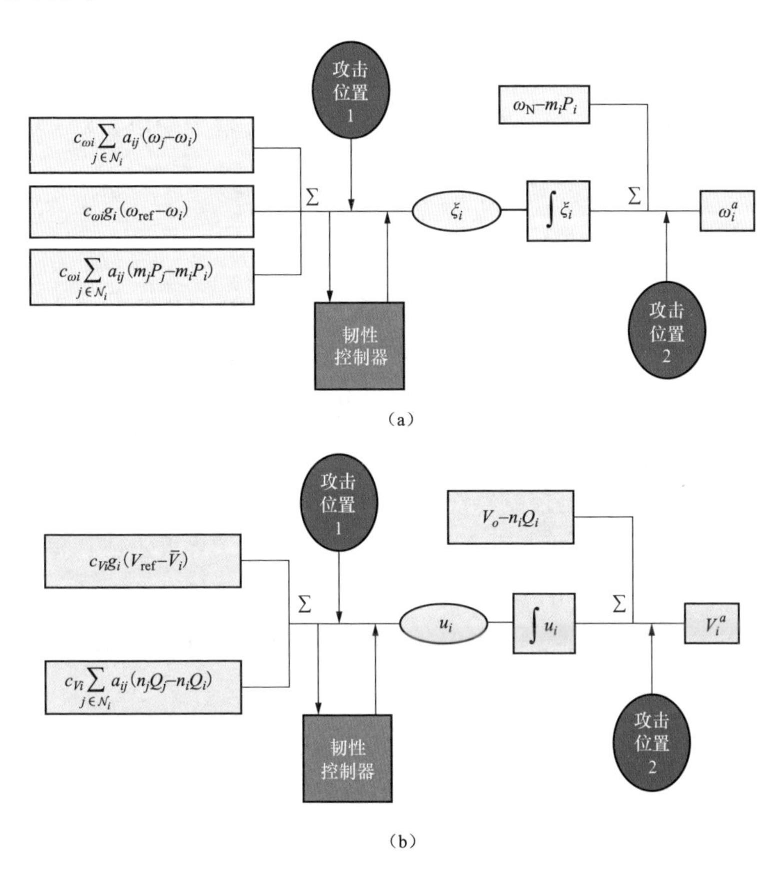

图 7-2　两种攻击位置示意图

（a）有功/频率控制器受攻击示意图；（b）无功/电压控制器受攻击示意图

（1）攻击位置 1：当攻击者对执行器进行攻击时，即攻击二次控制器时，如图 7-2 攻击位置 1 所示，攻击者破坏了二次控制器的输出，此时网络攻击可以建模为

$$\xi_i^a = \xi_i + \mu_i \delta_i \tag{7-7}$$

$$u_i^a = u_i + \kappa_i \delta_i \tag{7-8}$$

式中：δ_i 为对二次控制器输出的网络攻击；ξ_i^a 和 u_i^a 分别为被攻击后的频率

和电压二次控制器输出；μ_i 和 κ_i 均为 0～1 变量。当 $\mu_i=1$ 时，为攻击者对频率二次控制输出实施了攻击，此时 $\xi_i^a=\xi_i+\delta_i$；当 $\mu_i=0$ 时，为攻击者未对频率二次控制器实施攻击，此时 $\xi_i^a=\xi_i$。同理，当 $\kappa_i=1$ 时，为攻击者对电压二次控制输出实施了攻击，此时 $u_i^a=u_i+\delta_i$；当 $\kappa_i=0$ 时，为攻击者未对电压二次控制器实施攻击，此时 $u_i^a=u_i$。

（2）攻击位置 2：当攻击者对传感器进行攻击时，即攻击下垂控制器时，如图 7-2 攻击位置 2 所示，攻击者可直接破坏逆变器的输出频率和电压参考值，此时网络攻击可以建模为

$$\omega_i^a=\omega_i+\eta_i\delta_i \tag{7-9}$$

$$V_i^a=V_i^*+\rho_i\delta_i \tag{7-10}$$

式中：δ_i 为对下垂控制器输出的网络攻击；ω_i^a 和 V_i^a 分别为被攻击后逆变器的频率和电压参考值；η_i 和 ρ_i 均为 0～1 变量。当 $\eta_i=1$ 时，为频率下垂控制器受到攻击，此时 $\omega_i^a=\omega_i+\delta_i$；当 $\eta_i=0$ 时，为频率下垂控制器没有受到攻击，此时 $\omega_i^a=\omega_i$。当 $\rho_i=1$ 时，为电压下垂控制器受到攻击，此时 $V_i^a=V_i^*+\delta_i$；当 $\rho_i=0$ 时，为电压下垂控制器没有受到攻击，此时 $V_i^a=V_i^*$。

对于 FDI 网络攻击的形式，本书考虑 δ_i 可以是无界攻击或者任意有界攻击的形式，对于无界攻击，本书假设 δ_i 的导数，即 $\dot{\delta}_i$，是有界的。本书考虑的攻击可以发生在任意时刻，并且可以攻击单个或任意多个 DG。δ_i 可以表示为

$$\delta_i=a+bf(t)+cg(t) \tag{7-11}$$

式中：a、b 和 c 均为常数；a 为有界恒定攻击；$f(t)$ 为一个无界函数；$g(t)$ 为一个有界非常数函数。

7.3.2 微电网控制受 FDI 攻击的脆弱性分析

当微电网控制器受到 FDI 攻击时，原有的控制目标可能无法实现，即微电网控制在受到网络攻击时表现出脆弱性。本小节通过严格的理论证明，对微电网控制受 FDI 攻击的脆弱性进行分析。

7.3.2.1 有功/频率控制脆弱性分析

对于有功/频率控制，当系统未受到网络攻击时，根据附录 A 的证明，本书采用的分布式二次频率控制器在稳态时可以实现频率收敛到额定值以及有

功功率按比例精确分配。其中，附录 A 中 $\eta_i(P_i)$ 应用在本章中可以表示为 m_iP_i。

当对有功/频率控制器的攻击位置 1 加入式（7-11）形式的 FDI 攻击后，经过推导，可推出附录 A 中的式（A-9）不等于零，具体的推导过程见附录 G。因此在考虑 FDI 攻击后，微电网的频率恢复和 DG 输出有功按比例分配无法同时实现。

当对有功/频率控制器的攻击位置 2 加入式（7-11）形式的 FDI 攻击后，同理，经过推导可推出附录 A 中式（A-2）的右侧不为零，具体的推导过程见附录 G。因此微电网同样无法同时实现频率恢复和 DG 输出有功按比例分配。

由此可知，有功/频率控制在受到网络攻击后无法实现既定控制目标，表现出脆弱性。

7.3.2.2　无功/电压控制脆弱性分析

对于无功/电压控制，本书从理论上可证明分布式二次电压控制器在稳态下可实现所有 DG 电压平均值控制在额定值及 DG 输出无功按照比例分配，在附录 H 中给出了详细的证明过程，具体请见附录 H。

当对无功/电压控制器的攻击位置 1 加入式（7-11）形式的 FDI 攻击后，附录式（H-7）变为 $\boldsymbol{h}=\boldsymbol{H}_1(\boldsymbol{V}_{\mathrm{ref}}-\bar{\boldsymbol{V}})+\boldsymbol{H}_2\boldsymbol{nQ}+\boldsymbol{H}_3\boldsymbol{\delta}$，式中，$\boldsymbol{H}_3$ 为一个比例积分环节，δ_i 为一个任意的函数，所以应用终值定理后，附录 H 中稳态电压向量 $\boldsymbol{V}^{\mathrm{ss}}$ 不能化为附录 H 中式（H-12）的形式，即加入 FDI 攻击后，采用的无功/电压控制不能使所有 DG 平均电压恢复到额定值，DG 输出无功也无法按比例精确分配。

当对无功/电压控制器的攻击位置 2 加入式（7-11）形式的 FDI 攻击后，附录式（H-7）变为 $\boldsymbol{h}=\boldsymbol{H}_1[\boldsymbol{V}_{\mathrm{ref}}-(\bar{\boldsymbol{V}}+\boldsymbol{H}_4\boldsymbol{\delta})]+\boldsymbol{H}_2\boldsymbol{nQ}$，式中，$\boldsymbol{H}_4$ 为一个比例积分环节，与上述分析同理，应用终值定理后，稳态电压向量 $\boldsymbol{V}^{\mathrm{ss}}$ 也不能化为式（H-12）的形式，即加入 FDI 攻击后，采用的无功/电压控制不能使所有 DG 平均电压恢复到额定值，DG 输出无功也无法按比例精确分配。由此可知，无功/电压控制在受到网络攻击后无法实现既定控制目标，表现出脆弱性。

从上述分析可以看出，微电网控制系统受到 FDI 攻击后，控制功能受到严重影响，因此，有必要引入抵御 FDI 攻击的韧性控制措施，提升微电网应对网络攻击的韧性。

7.4 微电网分布式韧性控制

微电网系统在受到无界或有界的 FDI 攻击时，系统的频率、电压以及功率分配都会受到影响，从而使系统无法正常运行。为此，本节在微电网已有的一次和二次控制系统中引入分布式韧性控制器，以抵御 FDI 攻击，保障微电网正常运行，实现既定控制目标，并具有良好的动态性能。

7.4.1 分布式韧性频率控制器

为消除 FDI 攻击对有功/频率控制的影响，基于自适应控制原理，设计了分布式韧性频率控制附加补偿项 $\hat{\Delta}_i$，将补偿项 $\hat{\Delta}_i$ 附加在分布式二次频率控制器的中间环节输出上，此时，原 ξ_i 更新为 k_i，如式（7-12）所示，其基本思想为在有功/频率控制受到 FDI 攻击后，通过 $\hat{\Delta}_i$ 自适应补偿攻击所带来的影响，以抵消 FDI 攻击的效果。

$$
\begin{aligned}
k_i &= \xi_i + \hat{\Delta}_i \\
&= c_{\omega i}\left[\sum_{j\in\mathcal{N}_i} a_{ij}(\omega_j-\omega_i)+g_i(\omega_{\text{ref}}-\omega_i)+\sum_{j\in\mathcal{N}_i} a_{ij}(m_jP_j-m_iP_i)\right]+\hat{\Delta}_i
\end{aligned} \tag{7-12}
$$

$\hat{\Delta}_i$ 的具体表达式如式（7-13）和式（7-14）所示

$$
\hat{\Delta}_i = \frac{\xi_i \vartheta_i}{|\xi_i| + \exp(-\alpha_i t)} \tag{7-13}
$$

$$
\dot{\vartheta}_i = \gamma_i |\xi_i| \tag{7-14}
$$

式中：$\xi_i = \dot{\Omega}_i$；$\hat{\Delta}_i$ 为自适应补偿项；k_i 为加入补偿项后的二次控制输出微分项；ϑ_i 为自适应更新的变量；α_i 和 γ_i 均为正的常数，且 $\gamma_i \geqslant 1$；为实现平滑控制加入了均匀连续函数 $\exp(-\alpha_i t)$。

具体控制框图如图 7-3（a）所示，而韧性电压控制器整体示意图如图 7-3（b）所示。

为了便于表示，在系统受到网络攻击前，对于分布式二次频率控制，可以将式（7-3）转换为

$$
\begin{aligned}
\xi_i &= \dot{\Omega}_i \\
&= c_{\omega i}\left\{\sum_{j\in\mathcal{N}_i} a_{ij}[(\omega_j + m_j P_j) - (\omega_i + m_i P_i)] + g_i[(\omega_{\text{ref}} + m_i P_i) - (\omega_i + m_i P_i)]\right\}
\end{aligned}
\tag{7-15}
$$

令 $\Theta_i = \omega_i + m_i P_i$，$\Theta_{\text{ref}} = \omega_{\text{ref}} + m^* P^*$，式中，$m^* P^*$ 为稳态时各 DG 下垂系数和输出有功的乘积（比例有功），则式（7-15）可以转化为式（7-16）

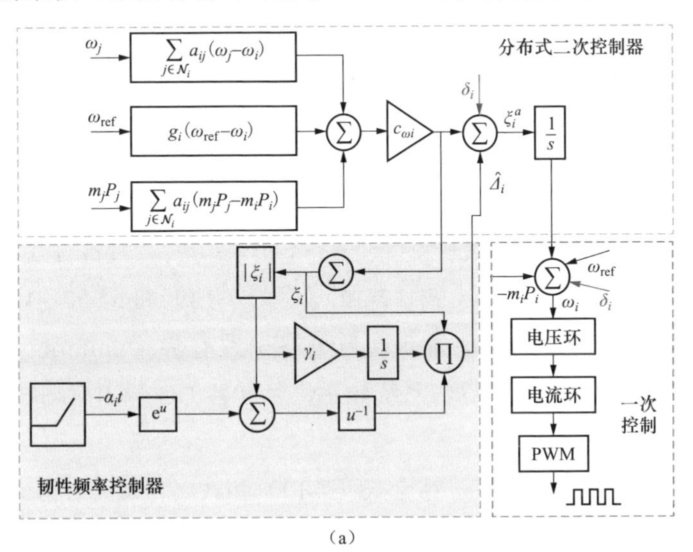

（a）

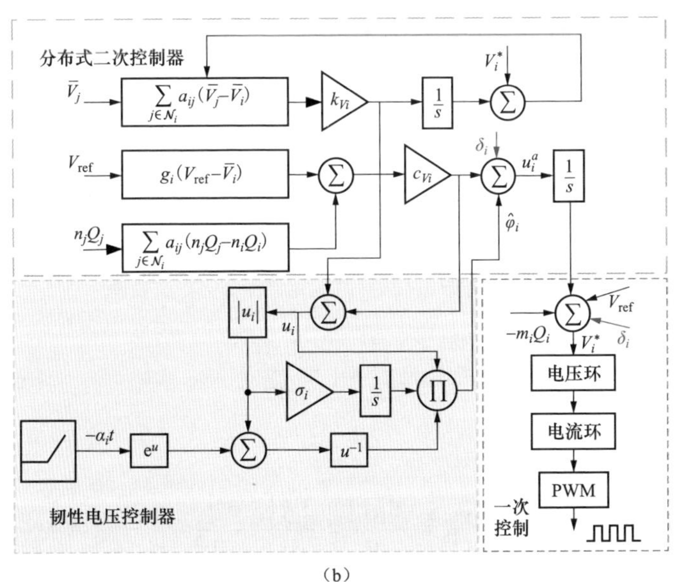

（b）

图 7-3　韧性控制器示意图

（a）韧性频率控制器整体示意图；（b）韧性电压控制器整体示意图

$$\begin{aligned}\dot{\Theta}_i &= \xi_i = \dot{\omega}_i + m_i \dot{P}_i \\ &= c_{\omega i}\left[\sum_{j\in\mathcal{N}_i} a_{ij}(\Theta_j - \Theta_i) + g_i(\Theta_{\text{ref}} - \Theta_i)\right] \\ &= c_{\omega i}\left[-(d_i + g_i)\Theta_i + \sum_{j\in\mathcal{N}_i} a_{ij}\Theta_j + g_i\Theta_{\text{ref}}\right]\end{aligned} \tag{7-16}$$

将式（7-16）写为全局形式，可表示为式（7-17），令 $\boldsymbol{\varepsilon} = \Theta - \mathbf{1}_N \Theta_{\text{ref}}$

$$\dot{\boldsymbol{\Theta}} = -\text{diag}(c_{\omega i})(\boldsymbol{L} + \boldsymbol{G})(\boldsymbol{\Theta} - \mathbf{1}_N \Theta_{\text{ref}}) \tag{7-17}$$

下面基于李雅普诺夫理论证明下述定理 1 和定理 2。

定理 1：当微电网的分布式通信网络拓扑图 $\boldsymbol{\Gamma}$ 包含一个生成树时，若攻击者给控制器的攻击位置 1 注入未知无界 FDI 攻击 δ_i，且 $\dot{\delta}_i$ 有界，则对于所有初始条件，通过式（7-2）、式（7-12）、式（7-13）和式（7-14）组成的分布式韧性频率控制器，可使得 $\boldsymbol{\varepsilon}$ 均为最终一致有界（uniformly ultimately bounded，UUB），即实现有界的系统频率恢复和各 DG 输出有功按比例分配。

证明：

当系统受到网络攻击后，结合式（7-12）和式（7-16）可得式（7-18）

$$\begin{aligned}\dot{\xi}_i &= c_{\omega i}\left[-(d_i + g_i)\dot{\Theta}_i + \sum_{j\in\mathcal{N}_i} a_{ij}\dot{\Theta}_j\right] \\ &= -c_{\omega i}(d_i + g_i)(\xi_i + \delta_i + \hat{\Delta}_i) + c_{\omega i}\sum_{j\in\mathcal{N}_i} a_{ij}(\xi_j + \delta_j + \hat{\Delta}_j)\end{aligned} \tag{7-18}$$

令 $\Delta_i = \delta_i - \sum_{j\in\mathcal{N}_i} a_{ij}(\xi_j + \delta_j + \hat{\Delta}_j)/(d_i + g_i)$，则式（7-18）可转化为式（7-19）

$$\dot{\xi}_i = -c_{\omega i}(d_i + g_i)(\xi_i + \Delta_i + \hat{\Delta}_i) \tag{7-19}$$

选取李雅普诺夫连续标量函数

$$V_i = \frac{1}{2}\left(|\xi_i| - \frac{\mathrm{d}|\Delta_i|}{\mathrm{d}t}\right)^2 \tag{7-20}$$

其一阶导数为

$$\dot{V}_i = \left(|\xi_i| - \frac{\mathrm{d}|\Delta_i|}{\mathrm{d}t}\right)\left(\frac{\mathrm{d}|\xi_i|}{\mathrm{d}t} - \frac{\mathrm{d}^2|\Delta_i|}{\mathrm{d}t^2}\right) \tag{7-21}$$

由 Δ_i 表达式可得，$\dot{\Delta}_i$ 是有界的，记 $\mathrm{d}|\Delta_i|/\mathrm{d}t = \Delta_i\dot{\Delta}_i/|\Delta_i| \leqslant |\dot{\Delta}_i|$，即 $\mathrm{d}|\Delta_i|/\mathrm{d}t$ 和 $\mathrm{d}^2|\Delta_i|/\mathrm{d}t^2$ 都是有界的，记

$$\begin{aligned}\frac{\mathrm{d}|\xi_i|}{\mathrm{d}t}&=\frac{\xi_i\dot{\xi}_i}{|\xi_i|}=\frac{-c_{\omega i}(d_i+g_i)\xi_i(\xi_i+\varDelta_i+\hat{\varDelta}_i)}{|\xi_i|}\\&=-c_{\omega i}(d_i+g_i)\left(|\xi_i|+\frac{\xi_i\Delta V}{|\xi_i|}+\frac{\xi_i\varDelta_i}{|\xi_i|}+\frac{\xi_i\hat{\varDelta}_i}{|\xi_i|}\right)\end{aligned}\tag{7-22}$$

将式（7-22）代入式（7-21）中得到

$$\dot{V}_i=\left(|\xi_i|-\frac{\mathrm{d}|\varDelta_i|}{\mathrm{d}t}\right)\left[-c_{\omega i}(d_i+g_i)\left(|\xi_i|+\frac{\xi_i\varDelta_i}{|\xi_i|}+\frac{\xi_i\hat{\varDelta}_i}{|\xi_i|}\right)-\frac{\mathrm{d}^2|\varDelta_i|}{\mathrm{d}t^2}\right]\tag{7-23}$$

通过式（7-13）可得

$$\begin{aligned}-c_{\omega i}(d_i+g_i)\left(\frac{\xi_i\varDelta_i}{|\xi_i|}+\frac{\xi_i\hat{\varDelta}_i}{|\xi_i|}\right)&=-c_{\omega i}(d_i+g_i)\frac{\xi_i\varDelta_i}{|\xi_i|}-c_{\omega i}(d_i+g_i)\frac{|\xi_i|\vartheta_i}{|\xi_i|+\exp(-\alpha_i t)}\\&\leqslant c_{\omega i}(d_i+g_i)|\varDelta_i|-c_{\omega i}(d_i+g_i)\frac{|\xi_i|\vartheta_i}{|\xi_i|+\exp(\alpha_i t)}\\&\leqslant c_{\omega i}(d_i+g_i)\frac{|\xi_i||\varDelta_i|+\exp(-\alpha_i t)|\varDelta_i|-|\xi_i|\vartheta_i}{|\xi_i|+\exp(-\alpha_i t)}\end{aligned}\tag{7-24}$$

当 $|\xi_i|\leqslant \mathrm{d}|\varDelta_i|/\mathrm{d}t$ 时，$\dot{\vartheta}_i\leqslant \mathrm{d}|\varDelta_i|/\mathrm{d}t$，又因为 $\mathrm{d}|\varDelta_i|/\mathrm{d}t$ 有界，且稳态时 $\exp(-\alpha_i t)$ 趋于零，所以存在 $\tau_1>0$，使 $\forall t\geqslant\tau_1$ 时，有

$$|\xi_i||\varDelta_i|+\exp(-\alpha_i t)|\varDelta_i|-|\xi_i|\vartheta_i\geqslant 0\tag{7-25}$$

将式（7-25）和式（7-24）代入式（7-23）可得式（7-26）

$$\dot{V}_i\leqslant\left(|\xi_i|-\frac{\mathrm{d}|\varDelta_i|}{\mathrm{d}t}\right)\left[-c_{\omega i}(d_i+g_i)|\xi_i|-\frac{\mathrm{d}^2|\varDelta_i|}{\mathrm{d}t^2}\right],\forall t\geqslant\tau_1\tag{7-26}$$

当 $|\xi_i|\leqslant -\mathrm{d}^2|\varDelta_i|/c_{\omega i}(d_i+g_i)\mathrm{d}t^2$ 时，

$$\dot{V}_i\leqslant 0,\ \forall t\geqslant\tau_1\tag{7-27}$$

所以 ξ_i 是最终一致有界的，其界线为

$$\min\left\{\frac{\mathrm{d}|\varDelta_i|}{\mathrm{d}t},\ -\frac{1}{c_{\omega i}(d_i+g_i)}\frac{\mathrm{d}^2|\varDelta_i|}{\mathrm{d}t^2}\right\}\tag{7-28}$$

考虑到 $\boldsymbol{\xi}=-\mathrm{diag}(c_{\omega i})(\boldsymbol{L}+\boldsymbol{G})\boldsymbol{\varepsilon}$，其中，$\boldsymbol{\xi}=[\xi_1,\xi_2,\cdots,\xi_N]^{\mathrm{T}}$。因为 ξ_i 最终一致有界，所以 $\boldsymbol{\varepsilon}$ 也是最终一致有界的，得证。

定理 2：当微电网的分布式通信网络拓扑图 $\boldsymbol{\Gamma}$ 包含一个生成树时，若攻

击者给控制器的攻击位置 1 注入未知有界 FDI 攻击 δ_i，则对于所有初始条件，通过式（7-2）、式（7-12）、式（7-13）和式（7-14）组成的分布式韧性频率控制器，可使得 $\boldsymbol{\varepsilon}$ 均为渐近稳定（asymptotically stable，AS），即实现精确的系统频率恢复和各 DG 输出有功按比例分配。

证明：

因为 ξ_i 有界，所以 $\varDelta_i$ 有界，且 $\varDelta_i \leqslant |\varDelta_i|$，令 $\chi_i = \sup_{t=0}|\varDelta_i(t)|$，其中 χ_i 为常数，所以 $\dot{\chi}_i = 0$，令 $\tilde{\vartheta}_i = \chi_i - \vartheta_i$。选用如下所示的李雅普诺夫标量函数

$$V_i = \frac{1}{2}\xi_i^2 + \frac{1}{2}\frac{c_{\omega i}(d_i + g_i)}{\gamma_i}\tilde{\vartheta}_i^2 \tag{7-29}$$

其一阶导数如下

$$\begin{aligned}
\dot{V}_i' &= \xi_i\dot{\xi}_i - \frac{c_{\omega i}(d_i + g_i)}{\gamma_i}\tilde{\vartheta}_i\dot{\vartheta}_i \\
&= -c_{\omega i}(d_i + g_i)(\xi_i^2 + \varDelta_i\xi_i + \hat{\varDelta}_i\xi_i) \\
&\quad - c_{\omega i}(d_i + g_i)(\chi_i - \vartheta_i)|\xi_i| \\
&\leqslant -c_{\omega i}(d_i + g_i)|\xi_i|^2 \\
&\quad - c_{\omega i}(d_i + g_i)(\chi_i|\xi_i| - |\varDelta_i||\xi_i| + \hat{\varDelta}_i\xi_i - \vartheta_i|\xi_i|) \\
&= -c_{\omega i}(d_i + g_i)|\xi_i|^2 \\
&\quad - c_{\omega i}|d_i + g_i|\left[(\chi_i - |\varDelta_i|)|\xi_i| - \frac{\exp(-\alpha_i t)\vartheta_i|\xi_i|}{|\xi_i| + \exp(-\alpha_i t)}\right]
\end{aligned} \tag{7-30}$$

因为 $(\chi_i - |\varDelta_i|) \geqslant 0$，且稳态时，$\exp(-\alpha_i t)$ 趋于零，因此存在 $\tau_2>0$，使 $\forall t \geqslant \tau_2$ 时，$\dot{V}_i' \leqslant 0$，当且仅当 $|\xi_i = 0|$ 时，$\dot{V}_i' = 0$。所以 ξ_i 渐近稳定，即 $\lim_{t\to\infty}\varepsilon_i(t) = 0$，得证。

另外，从 7.3 节中可以分析得出，位置 2 受到未知的网络攻击后，其网络攻击的表达式与位置 1 受到攻击时本质上为比例关系，因此证明过程与定理 1、定理 2 的方法相似，在此不再给出证明。

7.4.2 分布式韧性电压控制器

为消除 FDI 攻击对无功/电压控制的影响，与 7.4.1 节的控制原理类似，设计了分布式韧性电压控制附加补偿项 $\hat{\phi}_i$，将其附加在分布式二次电压控制器的中间环节输出上，此时，原 $\dot{h}_i$ 更新为 S_i，如式（7-31）所示，以补偿攻

击扰动对电压控制器所带来的影响。

$$
\begin{aligned}
S_i &= \dot{h}_i + \hat{\phi}_i \\
&= c_{Vi}\left[g_i(V_{\text{ref}} - \bar{V}_i) + \sum_{j \in \mathcal{N}_i} a_{ij}(n_j Q_j - n_i Q_i) \right] + \hat{\phi}_i
\end{aligned}
\tag{7-31}
$$

$\hat{\phi}_i$ 的具体表达式如式（7-32）和式（7-33）所示

$$
\hat{\phi}_i = \frac{u_i \lambda_i}{|u_i| + \exp(-\alpha_i t)} \tag{7-32}
$$

$$
\dot{\lambda}_i = \sigma_i |u_i| \tag{7-33}
$$

式中：$\hat{\phi}_i$ 为自适应补偿项；S_i 为加入补偿项后的二次控制输出微分项；λ_i 为自适应更新参数；α_i 和 σ_i 均为正的常数且 $\sigma_i \geqslant 1$；为实现平滑控制加入了均匀连续函数 $\exp(-\alpha_i t)$。

其控制框图如图 7-3（b）所示。

定理 3：当微电网的分布式通信网络拓扑图 $\boldsymbol{\Gamma}$ 包含一个生成树时，若攻击者给控制器的攻击位置 1 和 2 注入未知无界 FDI 攻击 δ_i，且 $\dot{\delta}_i$ 有界，则对于所有初始条件，通过式（7-4）、式（7-5）、式（7-31）、式（7-32）和式（7-33）组成的分布式韧性电压控制器，可使得 $\boldsymbol{\varepsilon}$ 均为 UUB，即实现有界的所有 DG 输出电压平均值调节以及各 DG 输出无功按比例分配。

定理 4：当微电网的分布式通信网络拓扑图 $\boldsymbol{\Gamma}$ 包含一个生成树时，若攻击者给控制器的攻击位置 1 和 2 注入未知有界 FDI 攻击 δ_i，则对于所有初始条件，通过式（7-4）、式（7-5）、式（7-31）、式（7-32）和式（7-33）组成的分布式韧性电压控制器，可使得 $\boldsymbol{\varepsilon}$ 均为 AS，即实现所有 DG 输出电压平均值控制在额定值以及和各 DG 输出无功按比例精确分配。

通过使用同 7.4.1 节中类似的证明方法，可证明定理 3 和定理 4。具体证明过程，为节省篇幅，文中不再赘述。

7.5　算　例　分　析

7.5.1　算例系统

为验证本书所提出的分布式韧性控制方法的有效性，在 MATLAB/Simulink 中搭建了由 4 台 DG 组成的 380V/50Hz 孤岛交流微电网系统作为研究对象，如图 7-4（a）所示。每台 DG 都通过线路阻抗连接到公共连接点（point of common coupling，PCC）母线上，并通过 PCC 母线与主网相连，将与主网连接的联络开关 QF 断开，使微电网运行在孤岛模式。为验证负荷变动的影响，在 PCC 母线上接入负荷 1（40kW+10kvar）和负荷 2（20kW+10kvar）。图 7-4 为 4 台 DG 的通信网络拓扑图和对应的关联矩阵，系统的线路参数和各台 DG 的控制系数请见表 7-1 和表 7-2。

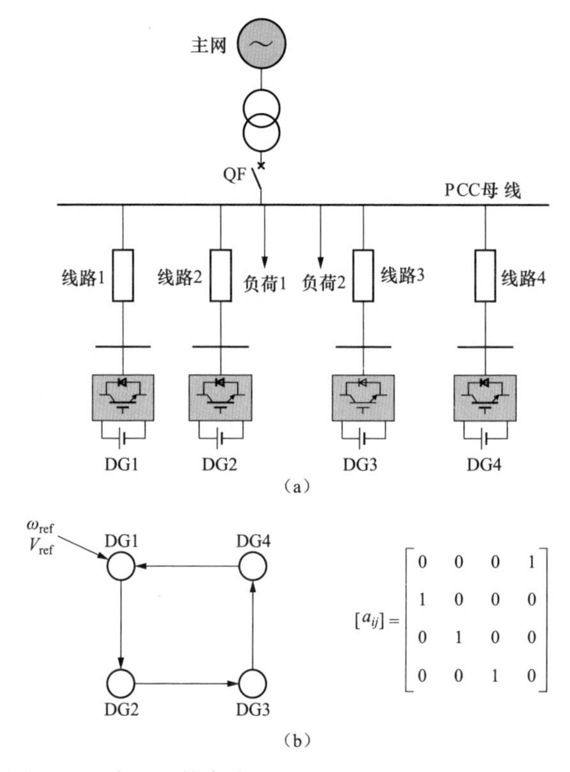

图 7-4　4 台 DG 的交流微电网拓扑和关联矩阵 $\boldsymbol{A}=[a_{ij}]$

（a）4 台 DG 的交流微电网物理拓扑图；（b）系统通信网络连通图和对应的关联矩阵

表 7-1　　系统中各线路的阻抗参数

参数	线路 1	线路 2	线路 3	线路 4
线路阻抗	0.12Ω+j0.38Ω	0.14Ω+j0.41Ω	0.14Ω+j0.41Ω	0.17Ω+j0.47Ω

表 7-2　　系统中各 DG 的控制参数

控制参数	单位	DG1、DG3	DG2、DG4
m_i	rad/（s • MW）	33.33×10^{-6}	50×10^{-6}
n_i	kV/Mvar	0.389×10^{-3}	0.585×10^{-3}

续表

控制参数	单位	DG1、DG3	DG2、DG4
$c_{\omega i}$	Hz	400	400
c_{Vi}	V	125	125
k_{Vi}	V	125	125
γ_i	—	600	600
σ_i	—	700	700
α_i	—	0.1	0.1

其中，设置四台 DG 功率容量比例为 2:3:2:3，下垂系数与容量成反比，所以四台 DG 的下垂系数比例为 3:2:3:2。设置系统 $\omega_{\mathrm{N}}=2\pi\times50\mathrm{rad/s}$ ，$V_0=311\mathrm{V}$ 。

7.5.2　算例分析

本节设置了八个算例，算例 1 验证多攻击位置下稳态运行效果；算例 2 验证多目标稳态运行效果；算例 3 对多攻击形式下的韧性控制效果进行验证；算例 4、5、6 验证单台 DG 受到攻击时的韧性控制效果；算例 7 验证通信延时下韧性控制效果；算例 8 将所提韧性控制器与已有检测、隔离方法效果对比。

7.5.2.1　多攻击位置下的韧性控制验证

算例 1： 多攻击位置下的韧性控制验证。系统在 t=0s 时与主网断开，以孤岛模式带负荷 1 运行，系统运行在一次和二次控制作用下，未引入韧性控制器。运行至 t=0.4s 时，4 台 DG 的频率下垂控制器输出（攻击位置 2）分别受到 0.6s 时长的有界时变 FDI 攻击 $\delta_i=10\sin100t$ ，在 t=0.7s 时加入所提频率韧性控制器。

从图 7-5 可以看出，系统在 t=0.4s 之前正常运行，在 t=0.4s 时 4 台 DG 的频率下垂控制输出遭受有界时变 FDI 攻击后，频率偏离额定值，发生明显的波动，有功功率受到的影响较小，只在小范围波动。与图 7-7（c）对比可知，在攻击位置 2 进行攻击时，较小的攻击量也可以达到在攻击位置 1 较大攻击量造成的影响。在 t=0.7s 时投入所提的频率韧性控制器后，可补偿系统频率由于受到攻击后产生的偏差，控制在额定值 50Hz，并且有功功率也可以按容量比例精确分配。由此可以看出，所提出的分布式韧性控制器可以有效抵御不同位置的 FDI 攻击，保障系统的安全稳定运行。

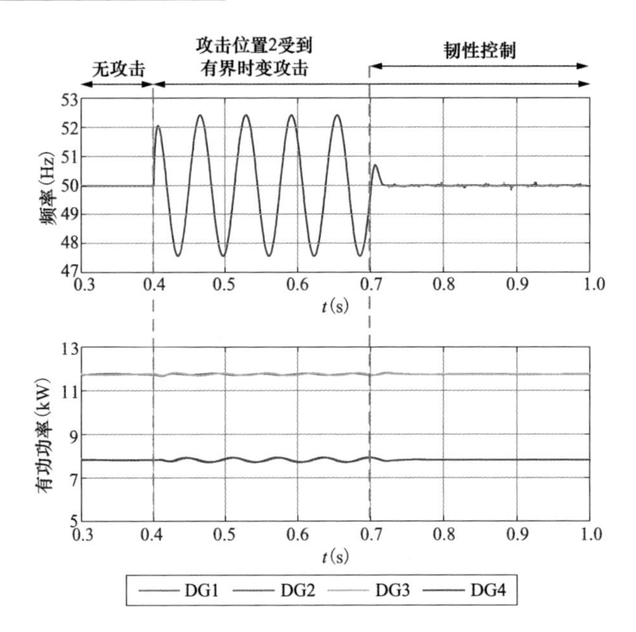

图 7-5 所有 DG 下垂控制器受到攻击时（攻击位置 2）的仿真结果

7.5.2.2 多目标稳态运行结果

算例 2：多目标稳态运行。系统在 t=0s 时与主网断开，以孤岛模式带负荷 1 运行，此时在一次和二次控制器的基础上加入所提的韧性控制器，运行至 t=0.5s 时，再继续投入负荷 2。运行结果如图 7-6 所示。

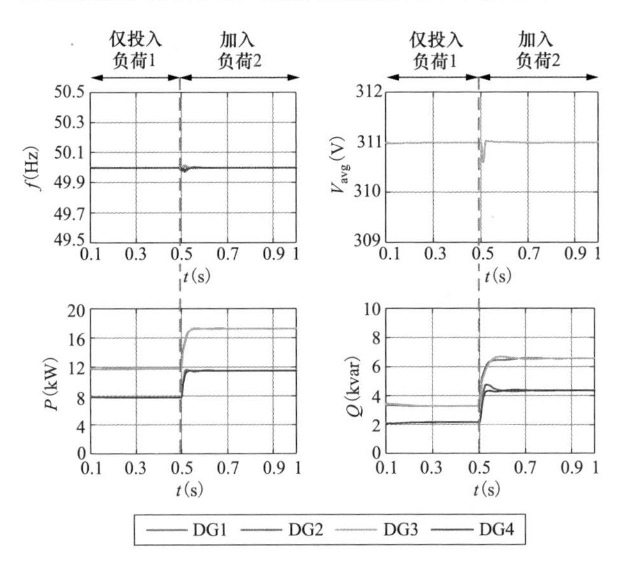

图 7-6 稳态运行时多目标控制仿真结果

从图 7-6 可以看出，在投入负荷 2 前后，各 DG 的频率均维持在 50Hz，所有 DG 端口电压的平均值 V_{avg} 维持在 311V；此外，系统中各 DG 的有功功率和无功功率可以按照容量比例 2:3:2:3 精确分配。因此可知，在未受到攻击的情形下，引入分布式韧性控制器后，不会改变既有控制器的控制效果。

7.5.2.3　多攻击形式下的韧性控制验证

算例 3：多攻击形式下的韧性控制验证。本算例针对攻击位置 1，设置不同的攻击形式，以验证所提韧性控制器的有效性。系统在 t=0s 时与主网断开，以孤岛模式带负荷 1 运行，系统运行在一次和二次控制作用下，未引入韧性控制器。系统稳定运行至 t=0.4s 时，分别遭受 0.6s 时长的三种攻击形式：①4 台 DG 的频率和电压二次控制器输出分别遭受无界的 FDI 攻击 $\delta_i = 5000t$；②4 台 DG 的频率和电压二次控制器输出分别遭受有界恒定的 FDI 攻击 $\delta_i = 1000$ 和 $\delta_i = 300$；③4 台 DG 的频率和电压二次控制器输出分别遭受有界时变的 FDI 攻击 $\delta_i = 1000\sin 100t$ 和 $\delta_i = 5000\sin 300t$。t=0.7s 时，引入频率和电压韧性控制器。运行结果如图 7-7 所示。

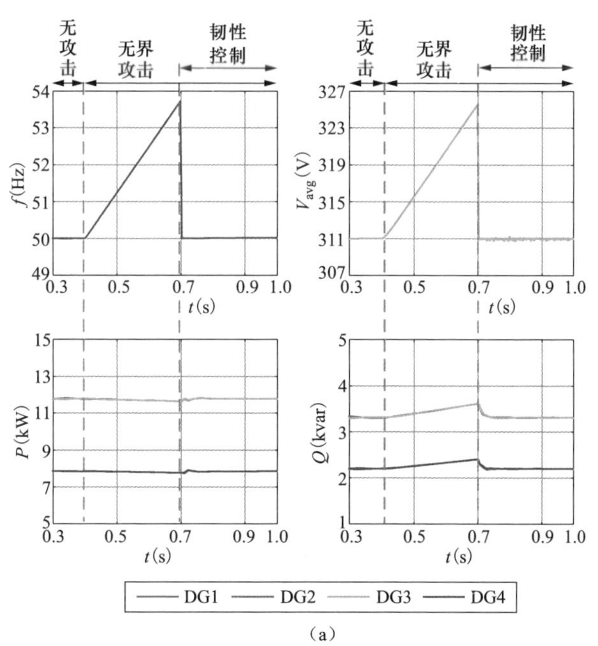

(a)

图 7-7　所有 DG 受到不同形式攻击时的仿真结果（一）
（a）系统受到无界 FDI 攻击时各 DG 的频率/电压和功率曲线

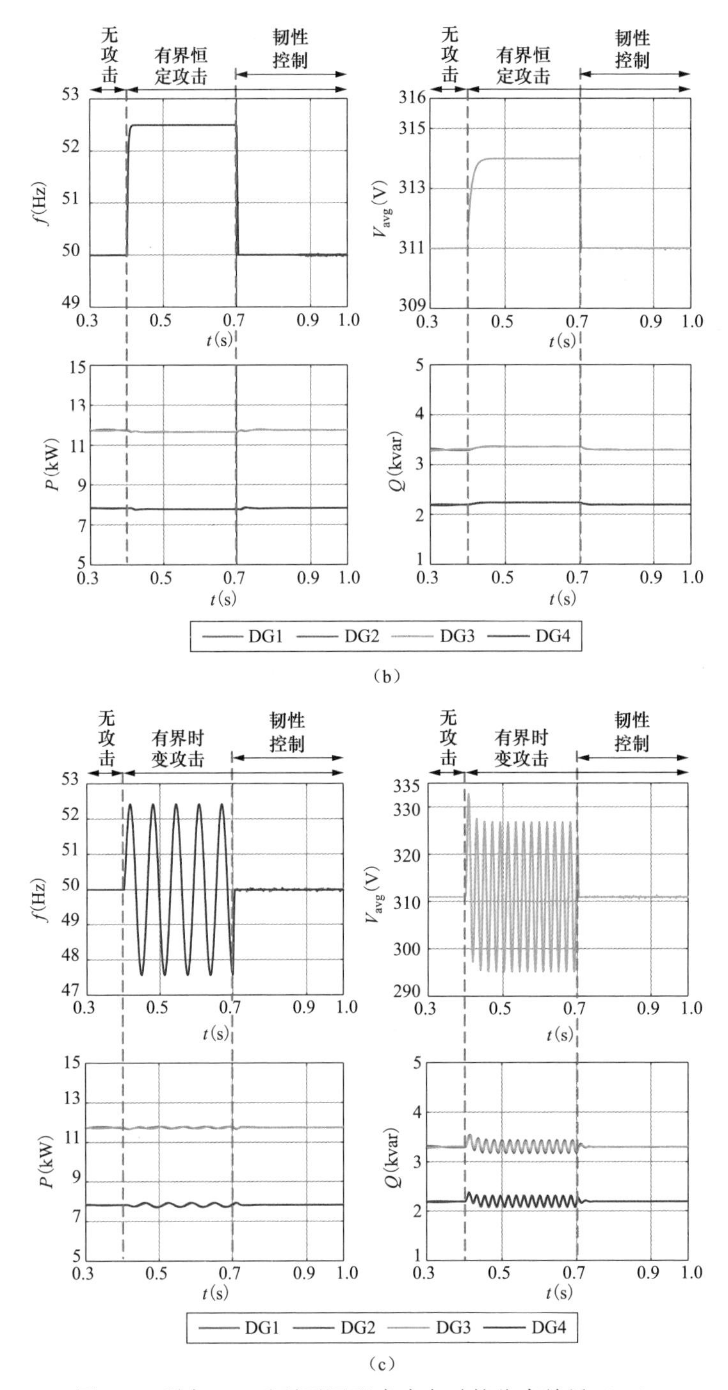

图 7-7 所有 DG 受到不同形式攻击时的仿真结果（二）

（b）系统受到有界恒定 FDI 攻击时各 DG 的频率/电压和功率曲线；（c）系统受到有界时变 FDI 攻击时各 DG 的频率/电压和功率曲线

从图 7-7（a）可以看出，系统在 t=0.4s 之前正常运行，二次控制器遭受无界攻击后，频率/电压在没有控制措施的情况下均持续增加，偏离了额定值，4 台 DG 同时受到相同的攻击，因此承担负荷的能力按比例受影响，因此有功功率、无功功率在 4 台 DG 同时受到攻击时波动较小，有功略有下降，无功功率稍有增加；在 t=0.7s 投入所提的频率/电压韧性控制器后，系统的频率稳定在额定值附近——50.02Hz 左右，各 DG 输出电压平均值 V_{avg} 稳定在额定值附近——311.05V 左右（额定值为 311V），均在安全范围之内且与额定值间误差很小，并且有功功率和无功功率也可以按比例分配。

注：无界的 FDI 攻击可能会产生较大的攻击幅值，从而更易被防御者检测发现并采取措施，因此攻击者在实际攻击中可能更多选择隐蔽性更强的攻击策略来破坏系统，例如有界时变攻击。然而，对于微电网，其容量和惯性较小，无界的 FDI 攻击对微电网产生的影响更加严重，更易诱发微电网发生频率电压越限甚至失稳。因此，攻击者可能会根据系统的防御情况，采用多样化的攻击手段，无界的 FDI 攻击虽然可能不是攻击者采用的主要攻击手段，但因无界攻击对微电网影响很大，所以攻击者也可能会尝试采用无界攻击的手段，若微电网的攻击检测鉴别机制恰好存在问题，就可以达到迅速破坏微电网的目的。为此，本书为了应对多种可能发生的攻击情况，既考虑了有界攻击，也考虑了无界攻击。

从图 7-7（b）可以看出，正常运行的二次控制器遭受有界恒定攻击后，频率/电压均立即偏离额定值，且恒定有界，同图 7-7（a）一样，功率小范围变动；在 t=0.7s 投入所提的频率/电压韧性控制器后，系统的频率/电压均可迅速恢复到额定值，并且有功功率和无功功率可以按比例精确分配。从图 7-7（c）可以看出，二次控制器遭受有界时变攻击后，频率/电压均发生持续有界的振荡，有功和无功也产生了一定振荡；在 t=0.7s 投入所提的频率/电压韧性控制器后，系统的频率/电压恢复到额定值，并且有功功率和无功功率可以按比例精确分配。由此可以看出，FDI 攻击具有明确的导向性，即电压/频率/功率受到 FDI 攻击后的形式与受到网络攻击的形式一致，并且所提出的分布式韧性控制器可以有效抵御不同形式的 FDI 攻击，保障系统的安全稳定运行。

7.5.2.4　单台 DG 频率控制器受到攻击后的韧性控制验证

算例 4：单台 DG 频率控制器受到攻击后的韧性控制验证。系统在 t=0s

时与主网断开，以孤岛模式带负荷 1 运行，系统运行在一次和二次控制作用下，未引入韧性控制器。运行至 t=0.4s 时，仅 DG4 的频率二次控制器输出受到有界时变攻击 $\delta_4 = 100\sin 100t$；t=0.7s 时投入韧性频率控制器。

从图 7-8 可以看出，在 t=0.4s 时 DG4 的频率二次控制器输出遭受有界非恒定攻击后，由于所有 DG 之间相互通信，其输出频率都偏离了额定值，并且由于 DG4 直接受攻击，其频率偏离额定值的程度最大；仅 DG4 受到攻击，其他 DG 未受到攻击，因此各 DG 输出有功的振荡情况并不相同；在 t=0.7s 时投入所提的韧性频率控制器后，所有 DG 的输出频率都可以恢复到额定值，并且输出有功功率恢复正常，也可以按容量比例精确分配。

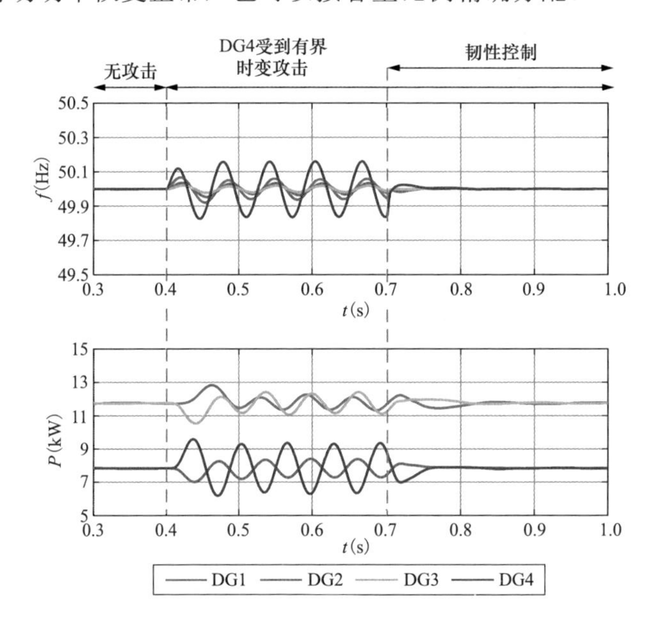

图 7-8　DG4 频率控制器受到 FDI 攻击的仿真结果

7.5.2.5　单台 DG 电压控制器受攻击后的韧性控制验证

算例 5：单台 DG 电压控制器受攻击后的韧性控制验证。系统在 t=0s 时与主网断开，以孤岛模式带负荷 1 运行，系统运行在一次和二次控制作用下，未引入韧性控制器。运行至 t=0.4s 时，仅 DG4 的二次电压控制器输出受到有界时变攻击 $\delta_4 = 1000\sin 100t$；t=0.7s 时投入韧性电压控制器。仿真结果如图 7-9 所示，在 t=0.4s 时 DG4 的二次电压控制器输出遭受有界时变攻击后，各台 DG 观测器观测的平均电压 V_{obs} 都偏离了额定值，并且由于 DG4 直接受攻击，其电压观测值偏离额定值的程度最大；4 台 DG 实际输出的平均电压也随之波动；在 t=0.7s 时投入所提的韧性电压控制器后，所有 DG 的输出电压的平均值都可以恢复到额定值，并且输出无功功率能够按容量比例分配。

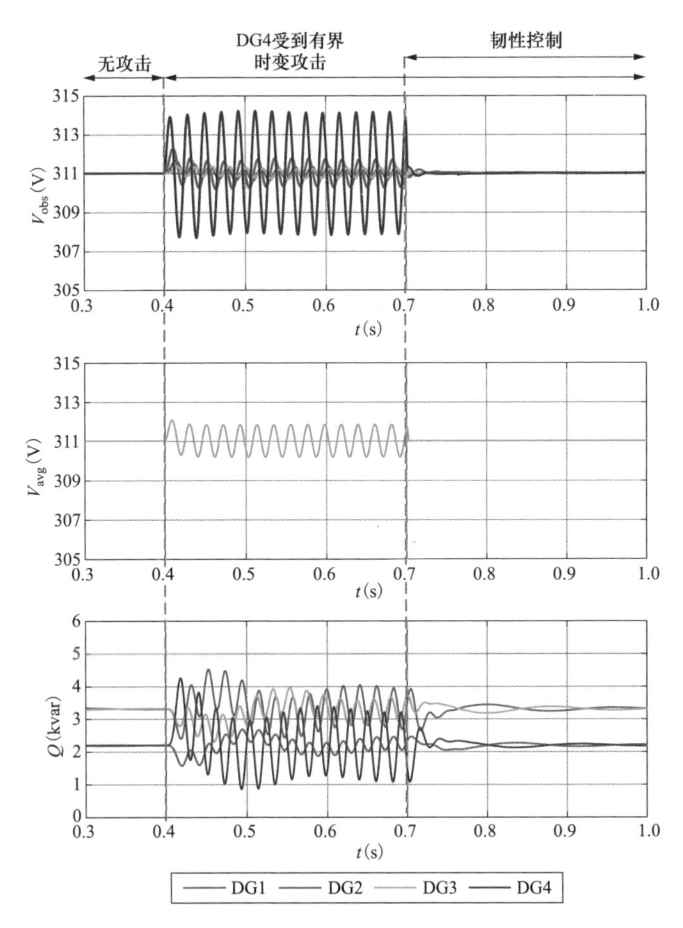

图 7-9　DG4 电压控制受到 FDI 攻击的仿真结果

由此可以看出，所提出的分布式韧性控制器可以有效抵御不对称的 FDI 攻击，保障系统安全稳定运行。

7.5.2.6　系统已存在分布式韧性控制器的情况下单台 DG 受到 FDI 攻击时的控制效果验证

算例 6： 系统已存在分布式韧性控制器的情况下单台 DG 受到 FDI 攻击

时的控制效果验证。系统在 t=0s 时与主网断开，以孤岛模式带负荷 1 运行，同时加入韧性控制器。运行至 t=0.4s 时，DG4 的频率二次控制器输出受到有界时变攻击 $\delta_4 = 100\sin 100t$ 。仿真结果如图 7-10 所示。

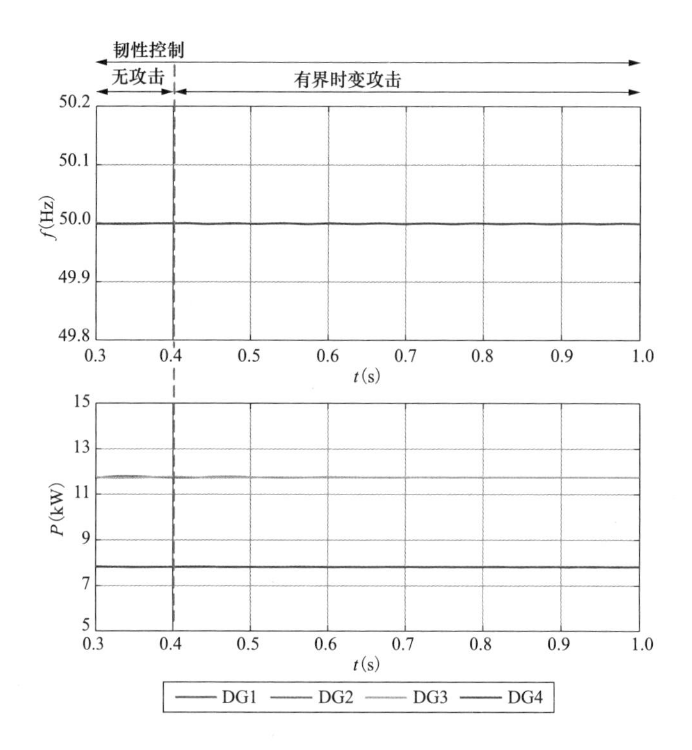

图 7-10 加入韧性控制器后 DG4 受到攻击的仿真结果

从图 7-10 中可以看出，微电网在加入韧性控制器后，DG4 受到有界时变攻击时，系统的频率和有功功率的波形基本不受影响，始终维持既定的控制目标。对比已有文献的结果可知，已有的检测、隔离方法需要更长的恢复时间（0.7s 左右），而且隔离受损 DG 前微电网运行在被攻击干扰的状态。

7.5.2.7 通信延时下分布式韧性控制器效果验证

算例 7：通信延时下分布式韧性控制器效果验证。系统在 t=0s 时与主网断开，以孤岛模式带负荷 1 运行，同时加入韧性控制器，设置通信延时为 20ms。运行至 t=0.7s 时，投入负荷 2。各台 DG 的输出有功功率仿真结果如图 7-11 所示。

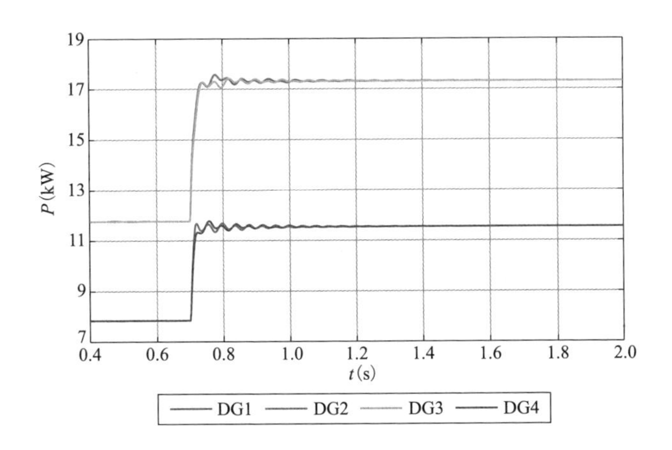

图 7-11　存在通信延时下分布式韧性控制器的仿真结果

从图 7-11 可以看出，虽然存在 20ms 的通信延时，但是负荷投入后经过一定时间衰减振荡后系统仍然可以实现稳态控制目标。

7.5.2.8　所提韧性控制器与已有检测、隔离方法效果对比

算例 8：所提韧性控制器与已有检测、隔离方法效果对比。采用相同的系统及通信拓扑，t=1s 时，同算例 4 一致，DG4 的频率二次控制器输出受到有界非恒定 FDI 攻击 $\delta_4 = 100\sin 100t$；采用文献［31］提出的检测、隔离方法，检测、隔离 DG4。

从图 7-12 可以看出，DG4 受到 FDI 攻击后，4 台 DG 的输出频率都偏离了额定值，有功功率均发生较大的波动；采用文献［31］提出的检测和隔离方法，系统经过约 0.5s 检测到 DG4 受到攻击并将 DG4 进行隔离，再经过 0.2s 左右系统进入到稳态，此时系统中只剩 DG1、DG2 和 DG3，从图 7-4 的系统通信网络连通图中可以看出，系统中剩下的 DG 可以形成一个生成树，仍满足二次控制实现控制目标的前提，因此将 DG4 隔离后，仅 DG4 的频率偏离了额定值，其余三台 DG 均维持在频率的额定值；系统中投入了负荷 1，因此在 DG4 被隔离后，仅剩其余 3 台 DG 承担功率，并按容量比例进行重新分配。

通过与本书所提韧性控制方法的控制效果（图 7-8）对比可知，本书所提方法无须将受到攻击的 DG 隔离，所有 DG 均可在网运行，而检测/隔离类方法需要将受到攻击的 DG 隔离，被隔离的 DG 输出功率降为 0，可能导致

剩余 DG 过载，甚至导致系统发电功率不足而切负荷。此外，在受到攻击的 DG 被隔离后，可能发生剩余 DG 的通信网络不存在生成树的情况，从而导致剩余 DG 无法实现二次控制目标。由此可知，本书所提韧性控制方法比已有的检测/隔离类方法更具优势。

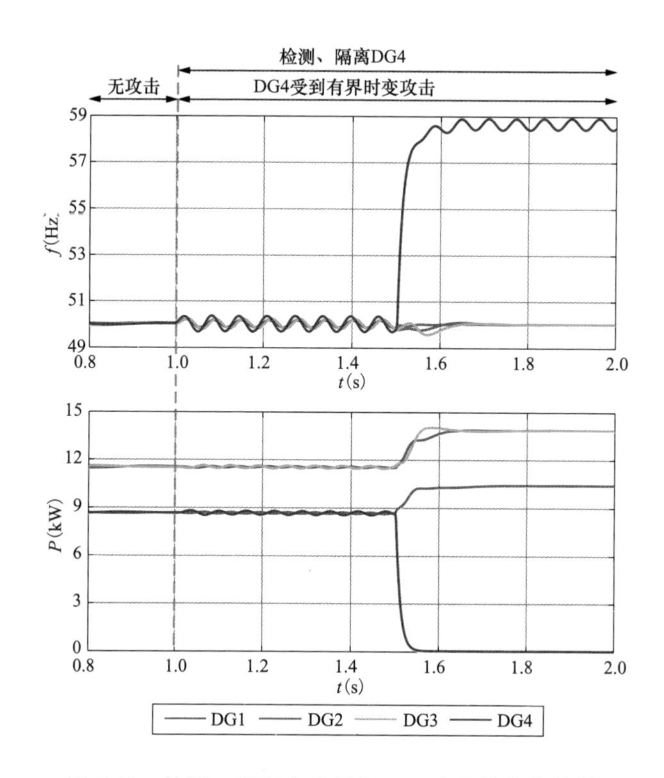

图 7-12 检测、隔离方式抵御 FDI 攻击的仿真结果

7.6 小结

为提升孤岛交流微电网分布式控制在面对恶意 FDI 攻击时的韧性，本书建立了 FDI 攻击模型，分析了微电网分布式控制受攻击后的脆弱性，基于自适应控制原理，针对有功/频率控制和无功/电压控制分别设计了分布式韧性附加控制器，并通过李雅普诺夫理论严格证明了所提控制器在无界攻击和有界攻击情况下分别能够实现最终一致有界和渐进稳定。最后，通过多场景的时域仿真验证了在引入所提的分布式韧性控制后，微电网在受到

无界和有界 FDI 攻击情况下依然能够实现既定控制目标，并具有良好的动态性能。

本书所提的交流微电网分布式韧性控制方法主要应对的是 FDI 攻击，对于其他攻击形式（例如披露攻击、中断攻击等）下如何抵御网络攻击影响的研究还不够完善。下一步将对这一问题展开深入研究，以使微电网的控制具有更强的韧性。

第8章

8.1 概　　述

当系统运行工况发生变化时，微电网的一次控制和二次控制能够在短时间尺度上快速地实现功率平衡并维持系统稳定运行。然而，微电网在长时间运行过程中可能存在多种不同的优化运行需求，例如系统网损最小、总运行成本最小、节点电压偏差最小等，显然，仅通过一次控制和二次控制无法满足这些需求。为此，需要引入三次控制合理安排各台 DG 的出力，实现微电网的优化运行。

三次控制的优化方法主要有集中式优化和分布式优化两种方法。同集中式优化相比，分布式优化方法能够将一个集中式大问题“分布”到各个 DG 中单独求解，因而具有求解简单、灵活性好、可靠性高、实施成本低、便于保护用户隐私等诸多优点。已有文献针对主动配电网或微电网的有功经济调度问题或交流最优潮流问题，应用不同的分布式优化算法，如一致性算法、分布式次梯度法、ADMM 算法以及势博弈算法等，能够求解得到 DG 的最优功率出力参考值。

在得到最优功率参考值后，DG 需要通过自身控制使其实际输出功率跟踪参考值。当微电网并网运行时，各 DG 通常采用功率控制，直接跟踪最优功率参考值即可。当微电网离网运行时，若系统使用主从控制，则运行于功率控制模式的各个从 DG 电源也可以直接跟踪最优功率参考值；然而，在本书中系统使用对等控制方法，各台 DG 均基于一次下垂控制和二次控制运行，此时在 DG 端口直接控制的是电压而非功率，因此 DG 无法直接跟踪由三次控制下发的最优功率参考值。在这种情况下，如何实现一次、二次和三次控制联合协调运行成为亟待解决的问题。此外，在优化中一般不考虑系统的动力学方程，当三次控制与一次、二次控制结合时如果配合不当可能导致系统失稳。

为此，本章提出了微电网一次、二次和三次控制联合运行方法以实现系统的分布式优化运行，主要开展了如下四项研究工作[32]：

（1）在三次控制的优化调度层面，建立了微电网最优潮流的凸松弛模型，并应用 ADMM 算法对模型进行了分布式求解以得到 DG 的最优功率参考值。

（2）提出了有功无功协调的微电网一次、二次和三次控制分布式联合运行方法，该方法能使得各台 DG 的出力准确跟踪参考值。

（3）建立了联合运行系统的小信号模型并基于该模型分析了系统的稳定性。

（4）提出了一种控制参数自适应调节方法增强系统的稳定性。

本章所提方法在系统优化调度方面的特点包括：

（1）同时优化 DG 输出的有功和无功功率，实现有功与无功的协调。

（2）优化目标灵活，可实现系统网损最小、总发电成本最小或节点电压偏差最小。

（3）考虑交流最优潮流问题（AC-OPF），在优化模型中考虑了交流潮流等式约束、节点电压约束、有功无功上下限约束以及系统网损等，更加符合微电网的实际运行情况。

本章的组织结构如下：8.2 节建立了微电网的最优潮流模型并给出了其分布式求解算法；8.3 节提出了微电网的一次、二次、三次控制联合运行方法，分析了联合运行系统的稳定性并阐述了控制参数自适应调节方法；8.4 节通过 PSCAD/EMTDC 时域仿真验证了所提出方法的有效性；8.5 节对本章内容进行总结。

8.2　微电网最优潮流模型及其分布式求解

本节主要介绍用于微电网三次控制的最优潮流模型及其分布式求解方法，以此作为一次、二次和三次控制联合运行的基础。

8.2.1　微电网最优潮流模型

本节基于支路潮流模型，建立考虑多种优化目标的离网运行微电网最优潮流模型，并通过凸松弛将其转化为凸优化问题。

8.2.1.1 支路潮流模型

假设所研究的微电网是一个放射状网络，将其用一个有向图$\mathcal{T}:=(\mathcal{N},\varepsilon)$表示，其中$\mathcal{N}:=\{1,2,\cdots,N\}$表示微电网的节点集合，$\varepsilon$表示微电网的线路集合。假设PCC节点是网络中的根节点并且其编号为N，定义$\mathcal{N}_+:=\mathcal{N}\setminus\{N\}$表示其他节点构成的集合。对每一个节点$i$，存在唯一的母节点$A_i$和若干子节点$C_i$。定义有向图的方向为根节点指向型，即每条有向线路的方向为从节点i指向其唯一的母节点A_i。由此可定义微电网的线路集合为$\varepsilon:=\{1,2,\cdots,N-1\}$，其中$i\in\varepsilon$表示从节点$i$到$A_i$的一条线路。

对每一个节点$i\in\mathcal{N}$，定义如下变量：令$V_i=|V_i|e^{j\theta_i}$表示节点的电压相量，$v_i=|V_i|^2$表示电压幅值的平方；令p_i和q_i分别表示节点的注入有功和无功功率；令G_i和B_i分别表示并联对地电导与电纳。对每一条线路$i\in\varepsilon$，定义如下变量：令R_i和X_i分别表示线路的电阻与电抗，令I_i表示支路电流相量，方向为从节点i到A_i，$l_i=|I_i|^2$表示电流幅值的平方；令P_{bi}和Q_{bi}分别表示支路有功功率和无功功率，方向为从节点i到A_i。令v、l、P_b、Q_b、p、q分别表示由所有v_i、l_i、P_{bi}、Q_{bi}、p_i、q_i构成的列向量。

基于上述定义，微电网的支路潮流模型可表示为

$$P_{bi}+v_iG_i=\sum_{j\in C_i}(P_{bj}-R_jl_j)+p_i \qquad i\in\mathcal{N} \tag{8-1}$$

$$Q_{bi}+v_iB_i=\sum_{j\in C_i}(Q_{bj}-X_jl_j)+q_i \qquad i\in\mathcal{N} \tag{8-2}$$

$$v_{A_i}=v_i-2(R_iP_{bi}+X_iQ_{bi})+(R_i^2+X_i^2)l_i \qquad i\in\varepsilon \tag{8-3}$$

$$v_il_i=P_i^2+Q_i^2 \qquad i\in\varepsilon \tag{8-4}$$

其中，PCC节点N没有母节点，因此有$l_N=0$、$P_{bN}=0$与$Q_{bN}=0$。此外，由第4章可知，PCC节点电压由二次控制控制在设定参考值V_{PCCref}，因此有$v_N=V_{\text{PCCref}}^2$。对于一组能够满足式（8-1）～式（8-4）的解向量(v、l、P_b、Q_b、p、q)，当微电网为放射状网络时，该解向量中电压与电流的相角能够唯一确定[33]。因此，上述用电压与电流幅值平方描述的支路潮流模型等价于用电压与电流的幅值和相角描述的交流潮流模型[33]。

8.2.1.2　最优潮流模型与 SOCP 凸松弛

所研究的微电网最优潮流问题是在一定的约束条件下，优化各台 DG 的有功和无功出力，以最小化目标函数。定义节点 i 的所有变量为 $s_i := (v_i, l_i, P_{bi}, Q_{bi}, p_i, q_i)$，定义所有节点的变量为 $s := (s_i, i \in \mathcal{N})$。根据微电网不同的优化运行目标，定义如下三种目标函数：

$$F(s) = \sum_{i \in \mathcal{N}} f_i(s_i) = \begin{cases} \sum\limits_{i \in \mathcal{N}} p_i & \text{目标(a)} \\ \sum\limits_{i \in \mathcal{N}} \alpha_i p_i^2 + \beta_i p_i + \gamma_i & \text{目标(b)} \\ \sum\limits_{i \in \mathcal{N}} \left| v_i - v_{\text{rate}} \right| & \text{目标(c)} \end{cases} \quad (8\text{-}5)$$

其中，目标（a）表示系统网损；目标（b）表示总发电成本，用二次函数表示，α_i、β_i 和 γ_i 为与发电成本相关的系数，对于非 DG 节点，可令 α_i、β_i 和 γ_i 为 0；目标（c）表示所有节点电压与额定电压的偏差的绝对值之和，v_{rate} 为电压额定值的平方，该目标描述了系统整体电压与额定值的偏离情况。

微电网最优潮流的约束条件主要包括节点注入功率约束和节点电压大小约束。节点注入功率约束为

$$\underline{p}_i \leqslant p_i \leqslant \overline{p}_i \qquad i \in \mathcal{N} \quad (8\text{-}6)$$

$$\underline{q}_i \leqslant q_i \leqslant \overline{q}_i \qquad i \in \mathcal{N} \quad (8\text{-}7)$$

式中：$\overline{p}_i$、$\underline{p}_i$、$\overline{q}_i$ 和 $\underline{q}_i$ 分别表示相应的功率上下限。节点电压大小约束为

$$\underline{v}_i \leqslant v_i \leqslant \overline{v}_i \qquad i \in \mathcal{N} \quad (8\text{-}8)$$

式中：PCC 节点电压控制在设定值 V_{PCCref}，即 $\overline{v}_N = \underline{v}_N = V_{\text{PCCref}}^2$；对于其他节点，一般地，节点电压应在额定值的 ±5% 范围内，因此可设 $\underline{v}_i = 0.95^2$，$\overline{v}_i = 1.05^2$。

综上所述，微电网的最优潮流模型为

$$\begin{aligned} \text{OPF:}\quad & \min \ \sum_{i \in \mathcal{N}} f_i(s_i) \\ & \text{over} \quad v, l, P_b, Q_b, p, q \\ & \text{s.t.} \quad \text{式(8-1)} \sim \text{式(8-4)},\ \text{式(8-6)} \sim \text{式(8-8)} \end{aligned} \quad (8\text{-}9)$$

然而，由于约束式（8-4）为二次等式约束，因此模型式（8-9）是非凸的。通过将约束式（8-4）松弛为一个二阶锥约束

$$v_i l_i \geqslant P_i^2 + Q_i^2 \qquad i \in \varepsilon \quad (8\text{-}10)$$

可将模型式（8-9）松弛为一个二阶锥规划（SOCP），如下所示

$$\begin{aligned} \text{ROPF:}\ \ &\min \quad \sum_{i\in\mathcal{N}} f_i(s_i) \\ &\text{over} \quad v,l,P_b,Q_b,p,q \\ &\text{s.t.} \quad 式(8\text{-}1)\sim式(8\text{-}3),式(8\text{-}10),式(8\text{-}6)\sim式(8\text{-}8) \end{aligned} \tag{8-11}$$

经过松弛后，模型式（8-11）是一个凸优化问题，能够求解得到全局最优解。可以证明，当微电网中的负荷大小无上界时，凸松弛后模型式（8-11）的最优解也是原模型式（8-9）的最优解[33]。因此，下文主要针对模型式（8-11）研究微电网的最优潮流问题。

对于所研究的微电网最优潮流问题，优化变量为各台 DG 节点的节点注入功率，即各台 DG 发出的有功和无功功率，而对于非 DG 节点，如负荷节点和中间网络节点，其节点注入功率一般预先给定。此外，需要说明的是，对于配电网最优潮流问题，配电网和上级主网之间存在功率交换，而本章的研究对象是离网运行的微电网，其与上级主网之间没有功率交换，需要自行维持功率平衡。

8.2.2 微电网最优潮流的分布式求解算法

本节首先介绍 ADMM 算法的基本原理[34]，之后应用该算法对微电网最优潮流模型式（8-11）进行分布式求解。

8.2.2.1 ADMM 算法介绍

ADMM 算法融合了对偶分解法的分解特性和乘子法优越的收敛特性。考虑如下优化问题

$$\begin{aligned} &\min \quad f(x)+g(z) \\ &\text{over} \quad x\in K_x, z\in K_z \\ &\text{s.t.} \quad x=z \end{aligned} \tag{8-12}$$

式中：K_x 和 K_z 是凸集，称 $x\in K_x$ 为 x 约束，$z\in K_z$ 为 z 约束。该问题的特点是 x 和 z 分别属于不同的约束集，但同时 $x=z$。令 λ 表示约束 $x=z$ 的 Lagrange 乘子，则增广 Lagrange 函数定义为

$$L_\rho(x,z,\lambda):=f(x)+g(z)+\langle\lambda,x-z\rangle+\frac{\rho}{2}\|x-z\|_2^2 \tag{8-13}$$

式中：$\rho\geqslant 0$ 是一个常数，符号 $\langle\cdot,\cdot\rangle$ 表示内积运算。对于第 k 次迭代，ADMM

算法的迭代格式如下

$$x^{k+1}=\arg\min_{x\in K_x} L_\rho(x,z^k,\lambda^k) \tag{8-14}$$

$$z^{k+1}=\arg\min_{z\in K_z} L_\rho(x^{k+1},z,\lambda^k) \tag{8-15}$$

$$\lambda^{k+1}=\lambda^k+\rho(x^{k+1}-z^{k+1}) \tag{8-16}$$

在每一次迭代过程中，ADMM 算法均需要完成式（8-14）所示的 x 迭代、式（8-15）所示的 z 迭代，以及式（8-16）所示的 λ 迭代。定义第 k 次迭代的原始残差 r^k 和对偶残差 s^k 分别为

$$r^k:=\left\|x^k-z^k\right\|_2 \tag{8-17}$$

$$s^k:=\rho\left\|z^k-z^{k-1}\right\|_2 \tag{8-18}$$

能够证明，对于凸优化问题，ADMM 算法能保证原始残差和对偶残差收敛至 0 并且目标函数收敛至全局最优解[34]。

8.2.2.2　微电网最优潮流的 ADMM 算法求解

应用 ADMM 算法对微电网最优潮流模型式（8-11）进行分布式求解的基本思想是将原问题式（8-11）分解为每个节点对应的子问题，每个节点在求解自身的子问题时仅需本地信息以及相邻节点的信息，通过对所有子问题的不断迭代求解最终收敛到原问题的最优解。

在模型式（8-11）中，约束式（8-6）～式（8-8）及式（8-10）仅包含本地节点 i 的变量，将其设置为 z 约束。对于约束式（8-1）～式（8-3），将其设置为 x 约束。约束式（8-1）～式（8-3）不仅包含本地节点 i 的变量，还包含相邻节点的变量，为了使不同节点的约束之间能够解耦，需要对每一个本地节点 i 构建其对相邻节点变量的估计值。具体地，约束式（8-1）和式（8-2）包含节点 i 的子节点 $j\in C_i$ 的支路功率 $P_{\mathrm{b}j}$ 和 $Q_{\mathrm{b}j}$ 以及支路电流 l_j，为此构建节点 i 对其子节点支路功率的估计变量 $P_{\mathrm{b}j,i}$ 和 $Q_{\mathrm{b}j,i}$，以及子节点支路电流的估计变量 $l_{j,i}$。约束式（8-3）包含节点 i 的母节点 A_i 的电压 v_{A_i}，为此构建节点 i 对其母节点电压的估计变量 $v_{A_i,i}$。由此，模型式（8-11）能够写为

$$\min \quad \sum_{i\in\mathcal{N}} f_i(s_i^{(z)}) \tag{8-19}$$

$$P_{\mathrm{b}i}^{(x)}+v_i^{(x)}G_i=\sum_{j\in C_i}(P_{\mathrm{b}j,i}^{(x)}-R_j l_{j,i}^{(x)})+p_i^{(x)} \qquad i\in\mathcal{N} \tag{8-20}$$

$$Q_{bi}^{(x)} + v_i^{(x)} B_i = \sum_{j \in C_i} (Q_{bj,i}^{(x)} - X_j l_{j,i}^{(x)}) + q_i^{(x)} \qquad i \in \mathcal{N} \tag{8-21}$$

$$v_{A_i,i}^{(x)} = v_i^{(x)} - 2(R_i P_{bi}^{(x)} + X_i Q_{bi}^{(x)}) + (R_i^2 + X_i^2) l_i^{(x)} \qquad i \in \varepsilon \tag{8-22}$$

$$v_i^{(z)} l_i^{(z)} \geqslant P_{bi}^{(z)^2} + Q_{bi}^{(z)^2} \qquad i \in \varepsilon \tag{8-23}$$

$$\underline{p}_i \leqslant p_i^{(z)} \leqslant \overline{p}_i,\ \underline{q}_i \leqslant q_i^{(z)} \leqslant \overline{q}_i,\ \underline{v}_i \leqslant v_i^{(z)} \leqslant \overline{v}_i \quad i \in \mathcal{N} \tag{8-24}$$

$$P_{bi}^{(x)} = P_{bi}^{(z)}, Q_{bi}^{(x)} = Q_{bi}^{(z)}, l_i^{(x)} = l_i^{(z)}, v_i^{(x)} = v_i^{(z)}, p_i^{(x)} = p_i^{(z)}, q_i^{(x)} = q_i^{(z)} \tag{8-25}$$

$$P_{bj,i}^{(x)} = P_{bj}^{(z)}, Q_{bj,i}^{(x)} = Q_{bj}^{(z)}, l_{j,i}^{(x)} = l_j^{(z)}, j \in C_i \tag{8-26}$$

$$v_{A_i,i}^{(x)} = v_{A_i}^{(z)} \tag{8-27}$$

回顾 ADMM 算法的基本模型式（8-12），由于 ADMM 算法有 x 变量和 z 变量进行交替迭代，上述模型中形如 $(\bullet)^{(x)}$ 的变量表示在 x 迭代中进行迭代的变量，而形如 $(\bullet)^{(z)}$ 的变量表示在 z 迭代中进行迭代的变量。约束式（8-20）～式（8-22）为 x 约束，约束式（8-23）和式（8-24）为 z 约束，而式（8-25）～式（8-27）是对应于 $x=z$ 的约束。需要说明的是，式（8-26）和式（8-27）保证了节点 i 对其邻近节点变量的估计值与邻近节点变量的实际值相等。为便于表述，定义如下变量

$$\begin{aligned} x_i &:= (v_i^{(x)}, l_i^{(x)}, P_{bi}^{(x)}, Q_{bi}^{(x)}, p_i^{(x)}, q_i^{(x)}) \\ x_{j,i} &:= (l_{j,i}^{(x)}, P_{bj,i}^{(x)}, Q_{bj,i}^{(x)}) \\ z_i &:= (v_i^{(z)}, l_i^{(z)}, P_{bi}^{(z)}, Q_{bi}^{(z)}, p_i^{(z)}, q_i^{(z)}) \\ z_i^* &:= (l_i^{(z)}, P_{bi}^{(z)}, Q_{bi}^{(z)}) \end{aligned} \tag{8-28}$$

此外，定义 λ_i 为对应于约束式（8-25）的 Lagrange 乘子，定义 $\mu_{i,j}$ 为对应于约束式（8-26）的 Lagrange 乘子，定义 η_i 为对应于约束式（8-27）的 Lagrange 乘子。则节点 i 本地所拥有的全部变量为 $\{x_i, v_{A_i,i}^{(x)}, \{x_{j,i}, j \in C_i\}, z_i, \lambda_i, \{\mu_{i,j}, j \in C_i\}, \eta_i\}$。目标函数式（8-19）的增广 Lagrange 函数为

$$L_\rho(x, z, \lambda, \mu, \eta) = \sum_{i \in \mathcal{N}} W_i(x_i, v_{A_i,i}^{(x)}, \{x_{j,i}, j \in C_i\}) = \sum_{i \in \mathcal{N}} H_i(z_i) \tag{8-29}$$

$$\begin{aligned} & W_i(x_i, v_{A_i,i}^{(x)}, \{x_{j,i}, j \in C_i\}) \\ &= f_i(s_i^{(z)}) + \left\langle \lambda_i, x_i - z_i \right\rangle + \sum_{j \in C_i} \left\langle \mu_{i,j}, x_{j,i} - z_j^* \right\rangle + \left\langle \eta_i, v_{A_i,i}^{(x)} - v_{A_i}^{(z)} \right\rangle \\ &\quad + \frac{\rho}{2} \left(\left\| x_i - z_i \right\|_2^2 + \sum_{j \in C_i} \left\| x_{j,i} - z_j^* \right\|_2^2 + \left\| v_{A_i,i}^{(x)} - v_{A_i}^{(z)} \right\|_2^2 \right) \end{aligned} \tag{8-30}$$

$$
\begin{aligned}
H_i(z_i) = {} & f_i(s_i^{(z)}) + \langle \lambda_i, x_i - z_i \rangle + \langle \mu_{A_i,i}, x_{i,A_i} - z_i^* \rangle + \sum_{j \in C_i} \langle \eta_j, v_{i,j}^{(x)} - v_i^{(z)} \rangle \\
& + \frac{\rho}{2} \left(\| x_i - z_i \|_2^2 + \| x_{i,A_i} - z_i^* \|_2^2 + \sum_{j \in C_i} \| v_{i,j}^{(x)} - v_i^{(z)} \|_2^2 \right)
\end{aligned} \tag{8-31}
$$

其中，式（8-30）和式（8-31）分别用于 x 迭代和 z 迭代。

基于式（8-14）～式（8-16），下面详述运用 ADMM 算法进行分布式求解的过程。

1．分布式 x 迭代

在 x 迭代中，所有子节点共同求解如下 x 迭代优化问题

$$
\arg\min_{x \in K_x} L_\rho(x, z, \lambda, \mu, \eta) = \arg\min_{x \in K_x} \sum_{i \in \mathcal{N}} W_i(x_i, v_{A_i,i}^{(x)}, \{x_{j,i}, j \in C_i\}) \tag{8-32}
$$

x 迭代优化问题的总目标函数是所有节点目标函数的求和，因此可将总目标函数按照节点进行拆分，由此可得对应于每个子节点需要求解的优化子问题为

$$
\begin{aligned}
& \min \ W_i(x_i, v_{A_i,i}^{(x)}, \{x_{j,i}, j \in C_i\}) \\
& \text{over} \ \ x_i, v_{A_i,i}^{(x)}, \{x_{j,i}, j \in C_i\} \\
& \text{s.t.} \ \ P_{\text{b}i}^{(x)} + v_i^{(x)} G_i = \sum_{j \in C_i} (P_{\text{b}j,i}^{(x)} - R_j l_{j,i}^{(x)}) + p_i^{(x)} \\
& \qquad Q_{\text{b}i}^{(x)} + v_i^{(x)} B_i = \sum_{j \in C_i} (Q_{\text{b}j,i}^{(x)} - X_j l_{j,i}^{(x)}) + q_i^{(x)} \\
& \qquad v_{A_i,i}^{(x)} = v_i^{(x)} - 2(R_i P_{\text{b}i}^{(x)} + X_i Q_{\text{b}i}^{(x)}) + (R_i^2 + X_i^2) l_i^{(x)}
\end{aligned} \tag{8-33}
$$

对于优化子问题式（8-33），约束条件中的变量全部是节点 i 的本地变量，而目标函数中含有邻近节点的变量。因此，在求解式（8-33）前，节点 i 需要通过通信获取其子节点的变量 z_j 和 z_j^*，以及其母节点的变量 $v_{A_i}^{(z)}$。式（8-33）是一个凸优化问题，可以通过成熟的商业软件计算得到最优解或通过理论推导得到最优解的解析表达式[35]。

2．分布式 z 迭代

在 z 迭代中，所有子节点共同求解如下 z 迭代优化问题

$$
\arg\min_{z \in K_z} L_\rho(x, z, \lambda, \mu, \eta) = \arg\min_{z \in K_z} \sum_{i \in \mathcal{N}} H_i(z_i) \tag{8-34}
$$

上式中 z 迭代优化问题的总目标函数也是所有节点目标函数的求和，因此同样可以将总目标函数按照节点进行拆分，由此可得对应于每个子节点需

要求解的优化子问题为

$$
\begin{aligned}
&\min\ H_i(z_i)\\
&\text{over}\ \ z_i\\
&\text{s.t.}\ \ v_i^{(z)} l_i^{(z)} \geqslant P_{\text{b}i}^{(z)^2} + Q_{\text{b}i}^{(z)^2}\\
&\qquad \underline{p}_i \leqslant p_i^{(z)} \leqslant \overline{p}_i,\ \underline{q}_i \leqslant q_i^{(z)} \leqslant \overline{q}_i\\
&\qquad \underline{v}_i \leqslant v_i^{(z)} \leqslant \overline{v}_i
\end{aligned}
\tag{8-35}
$$

对于优化子问题式（8-35），约束条件中的变量全部是节点 i 的本地变量，而目标函数中含有邻近节点的变量。因此在求解式（8-35）前，节点 i 需要通过通信获取其子节点的变量 $v_{i,j}^{(x)}$ 和 η_j，以及其母节点的变量 x_{i,A_i} 和 $\mu_{A_i,i}$。式（8-35）也是一个凸优化问题，可以通过成熟的商业软件计算得到最优解或通过理论推导得到最优解的解析表达式[35]。

3. 分布式 λ 迭代

根据式（8-16），每个子节点的迭代过程如下所示

$$
\begin{aligned}
&\lambda_i = \lambda_i + \rho(x_i - z_i)\\
&\mu_{i,j} = \mu_{i,j} + \rho(x_{j,i} - z_j^*), j \in C_i\\
&\eta_i = \eta_i + \rho(v_{A_i,i}^{(x)} - v_{A_i}^{(z)})
\end{aligned}
\tag{8-36}
$$

在迭代之前，节点 i 需要通过通信获取其子节点的变量 z_j^* 以及其母节点的变量 $v_{A_i}^{(z)}$。

综上所述，基于 ADMM 算法的微电网最优潮流分布式求解流程：

（1）每个节点分别求解各自的 x 迭代优化子问题式（8-33）。

（2）每个节点分别求解各自的 z 迭代优化子问题式（8-35）。

（3）每个节点分别计算各自的 λ 迭代式（8-36）以更新 Lagrange 乘子。

（4）重复步骤（1）、（2）和（3），反复迭代直到原始残差 r^k 和对偶残差 s^k 均小于 $10^{-4}\sqrt{N}$，算法收敛。

每个节点在求解各自的优化子问题时仅需本地变量以及相邻节点的变量，因此该算法能够实现分布式求解。

8.2.3 算例分析

算例系统如图 4-4 所示的 4 机 9 节点系统，表 8-1、表 4-2 和表 8-2 分别给出了该微电网系统的电气参数、各 DG 单元的控制参数以及经济成本参数。

表 8-1　　4 机 9 节点微电网系统的电气参数

类型	电 气 参 数
线路	Z_{Line1}=0.18Ω+j0.09Ω，Z_{Line2}=0.2Ω+j0.31Ω，Z_{Line3}=0.23Ω+j0.22Ω，Z_{Line4}=0.21Ω+j0.19Ω
负荷	Load1=13kW+10kvar，Load2=18kW+7.5kvar，Load3=12kW+4kvar，Load4=10kW+5kvar，Load5=55kW+10kvar

表 8-2　　4 机 9 节点微电网系统中各台 DG 的经济成本参数

参数	DG1	DG2	DG3	DG4
α_i	0.094	0.078	0.105	0.082
β_i	1.22	3.41	2.53	4.02
γ_i	51	31	78	42

对微电网最优潮流问题式（8-11）分别采用 ADMM 算法分布式求解和采用集中式算法求解时，式（8-5）中三种目标函数的优化结果如表 8-3 所示。进一步，以优化网损为例，表 8-4 分别给出了采用分布式算法和集中式算法求解得到的 DG 功率出力优化结果。由表 8-3 和表 8-4 可知，两种算法在目标函数以及 DG 功率出力优化结果之间的误差均很小，由此验证了所使用的分布式算法的有效性。

表 8-3　　采用分布式算法和集中式算法对目标函数的优化结果对比

目标函数	分布式算法	集中式算法	误差
网损（kW）	1.5430	1.5427	0.0194%
总经济成本（元）	770.45	770.38	0.0091%
总电压偏差	0.032256	0.032251	0.0155%

表 8-4　　优化网损时采用分布式算法和集中式算法对 DG 功率出力的优化结果对比

DG	有功出力（kW）		无功出力（kvar）	
	分布式算法	集中式算法	分布式算法	集中式算法
DG1	28.81	28.83	12.82	12.81
DG2	31.99	31.98	10.69	10.71
DG3	24.75	24.74	6.79	6.81
DG4	24.01	24.00	7.94	7.93

8.3 微电网一次、二次、三次控制分布式联合运行方法

在应用ADMM算法对微电网三次控制的最优潮流模型进行分布式求解以得到DG的最优功率参考值后，本节提出的微电网一次、二次、三次控制联合运行方法可以使各台DG的实际输出功率通过一次控制和二次控制准确跟踪参考值。

8.3.1 联合运行方法

将8.2节中通过分布式优化得到的DG功率出力作为DG的输出功率参考值 $P_{\mathrm{ref}i}$ 和 $Q_{\mathrm{ref}i}$，每台DG通过第3章和第4章使用的一次下垂控制和分布式二次控制跟踪功率参考值。

对于有功控制，参照第4章提出的分布式二次频率控制器，具体控制方程为

$$\omega_i = \omega_{\mathrm{N}} - m_i(P_i - P_i^*) + \Omega_i \tag{8-37}$$

$$\frac{\mathrm{d}\Omega_i}{\mathrm{d}t} = -c_{\omega i}\sum_{j\in N_i} a_{ij}(\omega_i - \omega_j) + g_i(\omega_i - \omega_{\mathrm{ref}}) - c_{Pi}\sum_{j\in N_i} a_{ij}\left(\frac{P_i}{P_{\mathrm{ref}i}} - \frac{P_j}{P_{\mathrm{ref}j}}\right) \tag{8-38}$$

可见，同式（4-20）相比，式（8-37）将式（4-20）中的 $\eta_i(P_i)$ 设置为 $\dfrac{m_i}{k}(P_i - P_i^*)$ 以实现第3章中基本的有功/频率下垂控制；同式（4-21）相比，式（8-38）在等式右侧的第二项中引入了 $P_{\mathrm{ref}i}$ 和 $P_{\mathrm{ref}j}$ 以实现对有功参考值的跟踪。

对于无功控制，参照第4章提出的分布式二次电压控制器，具体控制方程为

$$V_{\mathrm{f}i} = V_{\mathrm{N}} - n_i Q_i + \lambda_i \tag{8-39}$$

$$\frac{\mathrm{d}\lambda_i}{\mathrm{d}t} = -c_{vi}\left[\sum_{j\in N_i} a_{ij}(V_{\mathrm{f}i} - V_{\mathrm{f}j}) + g_i(V_{\mathrm{f}i} - V_{\mathrm{fref}})\right] \tag{8-40}$$

$$V_{\mathrm{fref}} = V_{\mathrm{N}} + k_{\mathrm{P}}(V_{\mathrm{PCCref}} - V_{\mathrm{PCC}}) + k_{\mathrm{I}}\int (V_{\mathrm{PCCref}} - V_{\mathrm{PCC}})\mathrm{d}t \tag{8-41}$$

$$\frac{\mathrm{d}h_i}{\mathrm{d}t} = c_{Qi}\sum_{j\in N_i} a_{ij}\left(\frac{Q_i}{Q_{\mathrm{ref}i}} - \frac{Q_j}{Q_{\mathrm{ref}j}}\right) \tag{8-42}$$

$$E_{odi}=\underbrace{V_{N}-n_iQ_i+\lambda_i}_{V_{fi}}-h_i, E_{oqi}=0 \tag{8-43}$$

可见，同式（4-22）～式（4-27）相比，在式（8-42）中，将式（4-27）中的 n_iQ_i 和 n_jQ_j 替换成了 Q_i/Q_{refi} 和 Q_j/Q_{refj} 以实现对无功参考值的跟踪。

下面证明上述控制方法能够实现各台 DG 的输出功率 P_i 和 Q_i 无差跟踪其参考值 P_{refi} 和 Q_{refi}，即 $P_i=P_{refi}$，$Q_i=Q_{refi}$。

由附录 A 中的证明可知，当分布式二次控制器式（8-38）达到稳态时，有

$$\frac{P_1}{P_{ref1}}=\frac{P_2}{P_{ref2}}=\cdots=\frac{P_M}{P_{refM}} \tag{8-44}$$

由等比性质可知

$$\frac{P_1}{P_{ref1}}=\frac{P_2}{P_{ref2}}=\cdots=\frac{P_M}{P_{refM}}=\frac{P_1+P_2+\cdots+P_M}{P_{ref1}+P_{ref2}+\cdots+P_{refM}} \tag{8-45}$$

设系统的总负荷和网损分别为 P_{Load} 和 P_{loss}，由系统有功功率平衡可得

$$\begin{aligned}&P_1+P_2+\cdots+P_M=P_{Load}+P_{loss}\\&P_{ref1}+P_{ref2}+\cdots+P_{refM}=P_{Load}+P_{loss}\end{aligned} \tag{8-46}$$

由式（8-45）和式（8-46）可得

$$\frac{P_1}{P_{ref1}}=\frac{P_2}{P_{ref2}}=\cdots=\frac{P_M}{P_{refM}}=1 \tag{8-47}$$

因此有 $P_i=P_{refi}(i=1,2,\cdots,M)$。同理可证明 $Q_i=Q_{refi}(i=1,2,\cdots,M)$。

上述控制方程式（8-37）～式（8-43）能够将微电网的一次、二次和三次控制有机地结合在一起，以分布式的方式同时实现频率恢复、关键母线电压恢复以及 DG 输出功率的最优分配。此外，由于功率参考值是基于交流最优潮流模型式（8-11）得到，因此，同文献［22，36］相比，本书在系统的优化调度方面能够考虑多种目标函数、实现有功无功协调优化、考虑更接近微电网实际运行的约束条件等。

8.3.2　联合运行稳定性分析

将三次控制得到的 DG 功率参考值引入到一次控制和二次控制后，系统的动态特性发生了变化。此时功率参考值作为二次控制的参数，有可能出现功率参考值设定不合理而导致系统失稳的情况，因此需要对一次、二次、三

次控制联合运行系统的稳定性重新进行分析。

由 8.3.1 节可知，引入功率参考值后的控制系统与原一次和二次控制系统的区别仅在于式（8-38）和式（8-42）。因此，基于第 4 章提出的微电网小信号动态模型，在对应式（8-38）和式（8-42）处做出相应修改，即可得到一次、二次、三次控制联合运行系统的小信号模型（下文简称“联合运行系统小信号模型”）。

下面基于联合运行系统小信号模型，以 8.2.3 节所介绍的 4 机 9 节点微电网系统为例，分析 DG 功率参考值 $P_{\mathrm{ref}i}$ 和 $Q_{\mathrm{ref}i}$ 的变化对系统稳定性的影响。该算例系统的通信拓扑如图 4-5 所示，各台 DG 的二次控制参数和虚拟阻抗参数如表 8-5 所示。参照表 4-2，将各台 DG 的额定功率整理如表 8-6 所示。

表 8-5　　DG 的二次控制参数和虚拟阻抗参数

参数符号	参数值	参数符号	参数值
c_{wi}	400	k_{P}	0.5
c_{Pi}	2512	k_{I}	10
c_{vi}	150	R_{0i}	0Ω
c_{Qi}	0.146	X_{0i}	0.25Ω

表 8-6　　各台 DG 的额定有功和无功功率

功率	DG1	DG2	DG3	DG4
$P_{\mathrm{ref}i0}$（kW）	30	30	20	20
$Q_{\mathrm{ref}i0}$（kvar）	15	15	10	10

基于以上参数，当各台 DG 的功率参考值为额定功率时，系统的主导振荡模式如图 8-1 所示。可知，此时系统是稳定的。

图 8-2 给出了各台 DG 的 $P_{\mathrm{ref}i}$ 变化时系统主导振荡模式的根轨迹，其中红色方框表示在额定功率参考值下系统的特征根分布，图 8-2(a)中 P_{ref1} 从 45kW 逐渐降低到 2kW；图 8-2（b）中 P_{ref2} 从 45kW 逐渐降低到 2kW；图 8-2（c）中 P_{ref3} 从 30kW 逐渐降低到 2kW；图 8-2（d）中 P_{ref4} 从 30kW 逐渐降低到 2kW。由图 8-2 可知，当 $P_{\mathrm{ref}i}$ 逐渐降低时，系统的某一对主导振荡模式不断向右半平面移动，最终导致系统失稳，且不同 DG 的 $P_{\mathrm{ref}i}$ 变化可能会影响不同的模式；当 $P_{\mathrm{ref}i}$ 大于额定功率参考值时，主导振荡模式变化不大，且系统是稳定的。

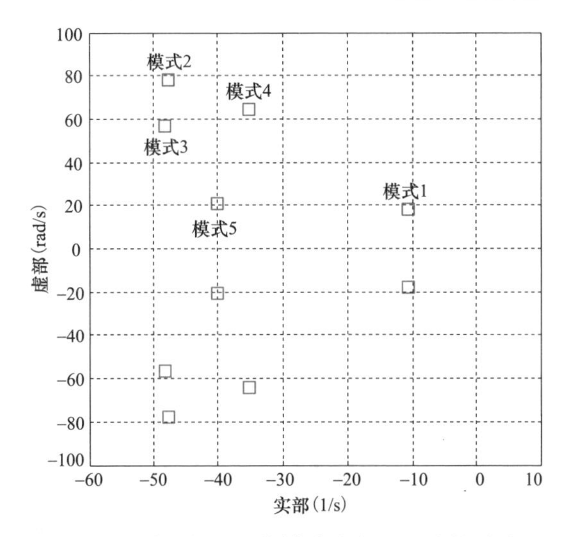

图 8-1　系统主导振荡模式在复平面上的分布

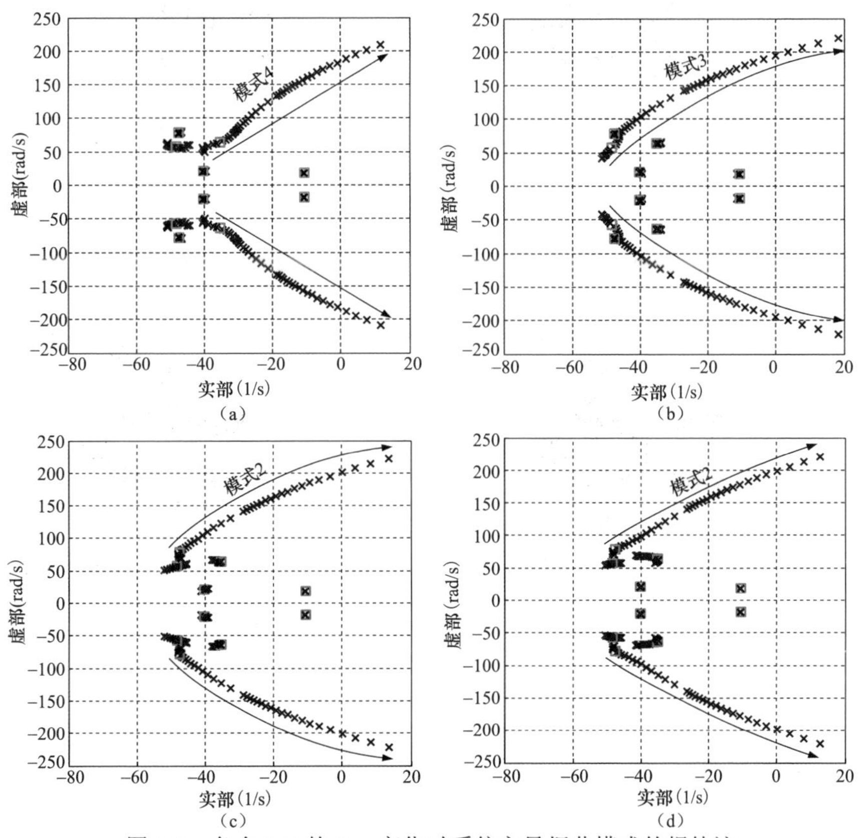

图 8-2　各台 DG 的 $P_{\mathrm{ref}i}$ 变化时系统主导振荡模式的根轨迹

(a) P_{ref1} 从 45kW 降低到 2kW；(b) P_{ref2} 从 45kW 降低到 2kW；
(c) P_{ref3} 从 30kW 降低到 2kW；(d) P_{ref4} 从 30kW 降低到 2kW

图 8-3 给出了各台 DG 的 Q_{refi} 变化时系统主导振荡模式的根轨迹，其中红色方框表示在额定功率参考值下系统的特征根分布，图 8-3（a）中 Q_{ref1} 从 20kvar 逐渐降低到 0.12kvar；图 8-3（b）中 Q_{ref2} 从 20kvar 逐渐降低到 0.12kvar；图 8-3（c）中 Q_{ref3} 从 13.33kvar 逐渐降低到 0.12kvar；图 8-3（d）中 Q_{ref4} 从 13.33kvar 逐渐降低到 0.12kvar。由图 8-3 可知，当 Q_{refi} 逐渐降低时，系统的某一对主导振荡模式不断向右半平面移动，最终导致系统失稳，且不同 DG 的 Q_{refi} 变化可能会影响不同的模式；当 Q_{refi} 大于额定功率参考值时，主导振荡模式变化不大，且系统是稳定的。

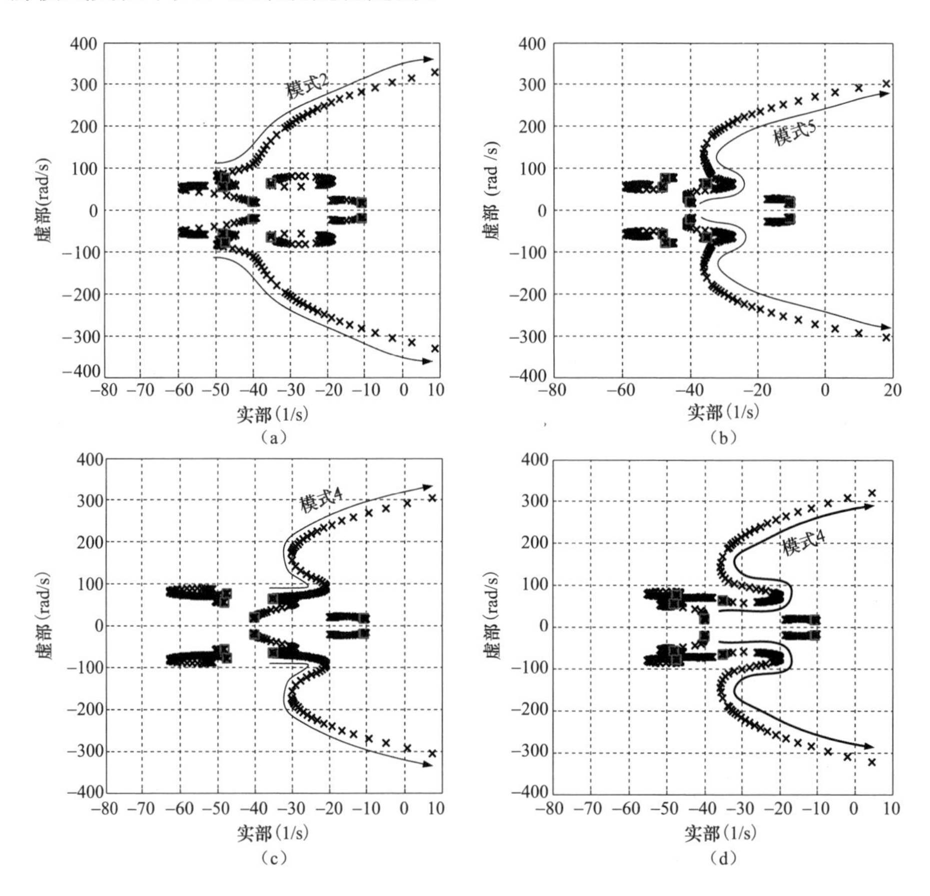

图 8-3 各台 DG 的 Q_{refi} 变化时系统主导振荡模式的根轨迹

（a）Q_{ref1} 从 20kvar 降低到 0.12kvar；（b）Q_{ref2} 从 20kvar 降低到 0.12kvar；（c）Q_{ref3} 从 13.33kvar 降低到 0.12kvar；（d）Q_{ref4} 从 13.33kvar 降低到 0.12kvar

上述分析表明，当 DG 的功率参考值较小时，有可能导致系统失稳。如果从控制的角度解释这一现象，由式（8-38）和式（8-42）可知，一个较小的功率参考值 $P_{\text{ref}i}$ 或 $Q_{\text{ref}i}$ 相当于增大了 DGi 的二次控制参数 c_{Pi} 或 c_{Qi}。根据第 4 章的分析可知，较大的 c_{Pi} 或 c_{Qi} 有可能导致系统失稳。因此，在这种情况下，为了使联合运行系统保持稳定运行，可以在功率参考值减小的同时，自适应地调节 c_{Pi} 和 c_{Qi}。

8.3.3　控制参数在线自适应分布式调节

8.3.3.1　自适应调节方法原理

自适应调节 c_{Pi} 和 c_{Qi} 的难点在于，式（8-38）和式（8-42）中 c_{Pi} 和 c_{Qi} 不仅对应于本地 DG 的功率参考值 $P_{\text{ref}i}$，还对应于若干邻近 DG 的功率参考值 $P_{\text{ref}j}$。因此，c_{Pi} 和 c_{Qi} 的调节需要使系统在多台 DG 不同的功率参考值下保持稳定。有鉴于此，在式（8-38）和式（8-42）基础上，本节提出的 c_{Pi} 和 c_{Qi} 自适应调节方法如下所示

$$\frac{\mathrm{d}\Omega_i}{\mathrm{d}t}=-c_{\omega i}\sum_{j\in N_i}a_{ij}(\omega_i-\omega_j)+g_i(\omega_i-\omega_{\text{ref}})-K_{Pi}c_{Pi}\sum_{j\in N_i}a_{ij}\left(\frac{P_i}{P_{\text{ref}i}}-\frac{P_j}{P_{\text{ref}j}}\right) \tag{8-48}$$

$$K_{Pi}=\min\left(\frac{P_{\text{ref}i}}{P_{\text{ref}i0}},\frac{P_{\text{ref}j}}{P_{\text{ref}j0}}\right) \tag{8-49}$$

$$\frac{\mathrm{d}h_i}{\mathrm{d}t}=K_{Qi}c_{Qi}\sum_{j\in N_i}a_{ij}\left(\frac{Q_i}{Q_{\text{ref}i}}-\frac{Q_j}{Q_{\text{ref}j}}\right) \tag{8-50}$$

$$K_{Qi}=\min\left(\frac{Q_{\text{ref}i}}{Q_{\text{ref}i0}},\frac{Q_{\text{ref}j}}{Q_{\text{ref}j0}}\right) \tag{8-51}$$

式中：$P_{\text{ref}i0}$ 和 $P_{\text{ref}j0}$ 分别是 DGi 和 DGj 的有功功率额定参考值；$Q_{\text{ref}i0}$ 和 $Q_{\text{ref}j0}$ 分别是 DGi 和 DGj 的无功功率额定参考值。下面详细分析所提出的参数自适应调节方法的稳定控制原理。

1. 自适应调节 c_{Pi} 的稳定控制原理分析

对于式（8-48），令

$$\frac{\mathrm{d}\Upsilon_i}{\mathrm{d}t}=K_{Pi}c_{Pi}\sum_{j\in N_i}a_{ij}\left(\frac{P_i}{P_{\text{ref}i}}-\frac{P_j}{P_{\text{ref}j}}\right) \tag{8-52}$$

不失一般性，假设 $P_{\text{ref}i}/P_{\text{ref}i0}<P_{\text{ref}j}/P_{\text{ref}j0}$，将式（8-49）中 K_{Pi} 的表达式代入式（8-52）中，有

$$
\begin{aligned}
\frac{\mathrm{d}\Upsilon_i}{\mathrm{d}t} &= \min\left(\frac{P_{\mathrm{ref}i}}{P_{\mathrm{ref}i0}}, \frac{P_{\mathrm{ref}j}}{P_{\mathrm{ref}j0}}\right) c_{Pi} \sum_{j\in N_i} a_{ij}\left(\frac{P_i}{P_{\mathrm{ref}i}} - \frac{P_j}{P_{\mathrm{ref}j}}\right) \\
&= \frac{P_{\mathrm{ref}i}}{P_{\mathrm{ref}i0}} c_{Pi} \sum_{j\in N_i} a_{ij}\left(\frac{P_i}{P_{\mathrm{ref}i}} - \frac{P_j}{P_{\mathrm{ref}j}}\right) \\
&= c_{Pi} \sum_{j\in N_i} a_{ij}\left(\frac{P_{\mathrm{ref}i}}{P_{\mathrm{ref}i0}}\frac{P_i}{P_{\mathrm{ref}i}} - \frac{P_{\mathrm{ref}i}}{P_{\mathrm{ref}i0}}\frac{P_j}{P_{\mathrm{ref}j}}\right) \\
&= c_{Pi} \sum_{j\in N_i} a_{ij}\left(\frac{P_i}{P_{\mathrm{ref}i0}} - \frac{P_j}{\dfrac{P_{\mathrm{ref}i0}}{P_{\mathrm{ref}i}} P_{\mathrm{ref}j}}\right) \\
&= c_{Pi} \sum_{j\in N_i} a_{ij}\left(\frac{P_i}{P_{\mathrm{ref}i0}} - \frac{P_j}{P'_{\mathrm{ref}j0}}\right), \text{ 其中} P'_{\mathrm{ref}j0} = \frac{P_{\mathrm{ref}i0}}{P_{\mathrm{ref}i}} P_{\mathrm{ref}j}
\end{aligned}
\tag{8-53}
$$

由于 $P_{\mathrm{ref}i0} / P_{\mathrm{ref}i} > P_{\mathrm{ref}j0} / P_{\mathrm{ref}j}$，因此有

$$
P'_{\mathrm{ref}j0} = \frac{P_{\mathrm{ref}i0}}{P_{\mathrm{ref}i}} P_{\mathrm{ref}j} > \frac{P_{\mathrm{ref}j0}}{P_{\mathrm{ref}j}} P_{\mathrm{ref}j} = P_{\mathrm{ref}j0} \tag{8-54}
$$

对比式（8-38）和式（8-53）可知，所提出的参数自适应调节方法相当于将原先的 $P_{\mathrm{ref}i}$ 替换成了 $P_{\mathrm{ref}i0}$，而将原先的 $P_{\mathrm{ref}j}$ 替换成了 $P'_{\mathrm{ref}j0}$。由图 8-3 中的分析可知，当 DG 的有功功率参考值设定为额定参考值或大于额定参考值时，系统是稳定的。$P_{\mathrm{ref}i0}$ 即为额定参考值，并且 $P'_{\mathrm{ref}j0} > P_{\mathrm{ref}j0}$，因此所提出的参数自适应调节 c_{Pi} 方法可以使系统维持稳定。

2. 自适应调节 c_{Qi} 的稳定控制原理分析

不失一般性，假设 $Q_{\mathrm{ref}i} / Q_{\mathrm{ref}i0} < Q_{\mathrm{ref}j} / Q_{\mathrm{ref}j0}$。类似于对 c_{Pi} 的分析，将式(8-51)中 K_{Qi} 的表达式代入式（8-50）中，有

$$
\begin{aligned}
\frac{\mathrm{d}h_i}{\mathrm{d}t} &= \min\left(\frac{Q_{\mathrm{ref}i}}{Q_{\mathrm{ref}i0}}, \frac{Q_{\mathrm{ref}j}}{Q_{\mathrm{ref}j0}}\right) c_{Qi} \sum_{j\in N_i} a_{ij}\left(\frac{Q_i}{Q_{\mathrm{ref}i}} - \frac{Q_j}{Q_{\mathrm{ref}j}}\right) \\
&= c_{Qi} \sum_{j\in N_i} a_{ij}\left(\frac{Q_i}{Q_{\mathrm{ref}i0}} - \frac{Q_j}{\dfrac{Q_{\mathrm{ref}i0}}{Q_{\mathrm{ref}i}} Q_{\mathrm{ref}j}}\right) \\
&= c_{Qi} \sum_{j\in N_i} a_{ij}\left(\frac{Q_i}{Q_{\mathrm{ref}i0}} - \frac{Q_j}{Q'_{\mathrm{ref}j0}}\right), \text{ 其中} Q'_{\mathrm{ref}j0} = \frac{Q_{\mathrm{ref}i0}}{Q_{\mathrm{ref}i}} Q_{\mathrm{ref}j}
\end{aligned}
\tag{8-55}
$$

由于 $Q_{\mathrm{ref}i0}/Q_{\mathrm{ref}i}>Q_{\mathrm{ref}j0}/Q_{\mathrm{ref}j}$，因此有

$$Q'_{\mathrm{ref}j0}=\frac{Q_{\mathrm{ref}i0}}{Q_{\mathrm{ref}i}}Q_{\mathrm{ref}j}>\frac{Q_{\mathrm{ref}j0}}{Q_{\mathrm{ref}j}}Q_{\mathrm{ref}j}=Q_{\mathrm{ref}j0} \tag{8-56}$$

对比式（8-42）和式（8-55）可知，所提出的参数自适应调节方法相当于将原先的 $Q_{\mathrm{ref}i}$ 替换成了 $Q_{\mathrm{ref}i0}$，而将原先的 $Q_{\mathrm{ref}j}$ 替换成了 $Q'_{\mathrm{ref}j0}$。由图 8-4 中的分析可知，当 DG 的无功功率参考值设定为额定参考值或大于额定参考值时，系统是稳定的。$Q_{\mathrm{ref}i0}$ 即为额定参考值，并且 $Q'_{\mathrm{ref}j0}>Q_{\mathrm{ref}j0}$，因此所提出的参数自适应调节 c_{Qi} 方法可以使系统维持稳定。

注：本节提出的控制参数自适应调节算法是一种启发式的方法，上述分析可定性地说明其稳定控制的原理。

本节提出的控制参数自适应调节方法还具有以下特点：

（1）不影响功率分配：由式（8-48）和式（8-50）可知，参数自适应调节方法仅改变了 c_{Pi} 和 c_{Qi}，而并没有改变 $P_{\mathrm{ref}i}$、$P_{\mathrm{ref}j}$、$Q_{\mathrm{ref}i}$ 和 $Q_{\mathrm{ref}j}$。因此，该方法不会影响由三次控制优化得到的功率分配关系。

（2）在线调节：在微电网运行过程中，各台 DG 通过三次控制得到功率参考值后，即可在线实时计算出 K_{Pi} 和 K_{Qi}，不需要事先离线计算。

（3）分布式实施：每台 DG 仅需要本地的功率参考值、额定值以及邻近 DG 的功率参考值、额定值即可计算出 K_{Pi} 和 K_{Qi}，具有分布式实施的特点。

8.3.3.2　自适应调节方法的特征根分析检验

算例系统采用图 4-4 所示的 4 机 9 节点微电网系统，各台 DG 的初始功率参考值为表 8-6 所示的额定功率值。下面针对较低的功率参考值，考查系统在采用和不采用自适应调节方法两种情况下主导振荡模式的变化，以验证自适应调节方法的有效性。

1. 改变 $P_{\mathrm{ref}i}$

将 DG4 的有功参考值 $P_{\mathrm{ref}4}$ 设定为 2.5kW，固定 c_{Pi} 和自适应调节 c_{Pi} 时系统的主导振荡模式结果如表 8-7 所示。由表 8-7 可知，当固定 c_{Pi} 时，主导振荡模式的实部为正，系统失稳；而采用自适应调节 c_{Pi} 方法后，系统是稳定的，由此验证了自适应调节 c_{Pi} 方法的有效性。

表 8-7 固定 c_{Pi} 和自适应调节 c_{Pi} 时系统主导振荡模式结果对比（P_{ref4}=2.5kW）

c_{Pi} 调节方式	主导振荡模式
固定 c_{Pi}	5.87±j208.87
自适应调节 c_{Pi}	−19.87±j62.37

2. 改变 Q_{refi}

将 DG4 的无功参考值 Q_{ref4} 设定为 0.12kvar，固定 c_{Qi} 和自适应调节 c_{Qi} 时系统的主导振荡模式结果如表 8-8 所示。由表 8-8 可知，当固定 c_{Qi} 时，主导振荡模式的实部为正，系统失稳；而采用自适应调节 c_{Qi} 方法后，系统是稳定的，由此验证了自适应调节 c_{Qi} 方法的有效性。

表 8-8 固定 c_{Qi} 和自适应调节 c_{Qi} 时系统主导振荡模式结果对比（Q_{ref4}=0.12kvar）

c_{Qi} 调节方式	主导振荡模式
固定 c_{Qi}	4.46±j321.83
自适应调节 c_{Qi}	−35.15±j64.96

8.4 时域仿真分析

本节通过 PSCAD/EMTDC 时域仿真验证所提出的微电网一次、二次、三次控制联合运行方法以及控制参数自适应调节方法的有效性。三次控制中微电网最优潮流的分布式求解在 MATLAB 软件中进行计算，通过 PSCAD 和 MATLAB 的程序接口，实现两者的实时交互。算例系统使用图 4-4 所示的 4 机 9 节点微电网系统，相应的系统参数由表 8-1、表 4-2、表 8-2 和表 8-5 给出。

8.4.1 联合运行仿真

三次控制采用优化经济成本的目标函数。系统初始运行在一次下垂控制，t=0.5s 时分布式二次控制启动，各台 DG 输出的有功和无功功率按照容量比例进行分配，t=2s 时引入并开始执行由三次控制优化得到的 DG 输出功率参考值。

图 8-4 给出了各台 DG 输出有功和无功功率的仿真波形。

（1）通过三次控制的优化计算，DG1～DG4 的有功参考值分别为 34.61、28.88、25.22、23.35kW。由图 8-4（a）可知，在 t=2s 引入优化的有功参考值后，当系统达到稳态时，DG1～DG4 实际输出的有功功率分别为 34.57、28.85、25.19、23.32kW，可见实际值与参考值之间误差很小。

（2）通过三次控制的优化计算，DG1～DG4 的无功参考值分别为 13.53、10.82、7.00、8.09kvar。由图 8-4（b）可知，在 t=2s 引入优化的无功参考值后，当系统达到稳态时，DG1～DG4 实际输出的无功功率分别为 13.52、10.81、6.99、8.08kvar，可见实际值与参考值之间误差很小。

图 8-5 给出了系统总发电成本的仿真波形。由图 8-5 可知，在 t=2s 引入三次控制后，系统总发电成本从 792.81 元降低到了 788.60 元，说明系统的发电成本得以有效降低。

各台 DG 的频率以及 PCC 电压的仿真波形如图 8-6 所示。可见，在 t=2s 引入三次控制后，系统频率仍保持在额定值 50Hz，且 PCC 电压也保持在额定值 1（标幺值）。

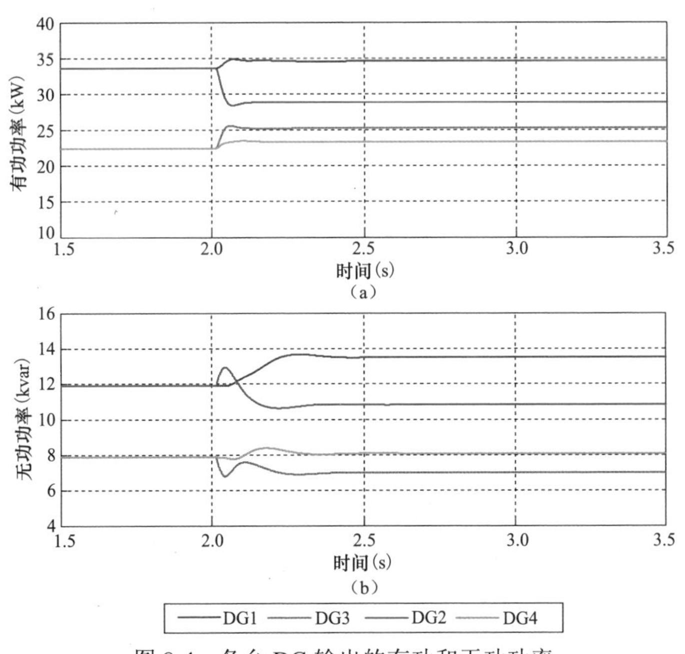

图 8-4　各台 DG 输出的有功和无功功率

（a）各台 DG 输出的有功功率；（b）各台 DG 输出的无功功率

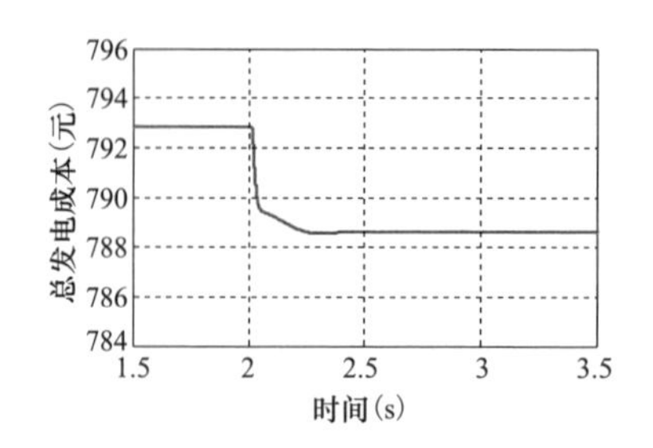

图 8-5 系统的总发电成本

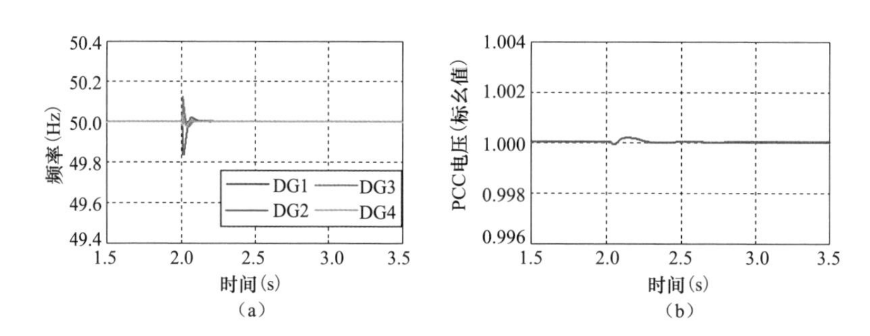

图 8-6 各台 DG 的频率及 PCC 电压的仿真波形

(a) 各台 DG 的频率；(b) PCC 电压

综上分析，所提出的联合运行方法能够使 DG 的实际输出功率通过一次控制和二次控制准确跟踪三次控制的最优功率参考值，实现系统的一次、二次、三次控制联合优化运行。需要说明的是，上述结果中 DG 输出功率的实际值与参考值之间的微小误差主要是由于仿真中负荷使用的是恒阻抗负荷，当 DG 输出优化的功率后系统各节点电压发生了变化，导致负荷的实际功率与优化时所使用的功率略有不同。

8.4.2 自适应调节方法检验

三次控制采用优化经济成本的目标函数，系统初始运行在一次下垂控制，t=0.5s 时分布式二次控制启动，t=2s 时引入并开始执行由三次控制优化得到的 DG 功率参考值。本节包含两个算例，算例 1 和算例 2 分别测试在较低的有功参考值和无功参考值下所提出的控制参数自适应调节方法的有效性。

1. 算例 1

在该算例中，将表 8-2 中 DG4 的成本参数都增大 2.25 倍，以模拟 DG4

的运行成本显著高于其他 DG 的情况。此时，通过三次控制的优化计算，各台 DG 的有功功率参考值分别为 42.24、37.90、30.00、2.86kW。此时 DG4 成本较大，使得其有功参考值 P_{ref4} 明显低于其他 DG。图 8-7 对比了固定控制参数和自适应调节控制参数两种情况下各台 DG 输出的有功功率。图 8-7（a）表明，在固定控制参数下，由于 P_{ref4} 较小，t=2s 后系统失稳；而图 8-7（b）表明，在自适应调节控制参数下，系统保持稳定，并且各台 DG 实际输出的有功功率 42.28、37.94、30.00、2.86kW 能够准确跟踪参考值。

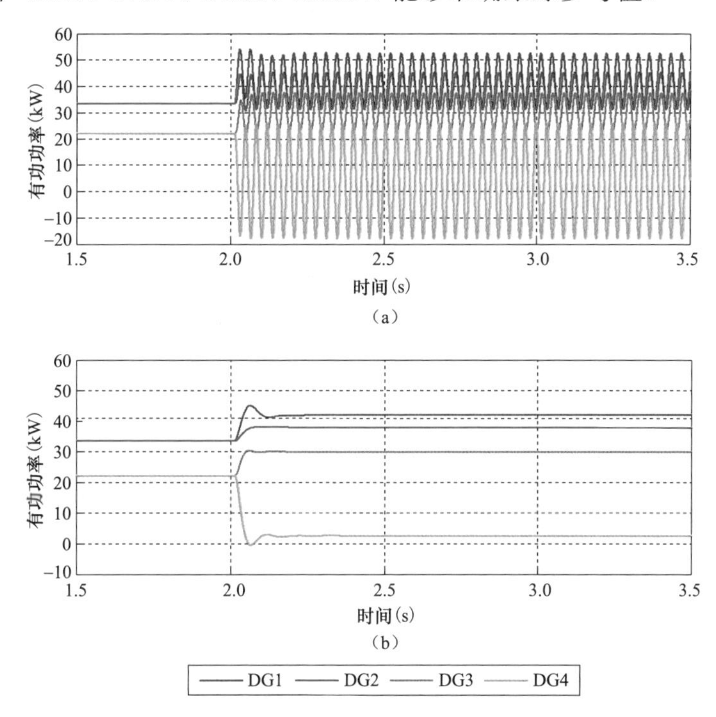

图 8-7　各台 DG 输出的有功功率（算例 1）

（a）各台 DG 输出的有功功率（固定控制参数）；（b）各台 DG 输出的有功功率（自适应调节控制参数）

表 8-9 对比了固定控制参数和自适应调节控制参数下各台 DG 的 c_{Pi} 大小。由 DG 之间的通信拓扑图 4-5 可知，DG1 和 DG4 的控制器式（8-48）使用了 P_{ref4} 作为控制输入，因此自适应调节控制参数方法显著降低了 c_{P1} 和 c_{P4} 以保持系统稳定。

2. 算例 2

在该算例中，将所有 DG 本地负荷（L1～L4）中的无功负荷切除，仅保留有功负荷。此时，通过三次控制的优化计算，各台 DG 的无功功率参考值分别为 3.25、3.30、2.65、2.58kvar。系统总的无功负荷较小，因此所有 DG 的无功参考值均较小。图 8-8 对比了固定控制参数和自适应调节控制参数两种情况下各台 DG 输出的无功功率。图 8-8（a）表明，在固定控制参数下，由于无功参考值较小，t=2s 后系统失稳；而图 8-8（b）表明，在自适应调节控制参数下，系统保持稳定，并且各台 DG 实际输出的无功功率 3.25、3.30、2.65、2.58kvar 能够准确跟踪参考值。

表 8-9 固定控制参数和自适应调节控制参数下各台 DG 的 c_{Pi} 大小

DGi	固定控制参数	自适应调节控制参数
DG1	2512	359.22
DG2	2512	3173.6
DG3	2512	3173.6
DG4	2512	359.22

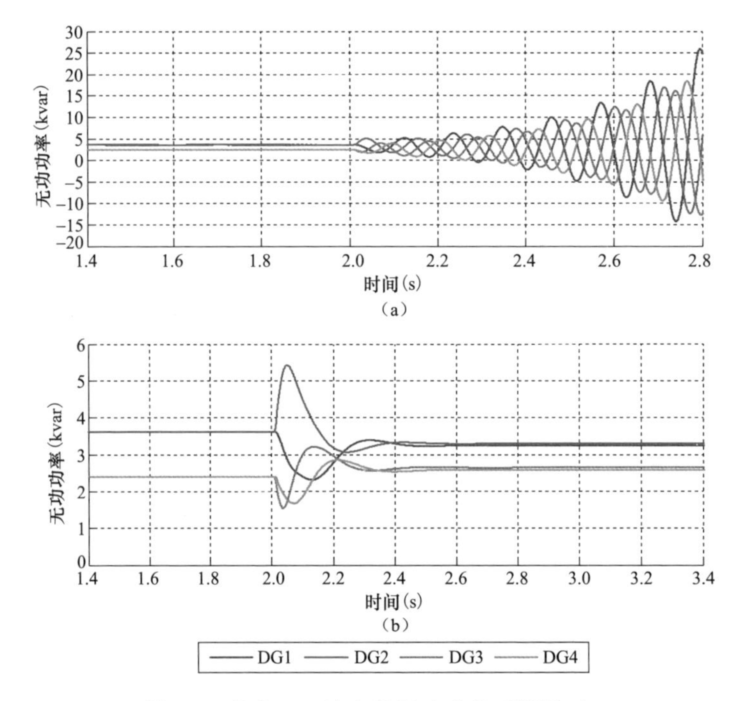

图 8-8 各台 DG 输出的无功功率（算例 2）

（a）各台 DG 输出的无功功率（固定控制参数）；（b）各台 DG 输出的无功功率（自适应调节控制参数）

表 8-10 对比了固定控制参数和自适应调节 c_{Qi} 控制参数下各台 DG 的 c_{Qi} 大小。由表 8-10 可知，自适应调节控制参数方法显著降低了所有 DG 的 c_{Qi} 以保持系统稳定。

表 8-10　固定控制参数和自适应调节控制参数下各台 DG 的 c_{Qi} 大小

DG*i*	固定控制参数	自适应调节控制参数
DG1	0.146	0.0316
DG2	0.146	0.0316
DG3	0.146	0.0321
DG4	0.146	0.0376

综上分析可知，所提出的控制参数自适应调节方法能够根据 DG 的功率参考值大小自适应地调节二次控制参数 c_{Pi} 和 c_{Qi}，使系统保持稳定运行。

8.4.3　长时间优化运行仿真

本节模拟微电网一次、二次、三次控制长时间联合运行过程，其中三次控制采用优化网损的目标函数。在 t=2s 时引入三次控制后，优化计算每隔 30s 进行一次，所需要的负荷功率由超短期负荷预测给出。所研究的微电网系统规模较小，而且负荷预测周期较短，因此这里假设超短期负荷预测的结果是精确的。t=25s 时 DG4 的本地负荷 L4 切除，t=52s 时 PCC 母线上投入一个 25kW+10kvar 的负荷 L6，t=85s 时负荷 L6 切除。

各台 DG 输出的有功和无功功率仿真波形如图 8-9 所示，各台 DG 在 t=2、32、62、92s 时执行由三次控制计算得到的优化功率参考值。在负荷投切后，根据式（8-48）和式（8-50）可知，短时间内，负荷变化由一次控制和二次控制平衡，各台 DG 按照当前功率参考值所确定的有功功率和无功功率分配比例，即 $P_1:P_2:P_3:P_4=P_{\text{ref1}}:P_{\text{ref2}}:P_{\text{ref3}}:P_{\text{ref4}}$，$Q_1:Q_2:Q_3:Q_4=Q_{\text{ref1}}:Q_{\text{ref2}}:Q_{\text{ref3}}:Q_{\text{ref4}}$，共同分担系统的有功和无功负荷。在下一个优化时刻来临后，各台 DG 执行针对负荷投切后工况的更新的优化功率参考值，系统重新保持最优运行。

综上分析，在负荷频繁变化的运行工况下，所提出的联合运行方法能够使微电网保持长时间优化运行。

注：本书中假设 DG 单元是可调度电源，其直流侧使用恒定直流电压源

模拟。当微电网内含有不可调度电源（例如光伏发电、风电等）时，可将其视作负的负荷，不参与系统的优化调度。然而，由于光伏发电和风电出力的间歇性和波动性，在调度周期内系统的运行工况可能发生变化，引起功率供需不平衡，此时虽然可由DG的一次控制和二次控制负责维持系统的功率供需平衡，但是系统的运行工况却已偏离最优运行点。为了减轻这一影响，可缩短三次控制的优化调度周期，本书正是将调度周期选取为较短的30s。需要说明的是，如果需要优化调度实时响应系统运行工况的变化，则可将优化调度更改成事件触发的形式，即当系统中某一台DG检测到运行工况变化后，马上发起整个系统的分布式优化调度计算。

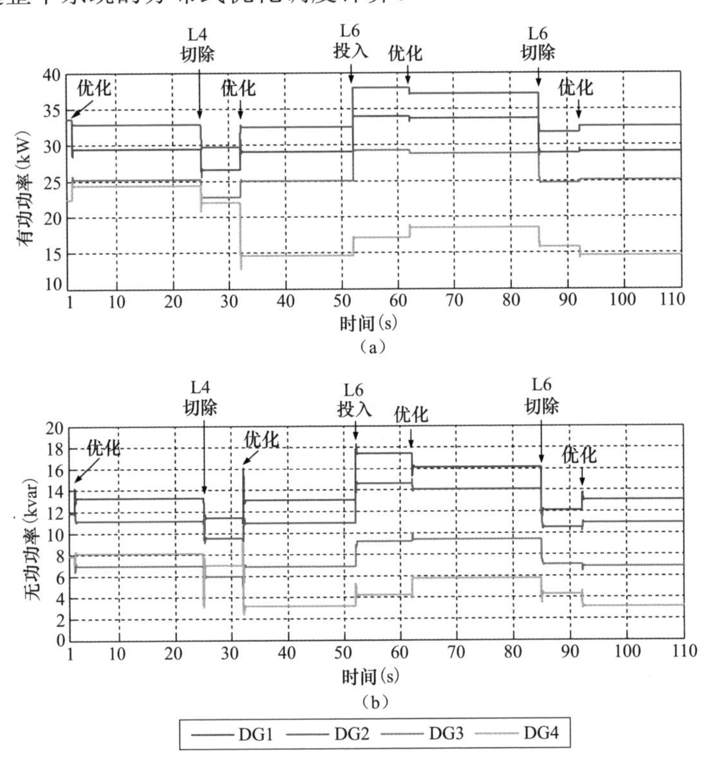

图8-9　长时间优化运行仿真中各台DG输出的有功和无功功率

（a）各台DG输出的有功功率；（b）各台DG输出的无功功率

8.5　小　　结

优化运行是微电网实际运行过程中的重要目标。本章针对微电网的一次、二次和三次控制之间的配合与协调问题，提出了一种微电网一次、二次、三次控制联合运行方法以实现系统的分布式优化运行，并通过特征分析和时域仿真验证了所提方法的有效性。主要工作与结论如下：

（1）在三次控制方面，基于支路潮流模型，建立了考虑多种优化目标的离网运行微电网交流最优潮流模型，利用 SOCP 凸松弛将模型转化为凸优化问题，并使用 ADMM 算法对模型进行了分布式求解以得到 DG 的最优功率参考值。

（2）提出了微电网一次、二次和三次控制分布式联合运行方法。证明了在所提方法下，DG 可以通过一次、二次控制准确跟踪三次控制的功率参考值。功率参考值基于交流最优潮流得到，因此系统的运行优化能够更加符合实际情况。

（3）建立了联合运行系统的小信号模型，并基于小信号模型分析了功率参考值变化对系统稳定性的影响。分析结果表明，当功率参考值较低时，系统可能失稳。

（4）提出了一种二次控制参数自适应调节方法以使得系统在较小功率参考值下仍然能保持稳定运行。所提出的自适应调节方法具有不影响 DG 之间功率分配、在线实时计算以及分布式实施等优点。

附录 A　命题 4-1 的证明

命题 4-1：假设微电网存在稳定平衡点，若微电网的通信网络包含生成树且至少存在一个根节点其 $g_i \neq 0$，则当分布式二次频率控制器式（4-20）和式（4-21）达到稳态时，目标（1）和（2）能够同时实现。

令 $\mathbf{0}_M \in \mathbb{R}^M$ 表示一个元素全为 0 的列向量，$\mathbf{1}_M \in \mathbb{R}^M$ 表示一个元素全为 1 的列向量，$\mathrm{diag}(a_i)$，$i \in \{1, 2, \cdots, M\}$ 表示一个对角元为 a_i 的 $M \times M$ 阶对角矩阵。

考虑有向图的拉普拉斯矩阵 $\boldsymbol{L} \in \mathbb{R}^{M \times M}$ 和矩阵 $\boldsymbol{B} \in \mathbb{R}^{m \times n}$，在证明之前，首先给出如下引理。

引理 A.1[6]：当且仅当有向图包含有生成树时，0 是 $\boldsymbol{L}$ 的一个特征根，并且有 $\mathrm{rank}(\boldsymbol{L}) = M - 1$。此外，$\boldsymbol{L}\mathbf{1}_M = \mathbf{0}_M$。

引理 A.2：当且仅当有向图包含有生成树时，存在 $\boldsymbol{\gamma} \in \mathbb{R}^M$ 使得 $\boldsymbol{\gamma}^{\mathrm{T}}\boldsymbol{L} = \mathbf{0}_M^{\mathrm{T}}$ [6]。令 $\boldsymbol{\gamma} = [\gamma_1, \gamma_2, \cdots, \gamma_M]^{\mathrm{T}}$。当节点 i 是根节点时，$\gamma_i > 0$；当节点 i 不是根节点时，$\gamma_i = 0$ [7]。

引理 A.3：对于矩阵 $\boldsymbol{B}$ 及其对应的线性方程组 $\boldsymbol{Bx} = \mathbf{0}_n$，$\boldsymbol{x} \in \mathbb{R}^n$，初等行变换不改变矩阵 $\boldsymbol{B}$ 的秩 $\mathrm{rank}(\boldsymbol{B})$ 以及 $\boldsymbol{Bx} = \mathbf{0}_n$ 的解空间。

引理 A.4：对于线性方程组 $\boldsymbol{Bx} = \mathbf{0}_n$，$\boldsymbol{x} \in \mathbb{R}^n$，将 $\boldsymbol{B}$ 表示成为如式（A-1）所示的 m 个行向量。令 $\boldsymbol{B}' \in \mathbb{R}^{(m-1) \times n}$ 表示在 $\boldsymbol{B}$ 中删去 β_i 后所得的矩阵，如式（A-1）所示。如果 β_i 能够由 $\boldsymbol{B}$ 中的其他行向量线性表示，则有 $\mathrm{rank}(\boldsymbol{B}') = \mathrm{rank}(\boldsymbol{B})$；线性方程组 $\boldsymbol{B}'\boldsymbol{x} = \mathbf{0}_{n-1}$ 和 $\boldsymbol{Bx} = \mathbf{0}_n$ 的解空间相同，即 $\ker(\boldsymbol{B}') = \ker(\boldsymbol{B})$，其中 ker 表示矩阵的核。

$$
\boldsymbol{B} = \begin{bmatrix} \beta_1 \\ \beta_2 \\ \vdots \\ \beta_m \end{bmatrix}, \boldsymbol{B}' = \begin{bmatrix} \beta_1 \\ \beta_2 \\ \vdots \\ \beta_{i-1} \\ \beta_{i+1} \\ \vdots \\ \beta_m \end{bmatrix} \tag{A-1}
$$

命题 4-1 证明：将式（4-21）写成矩阵形式，有

$$\frac{\mathrm{d}\boldsymbol{\Omega}}{\mathrm{d}t} = -\boldsymbol{C}_{\omega}(\boldsymbol{L}+\boldsymbol{G})(\boldsymbol{\omega}-\underline{\boldsymbol{\omega}}_{\mathrm{ref}}) - \boldsymbol{C}_{P}\boldsymbol{L}k\boldsymbol{\eta}(\boldsymbol{P}) \tag{A-2}$$

式中：$\boldsymbol{L}\in\mathbb{R}^{M\times M}$ 是微电网通信网络的拉普拉斯矩阵；$\boldsymbol{\Omega}=[\Omega_1, \Omega_2, \cdots, \Omega_M]^{\mathrm{T}}$，$\boldsymbol{\omega}=[\omega_1, \omega_2, \cdots, \omega_M]^{\mathrm{T}}$；$\boldsymbol{C}_{\omega}=\mathrm{diag}(c_{\omega i})$；$\boldsymbol{C}_{P}=\mathrm{diag}(c_{Pi})$；$\boldsymbol{G}=\mathrm{diag}(g_i)$；$\underline{\boldsymbol{\omega}}_{\mathrm{ref}}=\boldsymbol{1}_M\otimes\boldsymbol{\omega}_{\mathrm{ref}}$；$\boldsymbol{\eta}(\boldsymbol{P})=[\eta_1(P_1), \eta_2(P_2), \cdots, \eta_M(P_M)]^{\mathrm{T}}$；符号$\otimes$表示 Kronecker 乘积。

当分布式二次频率控制器式（4-20）和式（4-21）达到稳态时，式（4-21）中的$\boldsymbol{\Omega}_i$收敛至稳态值，因此有$\dot{\Omega}_i=0$。由此可将式（A-2）的左侧置为零，有

$$\boldsymbol{C}_{\omega}(\boldsymbol{L}+\boldsymbol{G})(\boldsymbol{\omega}-\underline{\boldsymbol{\omega}}_{\mathrm{ref}}) + \boldsymbol{C}_{P}\boldsymbol{L}k\boldsymbol{\eta}(\boldsymbol{P}) = \boldsymbol{0}_M \tag{A-3}$$

假设微电网存在稳态平衡点且该平衡点是稳定的，所有 DG 的频率在稳态下必须相等，否则系统不稳定，因此有$\omega_1=\omega_2=\cdots=\omega_M$。根据引理 A.1 可得

$$\boldsymbol{L}\boldsymbol{\omega}=\boldsymbol{0}_M,\ \boldsymbol{L}\underline{\boldsymbol{\omega}}_{\mathrm{ref}}=\boldsymbol{0}_M \tag{A-4}$$

将式（A-4）代入式（A-3）可得

$$k\boldsymbol{C}_{p}\boldsymbol{L}\boldsymbol{\eta}(\boldsymbol{P}) + \boldsymbol{C}_{\omega}\boldsymbol{G}(\boldsymbol{\omega}-\underline{\boldsymbol{\omega}}_{\mathrm{ref}}) = \boldsymbol{0}_M \tag{A-5}$$

将$\boldsymbol{L}$表示成为n个行向量，有

$$\boldsymbol{L}=\begin{bmatrix}\boldsymbol{\alpha}_1\\ \boldsymbol{\alpha}_2\\ \vdots\\ \boldsymbol{\alpha}_M\end{bmatrix} \tag{A-6}$$

因此，式（A-5）可以表示为

$$k\begin{bmatrix}c_{p1}\boldsymbol{\alpha}_1\\ c_{p2}\boldsymbol{\alpha}_2\\ \vdots\\ c_{pM}\boldsymbol{\alpha}_M\end{bmatrix}\begin{bmatrix}\eta_1(P_1)\\ \eta_2(P_2)\\ \vdots\\ \eta_M(P_M)\end{bmatrix}+\begin{bmatrix}c_{\omega1}g_1\\ c_{\omega2}g_2\\ \vdots\\ c_{\omega M}g_M\end{bmatrix}(\omega_i-\omega_{\mathrm{ref}})=\boldsymbol{0}_M \tag{A-7}$$

注意$c_{\omega i}$和c_{Pi}是正的控制参数，且至少有一个根节点其$g_i\neq0$。不失一般性，假设节点 1 是根节点并且$g_1\neq0$。对式（A-7）进行初等行变换可得

$$k\begin{bmatrix}c_{p1}\boldsymbol{\alpha}_1\\ c_{p2}\boldsymbol{\alpha}_2-\dfrac{c_{\omega2}g_2}{c_{\omega1}g_1}c_{p1}\boldsymbol{\alpha}_1\\ \vdots\\ c_{pM}\boldsymbol{\alpha}_M-\dfrac{c_{\omega M}g_M}{c_{\omega1}g_1}c_{p1}\boldsymbol{\alpha}_1\end{bmatrix}\begin{bmatrix}\eta_1(P_1)\\ \eta_2(P_2)\\ \vdots\\ \eta_N(P_N)\end{bmatrix}+\begin{bmatrix}c_{\omega1}g_1\\ 0\\ \vdots\\ 0\end{bmatrix}(\omega_i-\omega_{\mathrm{ref}})=\boldsymbol{0}_M \tag{A-8}$$

式（A-8）可以拆分表示为式（A-9）和式（A-10）

$$kc_{p1}\boldsymbol{\alpha}_1\boldsymbol{\eta}(\boldsymbol{P})+c_{\omega1}g_1(\omega_i-\omega_{\text{ref}})=\mathbf{0} \tag{A-9}$$

$$k\underbrace{\begin{bmatrix} c_{p2}\boldsymbol{\alpha}_2-\dfrac{c_{\omega2}g_2}{c_{\omega1}g_1}c_{p1}\boldsymbol{\alpha}_1 \\ c_{p3}\boldsymbol{\alpha}_3-\dfrac{c_{\omega3}g_3}{c_{\omega1}g_1}c_{p1}\boldsymbol{\alpha}_1 \\ \vdots \\ c_{pM}\boldsymbol{\alpha}_M-\dfrac{c_{\omega M}g_M}{c_{\omega1}g_1}c_{p1}\boldsymbol{\alpha}_1 \end{bmatrix}}_{:=\boldsymbol{L}_2}\begin{bmatrix} \eta_1(P_1) \\ \eta_2(P_2) \\ \vdots \\ \eta_M(P_M) \end{bmatrix}=\mathbf{0}_{M-1} \tag{A-10}$$

令 $\boldsymbol{L}_1$ 为

$$\boldsymbol{L}_1=\begin{bmatrix} \boldsymbol{\alpha}_2 \\ \boldsymbol{\alpha}_3 \\ \vdots \\ \boldsymbol{\alpha}_M \end{bmatrix} \tag{A-11}$$

下面将证明两条性质：

性质 1： $\text{rank}(\boldsymbol{L})=\text{rank}(\boldsymbol{L}_1)=\text{rank}(\boldsymbol{L}_2)=M-1$，其中 $\boldsymbol{L}_2$ 在式（A-10）中定义。

性质 2： 线性方程组 $\boldsymbol{L}\boldsymbol{\eta}(\boldsymbol{P})=\mathbf{0}_M$，$\boldsymbol{L}_1\boldsymbol{\eta}(\boldsymbol{P})=\mathbf{0}_{M-1}$ 以及 $\boldsymbol{L}_2\boldsymbol{\eta}(\boldsymbol{P})=\mathbf{0}_{M-1}$ 的解空间相同，即 $\ker(\boldsymbol{L})=\ker(\boldsymbol{L}_1)=\ker(\boldsymbol{L}_2)$。

根据节点 1 是否是唯一的根节点，性质 1 和 2 的证明有如下两种情况。

（1）情况 1：该情况下节点 1 是唯一的根节点，因此有 $\boldsymbol{\alpha}_1=\mathbf{0}_M^{\text{T}}$。由引理 A.1 可知 $\text{rank}(\boldsymbol{L})=M-1$。显然有

$$\text{rank}(\boldsymbol{L}_1)=\text{rank}(\boldsymbol{L})=M-1 \tag{A-12}$$

$$\ker(\boldsymbol{L}_1)=\ker(\boldsymbol{L}) \tag{A-13}$$

由于 $\boldsymbol{\alpha}_1=\mathbf{0}_M^{\text{T}}$，式（A-10）中的 $\boldsymbol{L}_2$ 可以化简为

$$\boldsymbol{L}_2=k\begin{bmatrix} c_{p2}\boldsymbol{\alpha}_2 \\ c_{p3}\boldsymbol{\alpha}_3 \\ \vdots \\ c_{pM}\boldsymbol{\alpha}_M \end{bmatrix} \tag{A-14}$$

对比 $\boldsymbol{L}_1$ 和 $\boldsymbol{L}_2$ 可知，$\boldsymbol{L}_2$ 可由 $\boldsymbol{L}_1$ 经过若干次初等行变换后得到。因此，根据引理 A.3 可得

$$\mathrm{rank}(\boldsymbol{L}_2)=\mathrm{rank}(\boldsymbol{L}_1)=M-1 \tag{A-15}$$

$$\ker(\boldsymbol{L}_2)=\ker(\boldsymbol{L}_1) \tag{A-16}$$

综合式（A-12）、式（A-13）、式（A-15）和式（A-16）可知，在情况1下对性质1和性质2的证明证毕。

（2）情况2：该情况下除了节点1之外，有向图中还存在其他根节点。由引理A.2可知，$\boldsymbol{\gamma}^{\mathrm{T}}\boldsymbol{L}=\boldsymbol{0}_M^{\mathrm{T}}$。结合式（A-6）中$\boldsymbol{L}$的表达式，$\boldsymbol{\gamma}^{\mathrm{T}}\boldsymbol{L}=\boldsymbol{0}_M^{\mathrm{T}}$可以表示为

$$\gamma_1\boldsymbol{\alpha}_1+\gamma_2\boldsymbol{\alpha}_2+\cdots+\gamma_N\boldsymbol{\alpha}_N=\boldsymbol{0}_M^{\mathrm{T}} \tag{A-17}$$

式（A-17）中，根据引理A.2，$\gamma_1>0$，对于$i=2,3,\cdots,M$，当节点i是根节点时$\gamma_i>0$，当节点i不是根节点时$\gamma_i=0$。因此式（A-17）能够转化为

$$\boldsymbol{\alpha}_1=-\frac{\gamma_2}{\gamma_1}\boldsymbol{\alpha}_2-\frac{\gamma_3}{\gamma_1}\boldsymbol{\alpha}_3-\cdots-\frac{\gamma_M}{\gamma_1}\boldsymbol{\alpha}_M \tag{A-18}$$

由于在有向图中存在其他的根节点，因此至少有一个$\gamma_i(i=2,3,\cdots,M)$大于0。因此，$\boldsymbol{\alpha}_1$可由$\boldsymbol{L}$中的其他行向量线性表示。根据引理A.4，在情况2下式（A-12）和式（A-13）同样成立。进一步，将式（A-18）代入至式（A-10）中的$\boldsymbol{L}_2$后可得

$$\boldsymbol{L}_2=k\begin{bmatrix} c_{p2}\boldsymbol{\alpha}_2-\dfrac{c_{\omega2}g_2}{c_{\omega1}g_1}c_{p1}\left(-\dfrac{\gamma_2}{\gamma_1}\boldsymbol{\alpha}_2-\dfrac{\gamma_3}{\gamma_1}\boldsymbol{\alpha}_3-\cdots-\dfrac{\gamma_M}{\gamma_1}\boldsymbol{\alpha}_M\right)\\ c_{p3}\boldsymbol{\alpha}_3-\dfrac{c_{\omega3}g_3}{c_{\omega1}g_1}c_{p1}\left(-\dfrac{\gamma_2}{\gamma_1}\boldsymbol{\alpha}_2-\dfrac{\gamma_3}{\gamma_1}\boldsymbol{\alpha}_3-\cdots-\dfrac{\gamma_M}{\gamma_1}\boldsymbol{\alpha}_M\right)\\ \vdots\\ c_{pM}\boldsymbol{\alpha}_M-\dfrac{c_{\omega M}g_M}{c_{\omega1}g_1}c_{p1}\left(-\dfrac{\gamma_2}{\gamma_1}\boldsymbol{\alpha}_2-\dfrac{\gamma_3}{\gamma_1}\boldsymbol{\alpha}_3-\cdots-\dfrac{\gamma_M}{\gamma_1}\boldsymbol{\alpha}_M\right) \end{bmatrix} \tag{A-19}$$

对比$\boldsymbol{L}_1$和$\boldsymbol{L}_2$可知，$\boldsymbol{L}_2$可由$\boldsymbol{L}_1$经过若干次初等行变换后得到。根据引理3，在情况2下，式（A-15）和式（A-16）同样成立。综合式（A-12）、式（A-13）、式（A-15）和式（A-16）可知，在情况2下对性质1和性质2的证明证毕。

综合情况1和情况2，性质1和性质2证毕。

对于线性方程组$\boldsymbol{L\eta}(\boldsymbol{P})=\boldsymbol{0}_M$，由于$\mathrm{rank}(\boldsymbol{L})=M-1$，$\boldsymbol{L\eta}(\boldsymbol{P})=\boldsymbol{0}_M$的通解可以表示为

$$\boldsymbol{\eta}(\boldsymbol{P})=\mu_1\boldsymbol{\xi}_1 \tag{A-20}$$

式中：μ_1是任意一个常数；$\boldsymbol{\xi}_1\in\mathbb{R}^M$是解空间中唯一的基向量。由于$\boldsymbol{L1}_M=\boldsymbol{0}_M$，显然$\boldsymbol{1}_M$是方程组$\boldsymbol{L\eta}(\boldsymbol{P})=\boldsymbol{0}_M$的一个解。因此，$\boldsymbol{\xi}_1$可以取为$\boldsymbol{1}_M$，此时式（A-20）

可以写为

$$\boldsymbol{\eta}(\boldsymbol{P})=\mu_1\mathbf{1}_M \tag{A-21}$$

由性质 2 可知 $\ker(\boldsymbol{L}_2)=\ker(\boldsymbol{L})$。因此式（A-10）的通解，即 $\boldsymbol{L}_2\boldsymbol{\eta}(\boldsymbol{P})=\mathbf{0}_{M-1}$ 的通解，同样能够表示为式（A-21）。由式（A-21）可知，$\eta_1(P_1)=\eta_2(P_2)=\cdots=\eta_M(P_M)$，因此，目标（2）能够实现。此外，基于 $\boldsymbol{L}\mathbf{1}_M=\mathbf{0}_M$ 和式（A-21），可知式（A-9）中的 $\boldsymbol{\alpha}_1\boldsymbol{\eta}(\boldsymbol{P})=0$。由此，式（A-9）可以化简为

$$c_{\omega 1}g_1(\omega_i-\omega_{\text{ref}})=0 \tag{A-22}$$

由于 $g_1\neq 0$，由式（A-22）可得 $\omega_i=\omega_{\text{ref}}$。之前已得 $\omega_1=\omega_2=\cdots=\omega_M$，因此有 $\omega_1=\omega_2=\cdots=\omega_M=\omega_{\text{ref}}$，可知目标（1）能够实现。命题 4-1 证毕！

附录 B 命题 4-2 的证明

命题 4-2：假设微电网存在稳定平衡点，若微电网的通信网络包含生成树且至少存在一个根节点其 $g_i \neq 0$，则当分布式二次 PCC 电压控制器式（4-22）～式（4-24）达到稳态时，每台 DG 的 V_{fi} 都能收敛至一致参考值 V_{fref} 并且目标（3）V_{PCC} 无差跟踪至其参考值 V_{PCCref} 能够同时实现。

引理 B.1：若有向图包含生成树且至少存在一个根节点其 $g_i \neq 0$，令 $\boldsymbol{G} = \mathrm{diag}(g_i)$，$\boldsymbol{L}$ 为有向图的拉普拉斯矩阵，则 $\boldsymbol{L}+\boldsymbol{G}$ 非奇异。

命题 4-2 证明：当分布式二次 PCC 电压控制器式（4-22）～式（4-24）达到稳态时，λ_i 收敛至稳态值，因此有 $\dot{\lambda}_i = 0$。式（4-23）的矩阵形式可写为

$$\frac{\mathrm{d}\boldsymbol{\lambda}}{\mathrm{d}t} = -\boldsymbol{C}_v(\boldsymbol{L}+\boldsymbol{G})(\boldsymbol{V}_{\mathrm{f}} - \underline{\boldsymbol{V}}_{\mathrm{fref}}) \tag{B-1}$$

式中：$\boldsymbol{\lambda} = [\lambda_1, \lambda_2, \cdots, \lambda_M]^{\mathrm{T}}$；$\boldsymbol{C}_v = \mathrm{diag}(c_{vi})$；$\boldsymbol{V}_{\mathrm{f}} = [V_{\mathrm{f1}}, V_{\mathrm{f2}}, \cdots, V_{\mathrm{fM}}]^{\mathrm{T}}$；$\underline{\boldsymbol{V}}_{\mathrm{fref}} = \boldsymbol{1}_M \otimes \boldsymbol{V}_{\mathrm{fref}}$。由于 $\dot{\lambda}_i = 0$，将式（B-1）左侧置为 0 后，可得

$$\boldsymbol{C}_v(\boldsymbol{L}+\boldsymbol{G})(\boldsymbol{V}_{\mathrm{f}} - \underline{\boldsymbol{V}}_{\mathrm{fref}}) = \boldsymbol{0}_M \tag{B-2}$$

由于 c_{vi} 是正的控制增益，因此 $\boldsymbol{C}_v$ 非奇异。此外，由引理 B.1 可知，$\boldsymbol{L}+\boldsymbol{G}$ 也非奇异。将式（B-2）的等式两侧都乘以 $(\boldsymbol{L}+\boldsymbol{G})^{-1}\boldsymbol{C}_v^{-1}$ 后可得

$$\boldsymbol{V}_{\mathrm{f}} - \underline{\boldsymbol{V}}_{\mathrm{fref}} = \boldsymbol{0}_M \tag{B-3}$$

显然，式（B-3）表明 $V_{\mathrm{f1}} = V_{\mathrm{f2}} = \cdots = V_{\mathrm{f}M} = V_{\mathrm{fref}}$，即每台 DG 的 $V_{\mathrm{f}i}$ 都能收敛至一致参考值 V_{fref}。

当分布式二次 PCC 电压控制器式（4-22）～式（4-24）达到稳态时，式（4-24）中 PI 控制器的输出 v_{PI} 收敛至稳态值。基于 PI 控制器的性质，易知稳态下 $V_{\mathrm{PCC}} = V_{\mathrm{PCCref}}$，即目标（3）能够实现。命题 4-2 证毕！

附录 C 命题 4-3 的证明

命题 4-3：假设微电网存在稳定平衡点，若微电网的通信网络包含生成树且至少存在一个根节点其 $g_i \neq 0$，则当分布式二次无功功率控制器式（4-25）～式（4-27）达到稳态时，各台 DG 的 $n_i Q_i$ 能够收敛到同一个值，即目标（4）能够实现。

命题 4-3 证明：式（4-27）的矩阵形式可以表示为

$$\frac{\mathrm{d}\boldsymbol{h}}{\mathrm{d}t} = \boldsymbol{C}_Q \boldsymbol{LnQ} \tag{C-1}$$

式中：$\boldsymbol{h} = [h_1, h_2, \cdots, h_M]^{\mathrm{T}}$；$\boldsymbol{C}_Q = \mathrm{diag}(c_{Qi})$；$\boldsymbol{nQ} = [n_1 Q_1, n_2 Q_2, \cdots, n_M Q_M]^{\mathrm{T}}$。当分布式二次无功功率控制器式（4-25）～式（4-27）达到稳态时，h_i 收敛至稳态值，因此有 $\dot{h}_i = 0$。由此，将式（C-1）左侧置为 0 后，可得

$$\boldsymbol{C}_Q \boldsymbol{LnQ} = \boldsymbol{0}_M \tag{C-2}$$

由于 c_{Qi} 是正的控制增益，因此 $\boldsymbol{C}_Q$ 非奇异，于是式（C-2）可以化简为 $\boldsymbol{LnQ} = \boldsymbol{0}_M$。根据引理 A.1 和命题 4-1 的证明过程，可得 $\boldsymbol{nQ} = \mu_1 \boldsymbol{1}_M$，因此有

$$n_1 Q_1 = n_2 Q_2 = \cdots = n_M Q_M \tag{C-3}$$

即目标（4）能够实现。命题 4-3 证毕！

附录 D　4.5 节中小信号模型的参数

式（4-57）中各参数矩阵的详细构成如下所示

$$
\boldsymbol{A}_{\text{inv}i}=\begin{bmatrix}
\boldsymbol{A}_{\text{P}}+\boldsymbol{B}_{\text{P1}}\boldsymbol{C}_{\text{PV}} & \boldsymbol{D}_{\text{P}} & \boldsymbol{B}_{\text{P1}}\boldsymbol{D}_{\text{PV1}} & \boldsymbol{B}_{\text{P1}}\boldsymbol{D}_{\text{PV2}} & \boldsymbol{B}_{\text{P1}}\boldsymbol{E}_{\text{PV}}+\boldsymbol{B}_{\text{PV2}}\\
\boldsymbol{A}_{\text{f}} & \boldsymbol{B}_{\text{f}} & 0 & 0 & 0\\
\boldsymbol{A}_{\text{g}} & 0 & \boldsymbol{B}_{\text{g}} & 0 & 0\\
\boldsymbol{A}_{\text{h}} & 0 & 0 & 0 & 0\\
\begin{matrix}\boldsymbol{A}_{\text{L}}\boldsymbol{C}_{\text{PV}}+\boldsymbol{C}_{\text{L}}\boldsymbol{C}_{\text{P}w}\\ +\boldsymbol{D}_{\text{L}}[\boldsymbol{T}_{\text{V}}^{-1}\quad 0\quad 0]\end{matrix} & \boldsymbol{C}_{\text{L}} & \boldsymbol{A}_{\text{L}}\boldsymbol{D}_{\text{PV1}} & \boldsymbol{A}_{\text{L}}\boldsymbol{D}_{\text{PV2}} & \boldsymbol{A}_{\text{L}}\boldsymbol{E}_{\text{PV}}+\boldsymbol{B}_{\text{L}}
\end{bmatrix}
$$

$$
\boldsymbol{B}_{\text{inv}i}=\begin{bmatrix}0\\0\\0\\0\\\boldsymbol{D}_{\text{L}}\boldsymbol{T}_{\text{S}}^{-1}\end{bmatrix},\boldsymbol{C}_{\text{inv}i}=\begin{bmatrix}\boldsymbol{C}_{\text{P}}\\0\\0\\0\\0\end{bmatrix},\boldsymbol{H}_{\text{inv}i}=\begin{bmatrix}0\\0\\c_{vi}g_i\\0\\0\end{bmatrix} \tag{D-1}
$$

$$
\boldsymbol{F}_{\text{inv}ij}=\begin{bmatrix}
0 & 0 & 0 & 0 & 0 & 0 & 0 & 0\\
0 & 0 & 0 & 0 & 0 & 0 & 0 & 0\\
0 & 0 & 0 & 0 & 0 & 0 & 0 & 0\\
0 & -(c_{\omega i}-c_{pi})a_{ij}k\dfrac{\mathrm{d}\eta_j(P_j)}{\mathrm{d}P_j} & 0 & c_{\omega i}a_{ij} & 0 & 0 & 0 & 0\\
0 & 0 & -c_{vi}a_{ij}n_j & 0 & c_{vi}a_{ij} & 0 & 0 & 0\\
0 & 0 & -c_{Qi}a_{ij}n_j & 0 & 0 & 0 & 0 & 0\\
0 & 0 & 0 & 0 & 0 & 0 & 0 & 0\\
0 & 0 & 0 & 0 & 0 & 0 & 0 & 0
\end{bmatrix}
$$

$$
\boldsymbol{D}_{\text{inv}i}=[\boldsymbol{C}_{\text{P}w}\quad 1\quad 0\quad 0\quad 0],\boldsymbol{E}_{\text{inv}i}=[[\boldsymbol{T}_{\text{C}}\quad 0\quad 0]\quad 0\quad 0\quad 0\quad \boldsymbol{T}_{\text{S}}]
$$

式（4-69）～式（4-71）中各参数矩阵的详细构成如下所示

$$
\boldsymbol{G}_{\text{inv}}=\begin{bmatrix}
\boldsymbol{A}_{\text{inv1}}+\boldsymbol{C}_{\text{inv1}}\boldsymbol{D}_{\text{inv1}} & 0 & \cdots & 0\\
\boldsymbol{C}_{\text{inv2}}\boldsymbol{D}_{\text{inv1}} & \boldsymbol{A}_{\text{inv2}} & \cdots & 0\\
\vdots & \vdots & \ddots & \vdots\\
\boldsymbol{C}_{\text{inv}M}\boldsymbol{D}_{\text{inv1}} & 0 & \cdots & \boldsymbol{A}_{\text{inv}M}
\end{bmatrix} \tag{D-2}
$$

$$
\boldsymbol{B}_{\text{inv}}=\begin{bmatrix} \boldsymbol{B}_{\text{inv1}} & 0 & \cdots & 0 & 0 & \cdots & 0 \\ 0 & \boldsymbol{B}_{\text{inv2}} & \cdots & 0 & 0 & \cdots & 0 \\ \vdots & \vdots & \ddots & \vdots & \vdots & \ddots & \vdots \\ 0 & 0 & \cdots & \boldsymbol{B}_{\text{inv}M} & 0 & \cdots & 0 \end{bmatrix}
$$

$$
\boldsymbol{E}_{\text{inv}}=\begin{bmatrix} \boldsymbol{E}_{\text{inv1}} & 0 & \cdots & 0 \\ 0 & \boldsymbol{E}_{\text{inv2}} & \cdots & 0 \\ \vdots & \vdots & \ddots & \vdots \\ 0 & 0 & \cdots & \boldsymbol{E}_{\text{inv}M} \end{bmatrix},\boldsymbol{J}_{\text{inv}}=\begin{bmatrix} -k_{\text{P}}\boldsymbol{H}_{\text{inv1}}\boldsymbol{A}_{\text{PCC}}\boldsymbol{R}_{\text{PN}}\boldsymbol{M}_{\text{Po}}\boldsymbol{E}_{\text{inv}} \\ -k_{\text{P}}\boldsymbol{H}_{inv2}\boldsymbol{A}_{\text{PCC}}\boldsymbol{R}_{\text{PN}}\boldsymbol{M}_{\text{Po}}\boldsymbol{E}_{\text{inv}} \\ \vdots \\ -k_{\text{P}}\boldsymbol{H}_{\text{inv}M}\boldsymbol{A}_{\text{PCC}}\boldsymbol{R}_{\text{PN}}\boldsymbol{M}_{\text{Po}}\boldsymbol{E}_{\text{inv}} \end{bmatrix} \tag{D-2}
$$

$$
\boldsymbol{J}_{\text{net}}=\begin{bmatrix} -k_{\text{P}}\boldsymbol{H}_{\text{inv1}}\boldsymbol{A}_{\text{PCC}}\boldsymbol{R}_{\text{PN}}\boldsymbol{M}_{\text{Pnet}} \\ -k_{\text{P}}\boldsymbol{H}_{\text{inv2}}\boldsymbol{A}_{\text{PCC}}\boldsymbol{R}_{\text{PN}}\boldsymbol{M}_{\text{Pnet}} \\ \vdots \\ -k_{\text{P}}\boldsymbol{H}_{\text{inv}M}\boldsymbol{A}_{\text{PCC}}\boldsymbol{R}_{\text{PN}}\boldsymbol{M}_{\text{Pnet}} \end{bmatrix},\boldsymbol{J}_{\text{load}}=\begin{bmatrix} -k_{\text{P}}\boldsymbol{H}_{\text{inv1}}\boldsymbol{A}_{\text{PCC}}\boldsymbol{R}_{\text{PN}}\boldsymbol{M}_{\text{Pload}} \\ -k_{\text{P}}\boldsymbol{H}_{\text{inv2}}\boldsymbol{A}_{\text{PCC}}\boldsymbol{R}_{\text{PN}}\boldsymbol{M}_{\text{Pload}} \\ \vdots \\ -k_{\text{P}}\boldsymbol{H}_{\text{inv}M}\boldsymbol{A}_{\text{PCC}}\boldsymbol{R}_{\text{PN}}\boldsymbol{M}_{\text{Pload}} \end{bmatrix}
$$

$$
\boldsymbol{J}_{\Psi}=\begin{bmatrix} k_{\text{I}}\boldsymbol{H}_{\text{inv1}} \\ k_{\text{I}}\boldsymbol{H}_{\text{inv2}} \\ \vdots \\ k_{\text{I}}\boldsymbol{H}_{\text{inv}M} \end{bmatrix},\boldsymbol{D}_{\text{inv}}=[\boldsymbol{D}_{\text{inv1}} \quad 0 \quad \cdots \quad 0]
$$

附录E　5.3节中小信号模型的参数

式（5-1）中各参数矩阵的详细构成如下所示

$$
\boldsymbol{A}_{\mathrm{DG}i}=\begin{bmatrix} \boldsymbol{A}_{\mathrm{P}}+\boldsymbol{B}_{\mathrm{P1}}\boldsymbol{C}_{\mathrm{PV}}+(\boldsymbol{B}_{\mathrm{P1}}\boldsymbol{E}_{\mathrm{PV}}+\boldsymbol{B}_{\mathrm{P2}})[\boldsymbol{T}_{\mathrm{V}}^{-1}\quad 0\quad 0] & \boldsymbol{D}_{\mathrm{P}} & \boldsymbol{B}_{\mathrm{P1}}\boldsymbol{D}_{\mathrm{PV1}} & \boldsymbol{B}_{\mathrm{P1}}\boldsymbol{D}_{\mathrm{PV2}} \\ \boldsymbol{A}_{\mathrm{f}} & \boldsymbol{B}_{\mathrm{f}} & 0 & 0 \\ \boldsymbol{A}_{\mathrm{g}} & 0 & \boldsymbol{B}_{\mathrm{g}} & 0 \\ \boldsymbol{A}_{\mathrm{h}} & 0 & 0 & 0 \end{bmatrix}
$$

$$
\boldsymbol{B}_{\mathrm{DG}i}=\begin{bmatrix} (\boldsymbol{B}_{\mathrm{P1}}\boldsymbol{E}_{\mathrm{PV}}+\boldsymbol{B}_{\mathrm{P2}})\boldsymbol{T}_{\mathrm{S}}^{-1} \\ 0 \\ 0 \\ 0 \end{bmatrix},\boldsymbol{C}_{\mathrm{DG}i}=\begin{bmatrix} \boldsymbol{C}_{P} \\ 0 \\ 0 \\ 0 \end{bmatrix},\boldsymbol{H}_{\mathrm{DG}i}=\begin{bmatrix} 0 \\ 0 \\ c_{vi}g_i \\ 0 \end{bmatrix} \tag{E-1}
$$

$$
\boldsymbol{F}_{\mathrm{DG}ij}=\begin{bmatrix} 0 & 0 & 0 & 0 & 0 & 0 \\ 0 & 0 & 0 & 0 & 0 & 0 \\ 0 & 0 & 0 & 0 & 0 & 0 \\ 0 & -(c_{\omega i}-c_{pi})a_{ij}m_j & 0 & c_{\omega i}a_{ij} & 0 & 0 \\ 0 & 0 & -c_{vi}a_{ij}n_j & 0 & c_{vi}a_{ij} & 0 \\ 0 & 0 & -c_{Qi}a_{ij}n_j & 0 & 0 & 0 \end{bmatrix}
$$

$$
\boldsymbol{D}_{\mathrm{DG}i}=[\boldsymbol{C}_{\mathrm{P}w}\quad 1\quad 0\quad 0]
$$

式（5-4）中各参数矩阵的详细构成如下所示

$$
\boldsymbol{G}_{\mathrm{DG}}=\begin{bmatrix} \boldsymbol{A}_{\mathrm{DG1}}+\boldsymbol{C}_{\mathrm{DG1}}\boldsymbol{D}_{\mathrm{DG1}} & 0 & \cdots & 0 \\ \boldsymbol{C}_{\mathrm{DG2}}\boldsymbol{D}_{\mathrm{DG1}} & \boldsymbol{A}_{\mathrm{DG2}} & \cdots & 0 \\ \vdots & \vdots & \ddots & \vdots \\ \boldsymbol{C}_{\mathrm{DG}M}\boldsymbol{D}_{\mathrm{DG1}} & 0 & \cdots & \boldsymbol{A}_{\mathrm{DG}M} \end{bmatrix}
$$

$$
\boldsymbol{B}_{\mathrm{DG}}=\begin{bmatrix} \boldsymbol{B}_{\mathrm{DG1}} & 0 & \cdots & 0 \\ 0 & \boldsymbol{B}_{\mathrm{DG2}} & \cdots & 0 \\ \vdots & \vdots & \ddots & \vdots \\ 0 & 0 & \cdots & \boldsymbol{B}_{\mathrm{DG}M} \end{bmatrix},\boldsymbol{H}_{\mathrm{DG}}=\begin{bmatrix} \boldsymbol{H}_{\mathrm{DG1}} \\ \boldsymbol{H}_{\mathrm{DG2}} \\ \vdots \\ \boldsymbol{H}_{\mathrm{DG}M} \end{bmatrix} \tag{E-2}
$$

式（5-5）中各参数矩阵的详细构成如下所示

$$
\boldsymbol{L}_{\mathrm{inv}i}=[\boldsymbol{T}_{\mathrm{S}}(\boldsymbol{C}_{\mathrm{PV}}+\boldsymbol{E}_{\mathrm{PV}}[\boldsymbol{T}_{\mathrm{V}}^{-1}\quad 0\quad 0])+[\boldsymbol{T}_{\mathrm{C}}\quad 0\quad 0]\quad 0\quad \boldsymbol{T}_{\mathrm{S}}\boldsymbol{D}_{\mathrm{PV1}}\quad \boldsymbol{T}_{\mathrm{S}}\boldsymbol{D}_{\mathrm{PV2}}] \tag{E-3}
$$

$$
\boldsymbol{A}_{\mathrm{dgv}i}=\boldsymbol{T}_{\mathrm{S}}\boldsymbol{E}_{\mathrm{PV}}\boldsymbol{T}_{\mathrm{S}}^{-1} \tag{E-4}
$$

式（5-6）中各参数矩阵的详细构成如下所示

$$
\begin{aligned}
\boldsymbol{L}_{\mathrm{inv}} &= \begin{bmatrix} \boldsymbol{L}_{\mathrm{inv1}} & 0 & \cdots & 0 \\ 0 & \boldsymbol{L}_{\mathrm{inv2}} & \cdots & 0 \\ \vdots & \vdots & \ddots & \vdots \\ 0 & 0 & \cdots & \boldsymbol{L}_{\mathrm{inv}M} \end{bmatrix} \\
\boldsymbol{A}_{\mathrm{dgv}} &= \begin{bmatrix} \boldsymbol{A}_{\mathrm{dgv1}} & 0 & \cdots & 0 \\ 0 & \boldsymbol{A}_{\mathrm{dgv2}} & \cdots & 0 \\ \vdots & \vdots & \ddots & \vdots \\ 0 & 0 & \cdots & \boldsymbol{A}_{\mathrm{dgv}M} \end{bmatrix}
\end{aligned}
\tag{E-5}
$$

附录 F　第 6 章小信号建模详细过程

为了简化表示，在附录中省略了变量$x(t)$的符号“(t)”。假设 MG 中有 N 个 DG 单元、m 个节点、n 条线路和 p 个负荷。

对式（6-3）进行线性化可得

$$\Delta\omega_i = \boldsymbol{C}_{pw}\begin{bmatrix}\Delta\delta_i \\ \Delta P_i \\ \Delta Q_i\end{bmatrix} + \Delta\Omega_i，\ \boldsymbol{C}_{pw} = [0 \quad -m_i \quad 0] \tag{F-1}$$

将式（6-4）～式（6-6）线性化，代入式（F-1）得到线性化结果

$$\begin{aligned}
&\Delta\dot{\Omega}_i = \boldsymbol{A}_{\mathrm{f}}\begin{bmatrix}\Delta\delta_i \\ \Delta P_i \\ \Delta Q_i\end{bmatrix} + \boldsymbol{B}_{\mathrm{f}}\Delta\Omega_i + c_{\omega i}\sum_{j\in N_i} a_{ij}\Delta\Omega_j(t-\tau_{\mathrm{d}}) - (c_{\omega i} - c_{pi})\sum_{j\in N_i} a_{ij} m_j \Delta P_j(t-\tau_{\mathrm{d}}) \\
&\boldsymbol{A}_{\mathrm{f}} = \left[0 \quad \left[(c_{\omega i} - c_{pi})\sum_{j\in N_i} a_{ij} + c_{\omega i} g_i\right] m_i \quad 0\right] \\
&\boldsymbol{B}_{\mathrm{f}} = -c_{\omega i}\left(\sum_{j\in N_i} a_{ij} + g_i\right)
\end{aligned} \tag{F-2}$$

从式（6-7），有

$$V_{\mathrm{f}i} = V_n - n_i Q_i + \lambda_i \tag{F-3}$$

对式（6-9）和式（F-3）进行线性化，并对线性化结果重新整理，得到

$$\begin{aligned}
\Delta\dot{\lambda}_i = {} & \boldsymbol{A}_{\mathrm{g}}\begin{bmatrix}\Delta\delta_i \\ \Delta P_i \\ \Delta Q_i\end{bmatrix} + \boldsymbol{B}_{\mathrm{g}}\Delta\lambda_i - c_{vi}\sum_{j\in N_i} a_{ij} n_j \Delta Q_j(t-\tau_{\mathrm{d}}) \\
& + c_{vi}\sum_{j\in N_i} a_{ij}\Delta\lambda_j(t-\tau_{\mathrm{d}}) + c_{vi} g_i \Delta V_{\mathrm{fref}}(t-\tau_{\mathrm{d}}) \\
\boldsymbol{A}_{\mathrm{g}} = {} & \left[0 \quad 0 \quad c_{vi}\left(\sum_{j\in N_i} a_{ij} + g_i\right) n_i\right] \\
\boldsymbol{B}_{\mathrm{g}} = {} & -c_{vi}\left(\sum_{j\in N_i} a_{ij} + g_i\right)
\end{aligned} \tag{F-4}$$

对式（6-11）线性化，得到

$$\Delta\dot{h}_i = \boldsymbol{A}_{\mathrm{h}}\begin{bmatrix}\Delta\delta_i \\ \Delta P_i \\ \Delta Q_i\end{bmatrix} - c_{Qi}\sum_{j\in N_i} a_{ij}n_j\Delta Q_j(t-\tau_{\mathrm{d}})$$

$$\boldsymbol{A}_{\mathrm{h}} = \begin{bmatrix}0 & 0 & c_{Qi}\sum_{j\in N_i} a_{ij}n_j\end{bmatrix} \tag{F-5}$$

DG 单元瞬时输出有功功率 $\tilde{p}_i$ 和无功功率 $\tilde{q}_i$ 可表示为

$$\tilde{p}_i = v_{\mathrm{od}i}\boldsymbol{i}_{\mathrm{od}i} + v_{\mathrm{oq}i}\boldsymbol{i}_{\mathrm{oq}i} \tag{F-6}$$

$$\tilde{q}_i = v_{\mathrm{od}i}\boldsymbol{i}_{\mathrm{oq}i} - v_{\mathrm{oq}i}\boldsymbol{i}_{\mathrm{od}i} \tag{F-7}$$

$\tilde{p}_i$ 和 $\tilde{q}_i$ 经过低通滤波器得到平均有功功率 P_i 和无功功率 Q_i，由下式表达

$$P_i = \frac{\omega_{\mathrm{c}}}{s+\omega_{\mathrm{c}}}\tilde{p}_i \tag{F-8}$$

$$Q_i = \frac{\omega_{\mathrm{c}}}{s+\omega_{\mathrm{c}}}\tilde{q}_i \tag{F-9}$$

式中：ω_{c} 为截止频率。

将式（6-12）和式（F-6）～式（F-9）线性化，代入式（F-1）得到线性化结果

$$\begin{bmatrix}\Delta\dot{\delta}_i \\ \Delta\dot{P}_i \\ \Delta\dot{Q}_i\end{bmatrix} = \boldsymbol{A}_P\begin{bmatrix}\Delta\delta_i \\ \Delta P_i \\ \Delta Q_i\end{bmatrix} + \boldsymbol{D}_P\Delta\Omega_i + \boldsymbol{B}_{P1}[\Delta\boldsymbol{v}_{\mathrm{odq}i}] + \boldsymbol{B}_{P2}[\Delta\boldsymbol{i}_{\mathrm{odq}i}] + \boldsymbol{C}_P\Delta\omega_{\mathrm{g}}$$

$$\boldsymbol{A}_P = \begin{bmatrix}0 & -m_i & 0 \\ 0 & -\omega_{\mathrm{c}} & 0 \\ 0 & 0 & -\omega_{\mathrm{c}}\end{bmatrix},\ \boldsymbol{C}_P = \begin{bmatrix}-1 \\ 0 \\ 0\end{bmatrix},\quad \boldsymbol{D}_P = \begin{bmatrix}1 \\ 0 \\ 0\end{bmatrix} \tag{F-10}$$

$$\boldsymbol{B}_{P1} = \begin{bmatrix}0 & 0 \\ \omega_{\mathrm{c}}I_{\mathrm{od}} & \omega_{\mathrm{c}}I_{\mathrm{oq}} \\ -\omega_{\mathrm{c}}I_{\mathrm{oq}} & \omega_{\mathrm{c}}I_{\mathrm{od}}\end{bmatrix},\ \boldsymbol{B}_{P2} = \begin{bmatrix}0 & 0 \\ \omega_{\mathrm{c}}V_{\mathrm{od}} & \omega_{\mathrm{c}}V_{\mathrm{oq}} \\ \omega_{\mathrm{c}}V_{\mathrm{oq}} & -\omega_{\mathrm{c}}V_{\mathrm{od}}\end{bmatrix}$$

对式（6-14）、式（6-15）进行线性化可得

$$[\Delta\boldsymbol{i}_{\mathrm{odq}i}] = \boldsymbol{A}_L[\Delta\boldsymbol{v}_{\mathrm{odq}i}] + \boldsymbol{B}_L[\Delta\boldsymbol{i}_{\mathrm{odq}i}] + \boldsymbol{C}_L\Delta\omega_i + \boldsymbol{D}_L[\Delta\boldsymbol{v}_{\mathrm{bdq}i}]$$

$$\boldsymbol{A}_L = \begin{bmatrix}\frac{1}{L_{\mathrm{c}}} & 0 \\ 0 & \frac{1}{L_{\mathrm{c}}}\end{bmatrix},\ \boldsymbol{B}_L = \begin{bmatrix}0 & \omega_n \\ -\omega_n & 0\end{bmatrix} \tag{F-11}$$

$$\boldsymbol{C}_L = \begin{bmatrix}I_{\mathrm{oq}i} \\ -I_{\mathrm{od}i}\end{bmatrix},\quad \boldsymbol{D}_L = \begin{bmatrix}-\frac{1}{L_{\mathrm{c}}} & 0 \\ 0 & -\frac{1}{L_{\mathrm{c}}}\end{bmatrix}$$

根据式（6-13），将式（6-7）和式（6-8）线性化可得

$$[\Delta\boldsymbol{v}_{\mathrm{od}qi}]=\boldsymbol{C}_{PV}\begin{bmatrix}\Delta\delta_i\\\Delta P_i\\\Delta Q_i\end{bmatrix}+\boldsymbol{D}_{PV1}\Delta\lambda_i+\boldsymbol{D}_{PV2}\Delta h_i$$

$$\boldsymbol{C}_{PV}=\begin{bmatrix}0&0&-n_i\\0&0&0\end{bmatrix},\boldsymbol{D}_{PV1}=\begin{bmatrix}1\\0\end{bmatrix},\boldsymbol{D}_{PV2}=\begin{bmatrix}-1\\0\end{bmatrix} \tag{F-12}$$

为了将单个DG单元模型与整个系统模型联系起来，需要构建局部参考框架（$\Delta\boldsymbol{i}_{\mathrm{od}qi}$、$\Delta\boldsymbol{v}_{\mathrm{bd}qi}$）和全局DQ框架（$\Delta\boldsymbol{i}_{\mathrm{o}DQi}$、$\Delta\boldsymbol{v}_{\mathrm{b}DQi}$）中变量之间的关系，即

$$\Delta\boldsymbol{i}_{\mathrm{o}DQi}=\boldsymbol{T}_{\mathrm{S}}\Delta\boldsymbol{i}_{\mathrm{od}qi}+\boldsymbol{T}_{\mathrm{C}}\Delta\delta_i \tag{F-13}$$

$$\Delta\boldsymbol{v}_{\mathrm{bd}qi}=\boldsymbol{T}_{\mathrm{S}}^{-1}\Delta\boldsymbol{v}_{\mathrm{b}DQi}+\boldsymbol{T}_V^{-1}\Delta\delta_i \tag{F-14}$$

$$\boldsymbol{T}_{\mathrm{S}}=\begin{bmatrix}\cos\delta_{0i}&-\sin\delta_{0i}\\\sin\delta_{0i}&\cos\delta_{0i}\end{bmatrix}$$

$$\boldsymbol{T}_{\mathrm{C}}=\begin{bmatrix}-I_{\mathrm{od}i}\sin\delta_{0i}-I_{\mathrm{oq}i}\cos\delta_{0i}\\I_{\mathrm{od}i}\cos\delta_{0i}-I_{\mathrm{oq}i}\sin\delta_{0i}\end{bmatrix} \tag{F-15}$$

$$\boldsymbol{T}_V^{-1}=\begin{bmatrix}-V_{\mathrm{b}Di}\sin\delta_{0i}+V_{\mathrm{b}Qi}\cos\delta_{0i}\\-V_{\mathrm{b}Di}\cos\delta_{0i}-V_{\mathrm{b}Qi}\sin\delta_{0i}\end{bmatrix}$$

式中：δ_{0i}为DGi的参考坐标系与全局DQ坐标系在平衡点处的角度值，用于线性化。

然后，将式（F-12）代入式（F-10），将式（F-1）、式（F-12）、式（F-14）代入式（F-11），并结合式（F-2）、式（F-4）、式（F-5）得到DGi的式（6-16）和式（6-17）的小信号动态模型。

式（F-16）给出了式（6-16）和式（6-17）中详细的参数矩阵，如下所示

$$\boldsymbol{A}_{\mathrm{DG}i}=\begin{bmatrix}\boldsymbol{A}_P+\boldsymbol{B}_{P1}\boldsymbol{C}_{PV}&\boldsymbol{D}_P&\boldsymbol{B}_{P1}\boldsymbol{D}_{PV1}&\boldsymbol{B}_{P1}\boldsymbol{D}_{PV2}&\boldsymbol{B}_{P2}\\\boldsymbol{A}_{\mathrm{f}}&\boldsymbol{B}_{\mathrm{f}}&0&0&0\\\boldsymbol{A}_{\mathrm{g}}&0&\boldsymbol{B}_{\mathrm{g}}&0&0\\\boldsymbol{A}_{\mathrm{h}}&0&0&0&0\\\boldsymbol{A}_L\boldsymbol{C}_{PV}+\boldsymbol{C}_L\boldsymbol{C}_{Pw}+\boldsymbol{D}_L[\boldsymbol{T}_V^{-1}\quad 0\quad 0]&\boldsymbol{C}_L&\boldsymbol{A}_L\boldsymbol{D}_{PV1}&\boldsymbol{A}_L\boldsymbol{D}_{PV2}&\boldsymbol{B}_L\end{bmatrix}_{8\times8} \tag{F-16a}$$

$$\boldsymbol{B}_{\mathrm{DG}i}=\begin{bmatrix}0\\0\\0\\0\\\boldsymbol{D}_L\boldsymbol{T}_{\mathrm{S}}^{-1}\end{bmatrix}_{8\times2}\quad \boldsymbol{C}_{\mathrm{DG}i}=\begin{bmatrix}C_P\\0\\0\\0\\0\end{bmatrix}_{8\times1}\quad \boldsymbol{H}_{\mathrm{DG}i}=\begin{bmatrix}0\\0\\c_{vi}g_i\\0\\0\end{bmatrix}_{8\times1}$$

$$\boldsymbol{F}_{\mathrm{DG}ij}=\begin{bmatrix}0&0&0&0&0&0&0&0\\0&-(c_{\omega i}-c_{pi})a_{ij}m_j&0&c_{\omega i}a_{ij}&0&0&0&0\\0&0&-c_{vi}a_{ij}n_j&0&c_{vi}a_{ij}&0&0&0\\0&0&-c_{Qi}a_{ij}n_j&0&0&0&0&0\\0&0&0&0&0&0&0&0\end{bmatrix}_{8\times8} \qquad \text{(F-16b)}$$

$$\boldsymbol{E}_{\mathrm{DG}i}=[[\boldsymbol{T}_{\mathrm{C}}\quad 0\quad 0]\quad 0\quad 0\quad 0\quad \boldsymbol{T}_{\mathrm{S}}]_{2\times8}$$

此外，由式（F-1），有

$$\begin{aligned}\Delta\omega_i&=\boldsymbol{D}_{\mathrm{DG}i}[\Delta\boldsymbol{X}_{\mathrm{DG}i}]\\ \boldsymbol{D}_{\mathrm{DG}i}&=[\boldsymbol{C}_{pw}\quad 1\quad 0\quad 0\quad 0]_{1\times8}\end{aligned} \qquad \text{(F-17)}$$

$$\begin{aligned}\Delta\omega_{\mathrm{g}}&=\boldsymbol{D}_{\mathrm{DG}}[\Delta\boldsymbol{X}_{\mathrm{DG}}]\\ \boldsymbol{D}_{\mathrm{DG}}&=[\boldsymbol{D}_{\mathrm{DG1}}\quad 0\quad \cdots\quad 0]_{1\times8N}\end{aligned} \qquad \text{(F-18)}$$

式（6-20）和式（6-21）中 $\boldsymbol{A}_{\mathrm{PCC}}$ 的详细表达式为 $\boldsymbol{A}_{\mathrm{PCC}}=\left[\dfrac{V_{\mathrm{PCC}D0}}{V_{\mathrm{PCC0}}}\quad \dfrac{V_{\mathrm{PCC}Q0}}{V_{\mathrm{PCC0}}}\right]$，其中 $V_{\mathrm{PCC}D0}$、$V_{\mathrm{PCC}Q0}$ 和 V_{PCC0} 分别为 D 轴分量、Q 轴分量和 V_{PCC} 在平衡点处的大小。

由于 $\Delta\boldsymbol{V}_{\mathrm{PCC}DQ}$ 是 $\Delta\boldsymbol{v}_{\mathrm{b}DQ}$ 其中的一部分，根据式（6-22），可以表示为

$$\Delta\boldsymbol{V}_{\mathrm{PCC}DQ}=\boldsymbol{R}_{\mathrm{PN}}(\boldsymbol{M}_{\mathrm{Po}}[\Delta\boldsymbol{i}_{\mathrm{o}DQ}]+\boldsymbol{M}_{\mathrm{Pnet}}[\Delta\boldsymbol{i}_{\mathrm{line}DQ}]+\boldsymbol{M}_{\mathrm{Pload}}[\Delta\boldsymbol{i}_{\mathrm{load}DQ}]) \qquad \text{(F-19)}$$

式中：$\boldsymbol{R}_{\mathrm{PN}}$、$\boldsymbol{M}_{\mathrm{Po}}$、$\boldsymbol{M}_{\mathrm{Pnet}}$ 和 $\boldsymbol{M}_{\mathrm{Pload}}$ 分别是 $\boldsymbol{R}_{\mathrm{N}}$、$\boldsymbol{M}_{\mathrm{inv}}$、$\boldsymbol{M}_{\mathrm{NET}}$ 和 $\boldsymbol{M}_{\mathrm{Load}}$ 的一部分。基于式（F-16）中 $\boldsymbol{E}_{\mathrm{DG}i}$ 的表达式，式（6-23）中 $\boldsymbol{E}_{\mathrm{DG}}$ 的具体表达式为

$$\boldsymbol{E}_{\mathrm{DG}}=\begin{bmatrix}\boldsymbol{E}_{\mathrm{DG1}}&0&\cdots&0\\0&\boldsymbol{E}_{\mathrm{DG2}}&\cdots&0\\\vdots&\vdots&\ddots&\vdots\\0&0&\cdots&\boldsymbol{E}_{\mathrm{DG}N}\end{bmatrix}_{2N\times8N} \qquad \text{(F-20)}$$

将式（F-16）代入式（F-19），可得式（6-24）中 $\boldsymbol{W}_1$、$\boldsymbol{W}_2$ 和 $\boldsymbol{W}_3$ 的表达式为

$$
\begin{aligned}
\boldsymbol{W}_1 &= \boldsymbol{R}_{\mathrm{PN}}\boldsymbol{M}_{\mathrm{Po}}\boldsymbol{E}_{\mathrm{DG}} \\
\boldsymbol{W}_2 &= \boldsymbol{R}_{\mathrm{PN}}\boldsymbol{M}_{\mathrm{Pnet}} \\
\boldsymbol{W}_3 &= \boldsymbol{R}_{\mathrm{PN}}\boldsymbol{M}_{\mathrm{Pload}}
\end{aligned} \tag{F-21}
$$

然后，将式（6-21）、式（6-24）和式（F-17）代入式（6-16），并结合所有 DG 单元的模型，即可得到所有 DG 单元的小信号动态模型式（6-25）。

式（6-25）中详细的参数矩阵由式（F-22）给出，如下所示

$$
\begin{aligned}
\boldsymbol{G}_{\mathrm{DG}} &= \begin{bmatrix} \boldsymbol{A}_{\mathrm{DG1}}+\boldsymbol{C}_{\mathrm{DG1}}\boldsymbol{D}_{\mathrm{DG1}} & 0 & \cdots & 0 \\ \boldsymbol{C}_{\mathrm{DG2}}\boldsymbol{D}_{\mathrm{DG1}} & \boldsymbol{A}_{\mathrm{DG2}} & \cdots & 0 \\ \vdots & \vdots & \ddots & \vdots \\ \boldsymbol{C}_{\mathrm{DG}N}\boldsymbol{D}_{\mathrm{DG1}} & 0 & \cdots & \boldsymbol{A}_{\mathrm{DG}N} \end{bmatrix}_{8N\times 8N} \\
\boldsymbol{B}_{\mathrm{DG}} &= \begin{bmatrix} \boldsymbol{B}_{\mathrm{DG1}} & 0 & \cdots & 0 & 0 & \cdots & 0 \\ 0 & \boldsymbol{B}_{\mathrm{DG2}} & \cdots & 0 & 0 & \cdots & 0 \\ \vdots & \vdots & \ddots & \vdots & \vdots & \ddots & \vdots \\ 0 & 0 & \cdots & \boldsymbol{B}_{\mathrm{DG}N} & 0 & \cdots & 0 \end{bmatrix}_{8N\times 2(m-N)} \\
\boldsymbol{F}_{\mathrm{DG}} &= \begin{bmatrix} \boldsymbol{F}_{\mathrm{DG11}} & \boldsymbol{F}_{\mathrm{DG12}} & \cdots & \boldsymbol{F}_{\mathrm{DG1}N} \\ \boldsymbol{F}_{\mathrm{DG21}} & \boldsymbol{F}_{\mathrm{DG22}} & \cdots & \boldsymbol{F}_{\mathrm{DG2}N} \\ \vdots & \vdots & \ddots & \vdots \\ \boldsymbol{F}_{\mathrm{DG}N1} & \boldsymbol{F}_{\mathrm{DG}N2} & \cdots & \boldsymbol{F}_{\mathrm{DG}NN} \end{bmatrix}_{8N\times 8N} \\
\boldsymbol{J}_{\mathrm{DG}} &= \begin{bmatrix} -k_{\mathrm{P}}\boldsymbol{H}_{\mathrm{DG1}}\boldsymbol{A}_{\mathrm{PCC}}\boldsymbol{W}_1 \\ -k_{\mathrm{P}}\boldsymbol{H}_{\mathrm{DG2}}\boldsymbol{A}_{\mathrm{PCC}}\boldsymbol{W}_1 \\ \vdots \\ -k_{\mathrm{P}}\boldsymbol{H}_{\mathrm{DG}N}\boldsymbol{A}_{\mathrm{PCC}}\boldsymbol{W}_1 \end{bmatrix}_{8N\times 8N} \quad \boldsymbol{J}_{\mathrm{line}} = \begin{bmatrix} -k_{\mathrm{P}}\boldsymbol{H}_{\mathrm{DG1}}\boldsymbol{A}_{\mathrm{PCC}}\boldsymbol{W}_2 \\ -k_{\mathrm{P}}\boldsymbol{H}_{\mathrm{DG2}}\boldsymbol{A}_{\mathrm{PCC}}\boldsymbol{W}_2 \\ \vdots \\ -k_{\mathrm{P}}\boldsymbol{H}_{\mathrm{DG}N}\boldsymbol{A}_{\mathrm{PCC}}\boldsymbol{W}_2 \end{bmatrix}_{8N\times 2n} \\
\boldsymbol{J}_{\mathrm{load}} &= \begin{bmatrix} -k_{\mathrm{P}}\boldsymbol{H}_{\mathrm{DG1}}\boldsymbol{A}_{\mathrm{PCC}}\boldsymbol{W}_3 \\ -k_{\mathrm{P}}\boldsymbol{H}_{\mathrm{DG2}}\boldsymbol{A}_{\mathrm{PCC}}\boldsymbol{W}_3 \\ \vdots \\ -k_{\mathrm{P}}\boldsymbol{H}_{\mathrm{DG}N}\boldsymbol{A}_{\mathrm{PCC}}\boldsymbol{W}_3 \end{bmatrix}_{8N\times 2p} \quad \boldsymbol{J}_{\psi} = \begin{bmatrix} k_{\mathrm{I}}\boldsymbol{H}_{\mathrm{DG1}} \\ k_{\mathrm{I}}\boldsymbol{H}_{\mathrm{DG2}} \\ \vdots \\ k_{\mathrm{I}}\boldsymbol{H}_{\mathrm{DG}N} \end{bmatrix}_{8N\times 1}
\end{aligned} \tag{F-22}
$$

最后，MG 的完整的时滞小信号动态模型可将式（6-22）、式（6-23）和式（F-18）代入式（6-25）、式（6-26）和式（6-27），将式（6-24）代入式（6-20），最后合并整理得到式（6-28）。

式（6-28）中 $\boldsymbol{A}_{\mathrm{MG}} \in \mathbb{R}^{(8N+2n+2p+1)\times(8N+2n+2p+1)}$ 和 $\boldsymbol{A}_{\mathrm{MGd}} \in \mathbb{R}^{(8N+2n+2p+1)\times(8N+2n+2p+1)}$ 的详细表达式如下

$$
\boldsymbol{A}_{\text{MG}}=\begin{bmatrix}
\boldsymbol{G}_{\text{DG}}+\boldsymbol{B}_{\text{DG}}\boldsymbol{R}_{\text{N}}\boldsymbol{M}_{\text{inv}}\boldsymbol{E}_{\text{DG}} & \boldsymbol{B}_{\text{DG}}\boldsymbol{R}_{\text{N}}\boldsymbol{M}_{\text{NET}} & \boldsymbol{B}_{\text{DG}}\boldsymbol{R}_{\text{N}}\boldsymbol{M}_{\text{Load}} & 0\\
\boldsymbol{B}_{\text{NET}}\boldsymbol{R}_{\text{N}}\boldsymbol{M}_{\text{inv}}\boldsymbol{E}_{\text{DG}}+\boldsymbol{C}_{\text{NET}}\boldsymbol{D}_{\text{DG}} & \boldsymbol{A}_{\text{NET}}+\boldsymbol{B}_{\text{NET}}\boldsymbol{R}_{\text{N}}\boldsymbol{M}_{\text{NET}} & \boldsymbol{B}_{\text{NET}}\boldsymbol{R}_{\text{N}}\boldsymbol{M}_{\text{Load}} & 0\\
\boldsymbol{B}_{\text{Load}}\boldsymbol{R}_{\text{N}}\boldsymbol{M}_{\text{inv}}\boldsymbol{E}_{\text{DG}}+\boldsymbol{C}_{\text{Load}}\boldsymbol{D}_{\text{DG}} & \boldsymbol{B}_{\text{Load}}\boldsymbol{R}_{\text{N}}\boldsymbol{M}_{\text{NET}} & \boldsymbol{A}_{\text{Load}}+\boldsymbol{B}_{\text{Load}}\boldsymbol{R}_{\text{N}}\boldsymbol{M}_{\text{Load}} & 0\\
-\boldsymbol{A}_{\text{PCC}}\boldsymbol{W}_1 & -\boldsymbol{A}_{\text{PCC}}\boldsymbol{W}_2 & -\boldsymbol{A}_{\text{PCC}}\boldsymbol{W}_3 & 0
\end{bmatrix}
$$

$$
\boldsymbol{A}_{\text{MGd}}=\begin{bmatrix}
\boldsymbol{F}_{\text{DG}}+\boldsymbol{J}_{\text{DG}} & \boldsymbol{J}_{\text{Line}} & \boldsymbol{J}_{\text{Load}} & \boldsymbol{J}_{\psi}\\
0 & 0 & 0 & 0\\
0 & 0 & 0 & 0\\
0 & 0 & 0 & 0
\end{bmatrix}
\tag{F-23}
$$

附录 G　分布式控制脆弱性分析推导过程

当对有功/频率控制器的攻击位置 1 加入式（7-11）形式的 FDI 攻击后，附录 A 中的式（A-2）的二次控制器全局形式变为

$$\frac{\mathrm{d}\boldsymbol{\Omega}}{\mathrm{d}t}=-\boldsymbol{C}_{\omega}(\boldsymbol{L}+\boldsymbol{G})(\boldsymbol{\omega}+\boldsymbol{\delta}-\underline{\boldsymbol{\omega}}_{\mathrm{ref}})-\boldsymbol{C}_{\omega}\boldsymbol{LmP} \tag{G-1}$$

式中：$\boldsymbol{L}\in\mathbb{R}^{N\times N}$ 为通信网络连通图关联矩阵 A 的拉普拉斯变换矩阵；$\boldsymbol{\Omega}=[\Omega_1,\Omega_2,\cdots,\Omega_N]^{\mathrm{T}}$；$\boldsymbol{\omega}=[\omega_1,\omega_2,\cdots,\omega_N]^{\mathrm{T}}$；$\underline{\boldsymbol{\omega}}_{\mathrm{ref}}=\boldsymbol{1}_N\otimes\omega_{\mathrm{ref}}$；$\boldsymbol{C}_{\omega}=\mathrm{diag}(c_{\omega i})$；$\boldsymbol{C}_p=\mathrm{diag}(c_{pi})$；$\boldsymbol{G}=\mathrm{diag}(g_i)$；$\boldsymbol{mP}=[m_1P_1,m_2P_2,\cdots,m_NP_N]^{\mathrm{T}}$；$\boldsymbol{\delta}=[\delta_1,\delta_2,\cdots,\delta_N]^{\mathrm{T}}$。

从而可以推出附录 A 中的式（A-9）变为

$$c_{\omega1}\boldsymbol{\alpha}_1\boldsymbol{mP}+c_{\omega1}g_1(\omega_i-\omega_{\mathrm{ref}})=-\delta_1 \tag{G-2}$$

式中：$c_{\omega1}$ 为 DG1 中分布式二次频率控制的控制参数；$\boldsymbol{\alpha}_1$ 为 $\boldsymbol{L}$ 的第一行向量；g_1 为 DG1 中领导节点的固定增益；δ_1 为注入到 DG1 的 FDI 攻击信号。

对于式（G-2），若频率恢复和 DG 输出有功按比例分配能够同时实现，则有 $c_{\omega1}\boldsymbol{\alpha}_1\boldsymbol{mP}+c_{\omega1}g_1(\omega_i-\omega_{\mathrm{ref}})=0$，与式（G-2）矛盾，因此无法同时实现频率恢复和 DG 输出有功按比例分配。

当对有功/频率控制器的攻击位置 2 加入式（7-11）形式的 FDI 攻击后，同理，附录 A 中式（A-2）的二次控制器全局形式变为

$$\frac{\mathrm{d}\boldsymbol{\Omega}}{\mathrm{d}t}=-\boldsymbol{C}_{\omega}(\boldsymbol{L}+\boldsymbol{G})(\boldsymbol{\omega}+\boldsymbol{\delta}-\underline{\boldsymbol{\omega}}_{\mathrm{ref}})-\boldsymbol{C}_{\omega}\boldsymbol{LmP} \tag{G-3}$$

可以推出附录 A 中式（A-9）变为

$$c_{\omega1}\boldsymbol{\alpha}_1\boldsymbol{mP}+c_{\omega1}g_1(\omega_i-\omega_{\mathrm{ref}})=-c_{\omega1}g_1\delta_i \tag{G-4}$$

同理，式（G-4）的右侧不为 0，因此同样无法同时实现频率恢复和 DG 输出有功按比例分配。

附录 H　分布式二次电压控制器的收敛性证明

由文中式（7-4）可以进一步转为式（H-1）

$$\dot{\bar{V}}_i = V_i^* + k_{Vi}\sum_{j\in N_i} a_{ij}\bar{V}_j - k_{Vi}\mathrm{d}\bar{V}_i \tag{H-1}$$

因此，观测器的全局动态方程可以表示为式（H-2）

$$\begin{aligned}\dot{\bar{\boldsymbol{V}}} &= \dot{\boldsymbol{V}}^* + \boldsymbol{k}_V\boldsymbol{A}\bar{\boldsymbol{V}} - \boldsymbol{k}_V\boldsymbol{D}\bar{\boldsymbol{V}}\\ &= \dot{\boldsymbol{V}}^* - \boldsymbol{k}_V(\boldsymbol{D}-\boldsymbol{A})\bar{\boldsymbol{V}}\\ &= \dot{\boldsymbol{V}}^* - \boldsymbol{k}_V\boldsymbol{L}\bar{\boldsymbol{V}}\end{aligned} \tag{H-2}$$

式中：$\dot{\boldsymbol{V}}^* = [V_1^*, V_2^*, \cdots, V_N^*]^{\mathrm{T}}$ 为各 DG 下垂控制输出的电压测量向量；$\bar{\boldsymbol{V}} = [\bar{V}_1, \bar{V}_2, \cdots, \bar{V}_N]^{\mathrm{T}}$ 为各 DG 观测器输出的全局平均电压估计值向量；$\boldsymbol{k}_V = \mathrm{diag}(k_{Vi})$。由于下垂控制的输出用于电压控制的输入和电压控制的闭环调节作用，稳态下有 $\boldsymbol{V}^* = \boldsymbol{V} = [V_1, V_2, \cdots, V_N]^{\mathrm{T}}$。

因此，式（H-2）在频域内可以表示为

$$s\bar{\boldsymbol{V}}(s) - \bar{\boldsymbol{V}}(0) = s\boldsymbol{V}(s) - \boldsymbol{V}(0) - \boldsymbol{k}_V\boldsymbol{L}\bar{\boldsymbol{V}}(s) \tag{H-3}$$

式中：$\bar{\boldsymbol{V}}(s)$ 和 $\boldsymbol{V}(s)$ 分别为 $\bar{\boldsymbol{V}}$ 和 $\boldsymbol{V}$ 的拉普拉斯变换，并且由式（7-4）可以得出，$\bar{\boldsymbol{V}}(0) = \boldsymbol{V}(0)$。

因此

$$\bar{\boldsymbol{V}}(s) = s(s\boldsymbol{I}_N + \boldsymbol{k}_V\boldsymbol{L})\boldsymbol{V}(s) = \boldsymbol{H}_{\mathrm{obs}}\boldsymbol{V}(s) \tag{H-4}$$

式中：$\boldsymbol{I}_N \in \mathbb{R}^{N\times N}$ 和 $\boldsymbol{H}_{\mathrm{obs}}$ 分别为单位矩阵和观测器的传递函数；式（H-4）为电压观测器的频域内的全局动态方程。

由于 $\bar{\boldsymbol{V}}$ 中的所有元素都收敛到实际的全局平均电压值[7]，即

$$\bar{\boldsymbol{V}}^{\mathrm{ss}} = \lim_{t\to\infty}\bar{\boldsymbol{V}}(t) = \boldsymbol{W}\times\lim_{t\to\infty}\boldsymbol{V}(t) = \boldsymbol{W}\boldsymbol{V}^{\mathrm{ss}} = \left\langle \boldsymbol{V}^{\mathrm{ss}}\right\rangle \mathbf{1} \tag{H-5}$$

式中：$\boldsymbol{W} \in \mathbb{R}^{N\times N}$ 为元素均等于 $1/N$ 的平均矩阵；$\boldsymbol{X}^{\mathrm{ss}}$ 为向量 $\boldsymbol{X} \in \mathbb{R}^{N\times 1}$ 的稳态值；$\left\langle \boldsymbol{X}^{\mathrm{ss}}\right\rangle$ 为向量 $\boldsymbol{X}$ 中每一个元素的平均值；$\mathbf{1} \in \mathbb{R}^{N\times N}$ 为一个元素都为 1 的向量。

式（7-5）的全局形式可以写为

$$\boldsymbol{V} = \boldsymbol{V}_{\mathrm{ref}} - \boldsymbol{n}\boldsymbol{Q} + \boldsymbol{h} \tag{H-6}$$

式（7-6）的全局形式可以写为

$$\boldsymbol{h}=\boldsymbol{H}_1(\boldsymbol{V}_{\mathrm{ref}}-\bar{\boldsymbol{V}})+\boldsymbol{H}_2\boldsymbol{nQ} \tag{H-7}$$

结合式（H-6）和式（H-7）可得

$$\boldsymbol{V}=(\boldsymbol{I}_N+\boldsymbol{H}_1)\boldsymbol{V}_{\mathrm{ref}}-\boldsymbol{H}_2\bar{\boldsymbol{V}}-(\boldsymbol{I}_N-\boldsymbol{H}_2)\boldsymbol{nQ} \tag{H-8}$$

式中：$\boldsymbol{H}_1$和$\boldsymbol{H}_2$均为传递函数，可以用一个 PI 控制器代替，即$\boldsymbol{H}_1=\boldsymbol{H}_{\mathrm{P1}}+\boldsymbol{H}_{\mathrm{I1}}/s$，$\boldsymbol{H}_2=\boldsymbol{H}_{\mathrm{P2}}+\boldsymbol{H}_{\mathrm{I2}}/s$。

将式（H-4）带入式（H-8）可得到全局电压的表达式

$$\boldsymbol{V}=(\boldsymbol{I}_N+\boldsymbol{H}_1\boldsymbol{H}_{\mathrm{obs}}^{\mathrm{F}})^{-1}[(\boldsymbol{I}_N+\boldsymbol{H}_1)\boldsymbol{V}_{\mathrm{ref}}-(\boldsymbol{I}_N-\boldsymbol{H}_2)\boldsymbol{nQ}] \tag{H-9}$$

假设

$$\boldsymbol{V}_{\mathrm{ref}}(s)=\frac{V_{\mathrm{ref}}}{s}\boldsymbol{1} \tag{H-10}$$

式中：V_{ref}为整个微电网的参考电压。

假设整个微电网都有稳定电压，因此电压向量$\boldsymbol{V}$是一个1型向量，即它在原点有一个极点，其他极点都位于左半平面，因此可以用终值定理计算稳态电压向量$\boldsymbol{V}^{\mathrm{ss}}$

$$\begin{aligned}\boldsymbol{V}^{\mathrm{ss}}&=\lim_{t\to\infty}\boldsymbol{V}(t)=\lim_{s\to 0}s\boldsymbol{V}(s)\\&=\lim_{s\to 0}(s\boldsymbol{I}_N+s\boldsymbol{H}_1\boldsymbol{H}_{\mathrm{obs}}^{\mathrm{F}})^{-1}[s(\boldsymbol{I}_N+\boldsymbol{H}_1)V_{\mathrm{ref}}\boldsymbol{1}-s^2(\boldsymbol{I}_N-\boldsymbol{H}_2)\boldsymbol{nQ}]\end{aligned} \tag{H-11}$$

基于文献［7］的定理，$\lim\limits_{s\to\infty}\boldsymbol{H}_{\mathrm{obs}}^{\mathrm{F}}=\boldsymbol{W}$，并将$\boldsymbol{H}_1$和$\boldsymbol{H}_2$带入式（H-11）中，最终可化简为

$$\boldsymbol{V}^{\mathrm{ss}}=V_{\mathrm{ref}}(\boldsymbol{H}_{\mathrm{I1}}\boldsymbol{W})^{-1}\boldsymbol{H}_{\mathrm{I1}}\boldsymbol{1} \tag{H-12}$$

式（H-12）等价于

$$(\boldsymbol{H}_{\mathrm{I1}}\boldsymbol{W})\boldsymbol{V}^{\mathrm{ss}}=V_{\mathrm{ref}}\boldsymbol{H}_{\mathrm{I1}}\boldsymbol{1} \tag{H-13}$$

将式（H-13）等式的左右两边都左乘一个平均矩阵$\boldsymbol{W}$可得

$$\boldsymbol{W}[(\boldsymbol{H}_{\mathrm{I1}}\boldsymbol{W})\boldsymbol{V}^{\mathrm{ss}}]=V_{\mathrm{ref}}\boldsymbol{W}[\boldsymbol{H}_{\mathrm{I1}}\boldsymbol{1}] \tag{H-14}$$

由于$\boldsymbol{W}$为平均矩阵，即对于任一向量$\boldsymbol{x}\in\mathbb{R}^{N\times N}$，$\boldsymbol{Wx}=\langle\boldsymbol{x}\rangle\boldsymbol{1}$，则式（H-14）可以转化为

$$\langle\boldsymbol{V}^{\mathrm{ss}}\rangle\langle\boldsymbol{H}_{\mathrm{I1}}\boldsymbol{1}\rangle\boldsymbol{1}=V_{\mathrm{ref}}\langle\boldsymbol{H}_{\mathrm{I1}}\boldsymbol{1}\rangle\boldsymbol{1} \tag{H-15}$$

由式（H-15）可得

$$\bar{V}^{\mathrm{ss}}=\langle\boldsymbol{V}^{\mathrm{ss}}\rangle=V_{\mathrm{ref}} \tag{H-16}$$

所以，全局电压平均估计值和全局实际电压平均值稳态时都能收敛到电压参考值，即 $\bar{V}_1 = \bar{V}_1 = \cdots = (1/N)\sum_{i=1}^{N} V_i = V_{\text{ref}}$ 。

由式（7-6）可以看出，稳态时，$\dot{h}_i = 0$ ，$\bar{V}_i = V_{\text{ref}}$ ，则 $n_j Q_j = n_i Q_i$ ，即 $n_1 Q_1 = n_2 Q_2 = \cdots = n_i Q_i$ 。

证毕。

参 考 文 献

[1] 吴翔宇，张晓红，许寅，等. 微电网（群）宽频振荡分析和抑制研究进展与展望［J］. 电网技术，2023，网络优先出版.

[2] De Brabandere K，Bolsens B，Van den Keybus J，et al. A Voltage and Frequency Droop Control Method for Parallel Inverters[J]. IEEE Transactions on Power Electronics，2007，22（4）：1107-1115.

[3] Li Y，Li Y W. Power Management of Inverter Interfaced Autonomous Microgrid Based on Virtual Frequency-Voltage Frame［J］. IEEE Transactions on Smart Grid，2011，2（1）：30-40.

[4] Li Y W，Kao C N. An Accurate Power Control Strategy for Power-Electronics-Interfaced Distributed Generation Units Operating in a Low-Voltage Multibus Microgrid［J］. IEEE Transactions on Power Electronics，2009，24（12）：2977-2988.

[5] Guerrero J M，Vasquez J C，Matas J，et al. Hierarchical Control of Droop-Controlled AC and DC Microgrids-A General Approach Toward Standardization［J］. IEEE Transactions on Industrial Electronics，2011，58（1）：158-172.

[6] Olfati-Saber R，Fax J A，Murray R M. Consensus and Cooperation in Networked Multi-Agent Systems［J］. Proceedings of the IEEE，2007，95（1）：215-233.

[7] Ren W，Beard R W，Atkins E M. Information Consensus in Multivehicle Cooperative Control［J］. IEEE control systems Magazine，2007，27（2）：71-82.

[8] Bidram A，Davoudi A，Lewis F L，et al. Secondary control of microgrids based on distributed cooperative control of multi-agent systems[J]. IET Generation，Transmission & Distribution，2013，7（8）：822-831.

[9] Zhang H，Kim S，Sun Q，et al. Distributed Adaptive Virtual Impedance Control for Accurate Reactive Power Sharing Based on Consensus Control in Microgrids［J］. IEEE Transactions on Smart Grid，2017, 8(4): 1749-1761.

[10] Simpson-Porco J W，Shafiee Q，Dorfler F，et al. Secondary Frequency and Voltage Control of Islanded Microgrids via Distributed Averaging［J］. IEEE Transactions on Industrial Electronics，2015，62（11）：7025-7038.

［11］Guo F，Wen C，Mao J，et al. Distributed Secondary Voltage and Frequency Restoration Control of Droop-Controlled Inverter-Based Microgrids［J］. IEEE Transactions on Industrial Electronics，2015，62（7）：4355-4364.

［12］Nasirian V，Shafiee Q，Guerrero J M，et al. Droop-Free Distributed Control for AC Microgrids［J］. IEEE Transactions on Power Electronics，2016，31（2）：1600-1617.

［13］Bidram A，Davoudi A，Lewis F L. A Multiobjective Distributed Control Framework for Islanded AC Microgrids［J］. IEEE Transactions on Industrial Informatics，2014，10（3）：1785-1798.

［14］吴翔宇．微电网分层分布式运行控制研究［D］．清华大学．2017.

［15］Simpson-Porco J W，Dörfler F，Bullo F. Synchronization and power sharing for droop-controlled inverters in islanded microgrids［J］. Automatica，2013，49（9）：2603-2611.

［16］Schiffer J，Seel T，Raisch J，et al. Voltage Stability and Reactive Power Sharing in Inverter-Based Microgrids With Consensus-Based Distributed Voltage Control［J］. IEEE Transactions on Control Systems Technology，2016，24（1）：96-109.

［17］Wu X，Shen C，Iravani R. Feasible Range and Optimal Value of the Virtual Impedance for Droop-Based Control of Microgrids［J］. IEEE Transactions on Smart Grid，2017，8（3）：1242-1251.

［18］Pogaku N，Prodanovic M，Green T C. Modeling，Analysis and Testing of Autonomous Operation of an Inverter-Based Microgrid［J］. IEEE Transactions on Power Electronics，2007，22（2）：613-625.

［19］He J W，Li Y W. Analysis，Design，and Implementation of Virtual Impedance for Power Electronics Interfaced Distributed Generation［J］. IEEE Transactions on Industry Applications，2011，47（6）：2525-2538.

［20］He J W，Li Y W，Guerrero J M，et al. An Islanding Microgrid Power Sharing Approach Using Enhanced Virtual Impedance Control Scheme［J］. IEEE Transactions on Power Electronics，2013，28（11）：5272-5282.

［21］Wu X，Shen C，Iravani R. A Distributed，Cooperative Frequency and Voltage Control for Microgrids［J］. IEEE Transactions on Smart Grid，2018，9（4）：2764-2776.

［22］Chen G，Feng E N，Song Y. Distributed Secondary Control and Optimal Power Sharing in Microgrids［J］. IEEE/CAA Journal of Automatica Sinica，2015，2（3）：304-312.

[23] Wu X，Shen C. Distributed optimal control for stability enhancement of microgrids with multiple distributed generators [J]. IEEE Transactions on Power Systems，2017，32（5）：4045-4059.

[24] Papathanassiou S，Hatziargyriou N，Strunz K，et al. A benchmark low voltage microgrid network [C]. Proceedings of the CIGRE symposium: power systems with dispersed generation, Athens, Greece, 2005: 1-8.

[25] 韩英铎，王仲鸿，陈淮金. 电力系统最优分散协调控制 [M]. 北京：清华大学出版社，1997.

[26] Wu X，Xu Y，He J，et al. Delay-dependent small-signal stability analysis and compensation method for distributed secondary control of microgrids[J]. IEEE Access，2019，7：170919-170935.

[27] Shafiee Q，Guerrero J M，Vasquez J C. Distributed Secondary Control for Islanded Microgrids—A Novel Approach [J]. IEEE Transactions on Power Electronics，2014，29（2）：1018-1031.

[28] Bidram A，Lewis F L，Davoudi A. Distributed Control Systems for Small-Scale Power Networks：Using Multiagent Cooperative Control Theory [J]. IEEE Control Systems，2014，34（6）：56-77.

[29] 张露元，许寅，吴翔宇，等. 抵御虚假数据注入攻击的交流微电网分布式韧性控制 [J]. 电力系统自动化，2023，47（08）：44-52.

[30] Nasirian V，Moayedi S，Davoudi A，et al. Distributed Cooperative Control of DC Microgrids [J]. IEEE Transactions on Power Electronics，2015，30（4）：2288-2303.

[31] Zhou Q，Shahidehpour M，Alabdulwahab A，et al. A Cyber-Attack Resilient Distributed Control Strategy in Islanded Microgrids [J]. IEEE Transactions on Smart Grid，2020，11（5）：3690-3701.

[32] Wu X，Chen L，Shen C，et al. Distributed optimal operation of hierarchically controlled microgrids [J]. IET Generation，Transmission & Distribution，2018，12（18）：4142-4152.

[33] Farivar M，Low S H. Branch Flow Model：Relaxations and Convexification—Part I [J]. IEEE Transactions on Power Systems，2013，28（3）：2554-2564.

[34] Boyd S. Distributed Optimization and Statistical Learning via the Alternating Direction Method of Multipliers [M]. Foundations and Trends® in Machine Learning，2010，3

(1): 1-122.

[35] Peng Q, Low S H. Distributed Optimal Power Flow Algorithm for Radial Networks, I: Balanced Single Phase Case [J]. IEEE Transactions on Smart Grid, 2016, 9 (1): 111-121.

[36] Chen G, Lewis F L, Feng E N, et al. Distributed Optimal Active Power Control of Multiple Generation Systems [J]. IEEE Transactions on Industrial Electronics, 2015, 62 (11): 7079-7090.